尼春雨 尚峰 编著

Illustrator
新锐设计师高手之路

清华大学出版社

北　京

内 容 简 介

本书在讲述了 Illustrator CS6 的操作方法后，以实例为载体，结合理论知识，详细地介绍了如何利用 Illustrator CS6 的各种功能来创建图形，并进行作品的创作。本书语言通俗易懂，结构合理，可以帮助读者比较全面地掌握理论知识和操作技术，并掌握设计制作海报、广告、封面、插画等设计类别的方法和技巧。希望读者通过本书的学习，可以掌握操作方法和技巧，以便在之后的实践中进行充分的发挥，实现创作理想。

本书不仅是初学者学习 Illustrator 的理想选择，同时也可以作为各类院校和培训机构的设计教材。

图书在版编目（CIP）数据

Illustrator 新锐设计师高手之路 / 尼春雨，尚峰编著 . —— 北京：清华大学出版社，2015

ISBN 978-7-302-38923-1

Ⅰ . ① I… Ⅱ . ①尼… ②尚… Ⅲ . ①图形软件 Ⅳ . ① TP391.41

中国版本图书馆 CIP 数据核字（2015）第 005478 号

责任编辑：黄 芝 薛 阳
封面设计：熊藕英
责任校对：胡伟民
责任印制：李红英

出版发行：清华大学出版社
　　　　网　　　址：http://www.tup.com.cn，http://www.wqbook.com
　　　　地　　　址：北京清华大学学研大厦 A 座　　　　　　邮　　编：100084
　　　　社　总　机：010-62770175　　　　　　　　　　　　邮　　购：010-62786544
　　　　投稿与读者服务：010-62776969, c-service@tup.tsinghua.edu.cn
　　　　质　量　反　馈：010-62772015, zhiliang@tup.tsinghua.edu.cn
　　　　课件下载：http://www.tup.com.cn, 010-62795954
印　刷　者：北京鑫丰华彩印有限公司
装　订　者：三河市吉祥印务有限公司
经　　　销：全国新华书店
开　　　本：185mm×260mm　　　　　　印　　张：24　　　　　字　　数：830 千字
　　　　　（附光盘 1 张）
版　　　次：2015 年 6 月第 1 版　　　　　　　　　　　　印　　次：2015 年 6 月第 1 次印刷
印　　　数：1~2000
定　　　价：89.00 元

产品编号：060641-01

前 言

　　由 Adobe 公司开发的 Illustrator，作为一款优秀的平面设计类软件，集矢量绘图与排版功能于一身，非常实用。Illustrator CS6 是目前最新推出的版本，该版本较以前的版本而言，在使用界面与操作性能等方面都进行了改进与增强，也增加了一些新的功能。该软件在海报、VI 设计、广告、画册、网页图形制作等诸多领域中都起着非常重要的作用。Illustrator CS6 是设计人员的得力助手，利用它，可以制作出非常精美的作品。

　　本书是一本理论结合实例的图书，除了讲述 Illustrator CS6 各方面功能的知识外，本书还用了大量的篇幅，以实例为载体，向读者展示了如何使用 Illustrator CS6 制作海报、广告、封面、POP、包装和插画，同时也通过软件各项功能的使用方法和技巧，展示了如何使用该软件来创建和制作各种不同效果。

1. 主要内容

　　本书第 1 章和第 2 章首先介绍了 Illustrator 的一些知识，如发展过程、应用方向、界面组成、基本操作以及大概的操作流程，使读者能够对该软件有个大致的认识。

　　第 3 ~ 7 章讲述 Illustrator CS6 的各方面功能，从编辑基本图形、绘制路径、填充颜色、编辑文字，直到高级的编辑技巧，都进行了较为详细的介绍，并在每章的后面配置了精致的实例，针对本章的知识进行练习，做到学以致用。

　　第 8 ~ 15 章为本书的重点，讲述了如何使用 Illustrator CS6 从事平面设计中的各个类别，其中包括海报设计、户外广告设计、报纸与杂志广告设计、DM 单设计、封面设计、POP 广告设计、包装设计和插画设计。

　　本书配套光盘中放置了书中所有用到的素材和作品源文件，并且针对后面的实例进行了视频的录制。以期望能最大程度地帮助读者快速掌握并应用该软件。

2. 关于作者

　　本书由资深设计师尼春雨、尚峰编著。作者均从事广告设计多年，有着丰富的广告设计经验。参与本书编辑、校对工作的人员还有蔡大庆、伏银恋、刘松云、刘攀攀、王海龙、唐龙、张旭、张志强、任海香、魏砚雨、王雪丽、张丽、孟倩、郭敏、马倩倩、胡文华、张悦、曹祥朵等。本书在编著的过程中，得到清华大学出版社的领导、编辑老师的大力帮助与支持，在此特别对他们表示衷心的感谢。

　　由于全书整理时间仓促，书中难免有遗留和失误，望广大读者提出批评建议。读者可将意见和建议发至邮箱：it_book@126.com，我们将在最短的时间内予以回复。

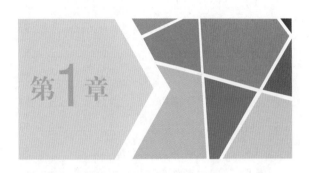

第1章

我眼中的 Illustrator CS6

第2章

Illustrator CS6 的人性化界面

第3章

绘制和编辑图形

第4章

填充对象

掌握技巧让你的工作更高效

变换无穷的文字魅力

第7章

为矢量图和位图添加特殊效果

第8章

海报设计

户外广告设计

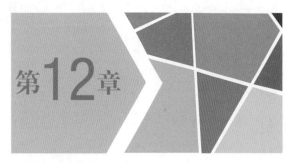

封面设计

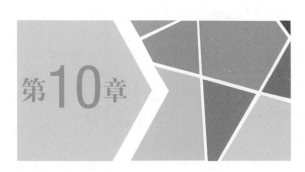

报纸与杂志广告设计

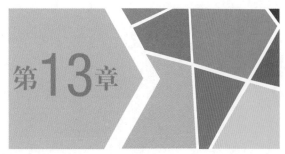

POP 广告设计

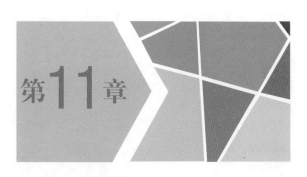

DM 单页设计

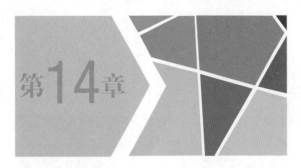

包装设计

插画设计

第1章

我眼中的 Illustrator CS6

使用 Illustrator 可以创建一些光滑、细腻的艺术作品，如插画、广告图形等，因为可以和 Photoshop 几乎无障碍地配合使用，所以是众多设计师、插画师的最爱。Illustrator CS6 是最新推出的版本，该版本给人最大的操作体验就是更为便捷，这也是作者对 Illustrator 爱不释手的原因。本章介绍 Illustrator 的发展史和应用方向以及该软件的新增功能。

知识导读

1. Illustrator 的由来

2. Illustrator 与 Photoshop 的兄弟关系

3. Illustrator CS6 的新增功能

4. Illustrator 的神奇之处

本章重点

1. Illustrator 的应用方向

2. Illustrator 与 Photoshop 的协作关系

1.1 Illustrator 的由来

在计算机绘图领域，根据绘制方法与构图原理的不同，可分为矢量图或位图两种绘图形式，而绘图软件也被分成两大类，一类是以数学方法表现图形的矢量图软件，其中以 CorelDRAW、FreeHand、Illustrator 为代表；另一类是以像素来表现图像的位图处理软件，其中以 Photoshop 为代表。Adobe 公司在这两大软件领域中都占有举足轻重的地位，由该公司开发的位图图像处理软件 Photoshop 的各种版本，以其操作简便、功能强大而深受用户的喜爱，而 Illustrator 系列是 Adobe 公司开发的主要基于矢量图形的优秀软件，它在矢量绘图软件中也占有一席之地，并且对位图也有一定的处理能力。

1.1.1 Illustrator 的发展史

Adobe Illustrator 诞生于 1987 年，当时是 Illustrator 1.1 版本，之后在 Windows 平台上推出了 2.0 版本。而真正起步是在 1988 年，Mac 上推出的 Illustrator 88 版本。1989 年在 Mac 上升级到 3.0 版本，并在 1991 年移植到了 UNIX 平台上。最早出现在个人计算机平台上的版本是 1992 年的 4.0 版本，该版本也是最早的日文移植版本，而在广大苹果机上被使用最多的是 5.0 和 5.5 版本。

Illustrator 真正被个人计算机用户所了解，是在 1997 年推出的 7.0 版本，可在 Mac 和 Windows 平台运行。由于 7.0 版本使用了完善的 PostScript 页面描述语言，使得页面中的文字和图形的质量再次得到了飞跃。更凭借着它和 Photoshop 相互支持，赢得了很好的声誉。唯一遗憾的是 7.0 版本对中文的支持极差。在 1998 年，Adobe 公司推出了划时代的版本——Illustrator 8.0，使得 Illustrator 成为了非常完善的绘图软件，凭借着 Adobe 公司的强大实力，完全解决了对汉字和日文等双字节语言的支持，更增加了强大的网格过渡工具、文本编辑工具等功能，使得其完全占据了专业矢量绘图软件的霸主地位，图 1-1 为 Illustrator 8.0 启动界面。

图 1-1　Illustrator 8.0 启动界面

从最初的版本开始，Adobe 公司就选择桑德罗·波提切利（Sandro Botticelli，1445—1510，15 世纪末佛罗伦萨的著名画家）的名画"维纳斯的诞生"中维纳斯的头像作为 Illustrator 的品牌形象，寄托了开发人员希望这个产品给电子出版界带来新的文艺复兴。当初的市场企划人员发现这个头像也非常适合展现 Illustrator 的平滑曲线表现功能，于是在之后的每个版本中都还是使用该头像，只是有一些细微的变化，一直保存至 10 版本，图 1-2 为 Illustrator 10 启动界面。

该软件被收入 Creative Suite 套装后不再使用数字编号，改称 CS 版本，并同时拥有 Mac OS X 和微软视窗操作系统两个版本。启动界面也从该版本变更为一朵艺术化的花朵，增加创意软件的自然效果。

图 1-2　Illustrator 10 启动界面

随着 Illustrator 的不断升级，从 CS2 一直到新近推出的 Illustrator CS6，其功能也越来越强大。尤其是 CS6 版本，它在继承老版本的基础上，又新增了一些工具和功能，其界面更为简练、工具使用更为方便、调板配置更为合理，图 1-3 为 Illustrator CS6 启动界面。

图 1-3　Illustrator CS6 启动界面

Adobe Illustrator CS6 于 2012 年发行，该系统具有 Mac OS 和 Windows 的本地 64 位支持，可执行打开、保存和导出大文件，以及预览复杂设计等功能。支持 64 位的好处是，软件可以有更大的内存支持，运算能力更强。

1.1.2　Illustrator 的应用方向

Adobe Illustrator 在矢量图绘制领域是无可替代的一个软件，利用该软件可以绘制标志、VI、广告、排版、插画及可以使用矢量图创作的一切应用类别，也可以用来创建设计作品中使用到的一些小的矢量图形。可以说，只要能想象得到的图形，都可以通过该软件创建出来。

1. 平面设计

Illustrator 可以应用于平面设计中的很多类别，不管是广告设计、海报设计、标志设计、POP 设计、封面设计等，都可以使用该软件直接创建或是配合创作，如图 1-4 所示。

图 1-4　相关设计作品

对于一些需要使用光滑曲线的图形，就可以考虑使用 Illustrator 来创建，无论是方方正正的图形，还是细微的渐变变化，都可以使用该软件来创建。

2. 版面排版设计

Illustrator 作为一个矢量绘图软件，也提供了强大的文本处理和图文混排功能。不仅可以创建各种各样的文本，也可以向其他文字处理软件一样排版大段的文字，而且最大的优点是可以把文字作为图形一样进行处理，创建绚丽多彩的文字效果，如图 1-5 所示。

图 1-5　版面编排效果

3. 插画设计

到目前为止，Illustrator 依旧是很多插画师追捧的绘制利器，利用其强大的绘制功能，不仅可以实现各种图形效果，还可以使用众多的图案、笔刷，实现丰富的画面效果，如图 1-6 所示。

图 1-6　绘制插画

1.2　Illustrator 与 Photoshop 的兄弟关系

Illustrator 与 Photoshop 同是 Adobe 公司的产品，是创意软件套装 Creative Suite 的重要组成部分，它们有着类似的操作界面和快捷键，并能共享一些插件和功能，实现无缝连接。

有人说 Illustrator（AI）与 Photoshop（PS）是平面设计的两根筷子，少了哪一个都吃不到饭，事实就是如此。在设计创作的时候，很多时候是需要这两个软件共同协作的。下面来谈一谈它们之间的区别和联系。

在前面曾经说过，AI 是作为矢量图绘制方面的利器，在制作矢量图形上有着无与伦比的优势，它在图形、卡通、文字造型、路径造型上非常出色，如图 1-7 所示的标志设计。但该软件在抠取图片、渐隐、色彩融合、图层等方面的功能上，相比较 PS 而言较弱。

图 1-7　标志设计

PS 主要用于处理和修饰图片，在创作时，可以利用其强大的功能，制作出色彩丰富细腻的图像，还可以创建出写实的图像、流畅的光影变化、过渡自然的羽化效果等，总之可以创建出变化无穷的图像效果，如图 1-8 所示。

图 1-8　丰富多样的图像处理效果

PS 在文字排版、字体变形、路径造型修改等方面要欠缺一些，而这些不足，正好可以使用 AI 来弥补，如图 1-9 所示，这是使用 AI 和 PS 共同创作的设计作品。在 AI 中可以创作出人物图形、色块、立体的字母等元素，然后将它们保存为 psd 格式后，在 PS 中打开继续处理，添加其他需要的图像元素，如真人照片、光晕、射线、透明的气泡等，并可以对单独的元素或是整个图像的色调进行调整或改变，以最终得到一幅优秀的设计作品。

图 1-9　AI 与 PS 协作创作的设计作品

1.3 Illustrator CS6 的新增功能

　　Adobe Illustrator CS6 作为一个最新发布的版本，其功能日趋强大。它在处理大型、复杂的文件时，变得更为精确、速度更快和加稳定。而且其全新的现代化界面可简化每日的任务，全新的追踪引擎、快速地设计流畅的图案、对描边使用渐变效果等新功能，都会让每一个使用的设计师体会到方便、快捷的操作体会。

1. Adobe Mercury Performance System

　　Illustrator CS6 新增了强大的性能系统，因而可以提高处理大型、复杂文件的精确度、速度和稳定性。借助 Mac OS 和 Windows 的本地 64 位支持，可以访问计算机的所有内存并轻松打开、保存和导出大文件，以及预览复杂的设计。

2. 图案创建

　　轻松创建无缝拼贴的矢量图案。利用可随时编辑的不同类型的重复图案自由尝试各种创意，可使您的设计达到最佳的灵活性，如图 1-10 所示。

3. 全新的图像描摹

　　利用全新的描摹引擎将栅格图像转换为可编辑矢量，无须使用复杂控件即可获得清晰的线条、精确的拟合及可靠的结果，如图 1-11 所示。

4. 新增的高效、灵活的界面

　　该版本的界面设计更加简化，可有效地减少日常操作所需的步骤，还可以根据个人喜好，对整个界面的亮度顺畅地进行调节。

5. 描边的渐变

　　沿着长度、宽度或在描边内部将渐变应用至描边，同时全面控制渐变的位置和不透明度，如图 1-12 所示。

6. 对面板的内联编辑

　　各个面板现在都采用"内联编辑"，以【图层】调板为例，直接在图层名字上双击即可修改图层名称，如图 1-13 所示，而不必像以前那样，通过双击图层弹出一个对话框来修改。

7. 高斯模糊增强功能

　　阴影和发光效果等高斯模糊和效果的应用速度明显高于之前的速度。要提高准确度，请直接在画板中预览，而无须通过对话框预览。

8.【变换】调板增强功能

　　将常用的缩放描边和效果选项新增到【变换】调板中，方便快速使用，如图 1-15 所示。

图 1-10　创建无缝拼贴

图 1-11　描摹位图图像

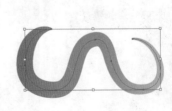

图 1-12　为描边添加渐变

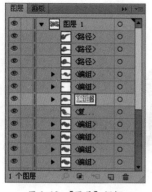

图1-13 【图层】调板

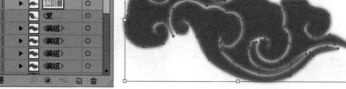

图1-14 可即时预览的高斯模糊效果

图1-15 在【变换】调板中缩放描边和效果

图1-16 增加了新功能的【字符】调板

9. 增强功能的【字符】调板

【字符】调板增加了文字大小写和上标下标按钮，如图1-16所示，使针对文字的编辑更为方便。

10. 带空间的工作区

通过空间支持，顺畅地在工作区之间移动。使工作区内的内容保持一致，并在重设前保留版面更改。在【窗口】|【工作区】的子菜单中，还新增加了【重置基本功能】命令，这样定义完自己常用的工作区后再也不怕弄乱了。

当然，其新增功能远不止这些，由于篇幅所限，这里不再一一列举。

1.4 Illustrator 的神奇之处

Illustrator适用于很多领域的设计应用，最广泛的就是应用于插画之中，利用该软件无所不能的绘制工具，以及颜色填充、图案填充、网格渐变等颜色调整工具，再配合滤镜中的各种效果，可以创建出创意无限、效果震撼的作品。

图1-17所示的是一幅精绘作品——甲壳虫汽车。从左侧的效果图就可以看出，这是一幅相当逼真的照片级精绘作品，从整个汽车的外形，到车前灯、车轮等细节的处理，再到车身整个柔和的色彩，高光与暗部的关系处理，无不处理得细致到位，不得不称赞作者具有相当高的手绘功底，以及对色彩、对构图把控到让人惊叹的地步。当然，这也体现出了作者对AI非常熟练，在如此复杂的图形绘制中，依旧可以将图形的各部分关系处理到位。

图1-18是作者之前绘制的一幅人物作品，这是依照一幅照片绘制完成的。整个画面中，人物的面部是刻画的重点，包括人物的眼睛、鼻子、嘴唇等部位，通过绘制路径创建出外形，然后分别填充渐变或是网格，并通过添加模糊效果

来创建面部柔和的颜色变化。

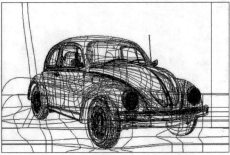

图 1-17 精绘作品

图 1-18 人物绘制作品

第 **2** 章

Illustrator CS6 的人性化界面

Illustrator CS6 拥有全新的人性化界面，不仅使用户拥有更方便的操作体验，而且全新的黑色界面，可以使用户更专注于图形设计之中。本章将讲述 Illustrator CS6 的界面组成，并通过实例的操作，了解该软件的操作流程。

知识导读

1. 工作界面的介绍
2. 文件的基本操作
3. 文档窗口介绍
4. 管理和控制视图
5. 页面辅助工具的使用
6. 自定义工作空间

本章重点

1. 认识 Illustrator 的界面构成及各部分的组件名称
2. 了解 Illustrator 的基本操作方法
3. 了解 Illustrator 中的基本操作流程

2.1 工作界面组件

对于计算机的老用户来说，程序的启动是一个非常简单的问题，只要在 [开始] 菜单的 [程序] 子菜单中执行 Illustrator CS6 命令即可打开 Illustrator 的程序窗口，该窗口具有 Windows 窗口的一些特性，如标题栏、控制按钮、菜单栏等，其他的组件包括工具箱、调板等，其中最重要的是文档窗口，所有图形的绘制和编辑都将在该窗口中进行，如图 2-1 所示。

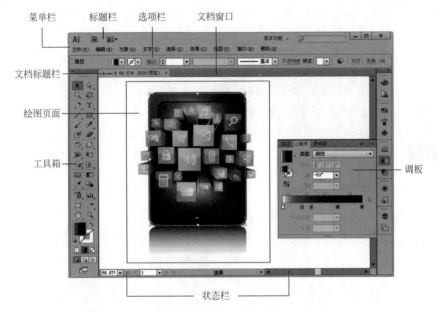

图 2-1　Illustrator 的程序窗口

下面简要介绍程序窗口中包含的组件：

- **标题栏**　它位于程序窗口的最上方，在其左侧包括窗口控制菜单和当前运行的程序名称两部分内容，右侧为控制窗口的按钮。

- **菜单栏**　它位于标题栏的下方，在各个主菜单中集合了 Illustrator 中所有的操作命令，通过执行这些命令，可以完成一些常规的操作。

- **选项栏**　显示可用于当前工具的属性选项设置。

- **文档窗口**　它是 Illustrator 中主要的绘图工作区域，窗口的大小可按需要进行控制。

- **文档标题栏**　它和程序窗口的标题栏一样，在上面将显示窗口的控制按钮和文件名称，还包括当前文件所使用的色彩模式、视图模式及视图的比例等信息。

- **绘图页面**　当用户在绘图窗口的其他位置完成图形的绘制后，如果要进行打印输出，可将其移动到绘图页面中，只有在绘图页面上的对象才能被打印出来。

- **工具箱**　工具箱中集合了 Illustrator 中所有可用的工具，大部分的工具还有其展开式工具栏，提供了与该工具功能相近的工具。

- **状态栏**　状态栏位于文档窗口的最下方，它由三部分组成，在最左侧的视图比例框中将显示当前文件的视图显示比例，而中间的状态弹出式菜单可显示当前使用的工具、时间和日期等一些信息，如果用户绘制的图形较大时，可拖动滚动条来快速地浏览整个画面。

- **调板**　调板是 Illustrator 中重要的组件之一，它是可以折叠的，并具有集成性及灵活性等特点，在默认状态下，各调板以调板组的形式存在，用户可根据需要将其分离，并组合成新的调板组，虽然面板中的功能通过执行各菜单中的命令也能实现，但通过调板进行操作将更为直观和方便。

2.2 菜单栏

菜单栏是 Illustrator CS6 中的一个重要组件，在其中包括 9 个菜单命令，这些菜单分别为【文件】菜单、【编辑】菜单、【对象】菜单、【文字】菜单、【选择】菜单、【效果】菜单、【视图】菜单、【窗口】菜单及【帮助】菜单。

在每个菜单中包含了一系列的命令，有的命令还有下一级的子命令，而每个命令代表一项功能，在使用菜单中的命令时，要先选定对象，然后单击菜单栏中的菜单名称，并在菜单中执行相应的命令即可。

2.2.1 【文件】菜单

该菜单中主要是对文档进行操作的命令，其中包括文件管理命令，如【新建】、【打开】等，打印控制命令，如打印设置等，功能比较容易理解，这里不再赘述，如图 2-2 所示。

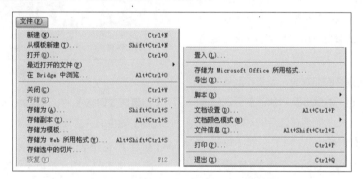

图 2-2 【文件】菜单

2.2.2 【编辑】菜单

该菜单所提供的命令可对当前打开文件中的对象进行一些常规的操作，通过执行这些命令，可完成对图形的各种编辑，如图 2-3 所示。

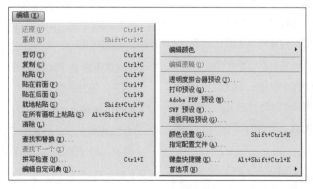

图 2-3 【编辑】菜单

其中：

● 【贴在前面】 将剪贴板中的对象粘贴到选定对象的前面。

11

- ●【贴在后面】 将剪贴板中的对象粘贴到选定对象的后面。

- ●【清除】 将当前文件中选定的对象从页面上清除掉，在键盘上按 Delete 键，也可起到同样的作用。

- ●【键盘快捷键】 执行该命令后，在打开的对话框中，用户可查看各命令和工具的快捷键，除了程序默认的，用户还可为自己常用的命令或工具设定快捷键。

- ●【首选项】 在打开的对话框中，用户可更改程序默认的设置，以此来定制富有个性的工作空间。

2.2.3　【对象】菜单

　　【对象】菜单是 Illustrator CS6 中较为重要的一个菜单，在其中包含了对选定对象进行复杂操作的命令，如对选定对象进行【变换】【群组】【排列】【隐藏】与【锁定】，对选定的路径进行各种编辑，以及创建封套、蒙版、图表等，如图 2-4 所示。

- ●【变换】 执行该命令下包含的各子命令，可以变换选定对象，如旋转、缩放等，在打开的设置对话框中，用户可输入合适的参数进行精确变换，虽然一些命令在工具箱中有相对应的命令按钮，但采用这种方法将更为精确。

- ●【排列】 当用户绘制复杂的图形时，处于不同层的对象可能相互重叠在一起，这就涉及对象的前后次序问题，执行该命令中的子命令能够将选定的对象按照指定的方式重新进行排列。

- ●【编组】 执行该命令能将选定的多个独立的对象组合起来，从而构成一个新的图形，这样就可把它们当作一个整体进行操作，如对群组对象填充颜色、变换等。

- ●【取消编组】 该命令用来解除群组对象的被群组状态，从而恢复到原来的状态，它对未群组的对象是不可用的。

- ●【锁定】 该命令可锁定所选的对象，当锁定某对象后，就不能再进行某些操作，如选择、移动、删除等，这样可防止误操作的发生。如果需要再次编辑该对象时，执行【全部锁定】命令即可解除对象的锁定。

- ●【隐藏】 该命令用来隐藏选定的对象，隐藏后的图形不能在任何模式下显示，但可以被打印输出，如果需要再次显示该对象时，执行【显示全部】命令即可显示所有被隐藏的对象。

- ●【扩展】 该命令可对选定对象的填充和轮廓线填充进行扩充，当执行该命令后，即可打开其设置对话框，用户在其中可根据需要进行选择。

- ●【栅格化】 该命令可将选定的矢量图形转换成为位图图像。

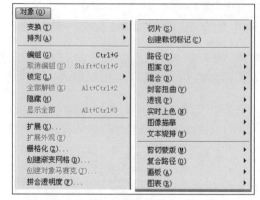

图 2-4　【对象】菜单

- ●【创建渐变网格】 执行该命令可以在选定的对象上创建渐变颜色的网格效果。

- ●【切片】 这是 Illustrator CS6 新增的一项功能，主要用于创建切片。切片常用于将文件保存为 Web 页时，直接对图形或图像进行分割，这样可以在不影响页面质量的前提下，提高网页的浏览速度及下载速度。

- ●【路径】 该命令中的子命令主要对路径进行操作，当选择路径后，利用这些命令可对其进行各种编辑，如连接、简化等。

- ●【混合】 执行该命令中的各子命令，可实现对象间特殊的混合效果，即在两个对象之间发生颜色和形状上的逐渐过渡。

- ●【封套扭曲】 通过该命令下的子命令可对选定对象进行特殊的扭曲变形。

- ●【剪切蒙版】 该命令可创建蒙版效果，在 Illustrator 中绘制的大部分对象都可生成蒙版，而生成蒙版的对象可以是矢量图形，也可以是导入的位图文件。

- ●【复合路径】 该命令可将选定的独立路径联合在一起，从而成为一个整体进行操作。

- ●【图表】 该命令下的子命令主要用于创建各种形式的图表。

2.2.4 【文字】菜单

　　【文字】菜单中的命令主要用于对文本进行编辑或处理，在设置文本格式时，可用来设置文本的字体、字号等一些基本的属性。如果用户输入的文字较多，还可以创建链接文本、文本栏等。另外，还可对文本进行查找、替换、拼写检查、转换大小写等操作，如图2-5所示。

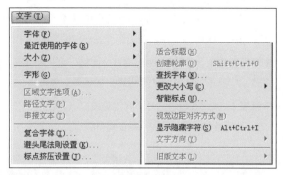

图2-5 【文字】菜单

● 【字体】 该命令用来设置文本的字体。

● 【大小】 该命令用来设置文本字号的大小。

● 【串接文本】 该命令用来进行文本块或文本对象的链接。

● 【适合标题】 该命令可使选定的段落文本应用段首的缩进距离来进行排列。

● 【创建轮廓】 该命令可将选定的文本对象转换为曲线对象。

● 【查找字体】 该命令可用来在选定的文本中查找指定的字体。

● 【更改大小写】 该命令用来进行英文大小写之间的转换。

● 【智能标点】 该命令可将输入的特殊字符用符号进行替换。

● 【文字方向】 它可使文本的方向发生改变，如将横排的文本转换为竖排，或将竖排的文本转换为横排。

2.2.5 【选择】菜单

　　【选择】菜单提供了多种选择对象的方法，用户可根据不同的需要进行选择，如图2-6所示。

　　在该菜单中，除了【全选】、【取消选择】、【重新选择】、【反向】基本的命令外，利用【相同】命令下的子命令，可选择具有相同的填充、轮廓线填充颜色及透明度的对象;而【对象】中的子命令，则可按对象的类别进行选择，如蒙版、文本对象等。

图2-6 【选择】菜单

2.2.6 【效果】菜单

　　【效果】菜单项可为图形或图像添加一些特殊的效果，并且一些命令的名称和作用也是相同的，如图2-7所示。

● 【路径】 它的子命令主要对选定的两个或多个路径进行编辑，如相交、相切等。

● 【转换为形状】 执行该命令下的子命令，可使选定的图形对象发生形状上的改变。

● 【像素化】 该滤镜组中的各个滤镜可对图像进行点化处理，并将颜色相近的像素点组合成新的单元，从而

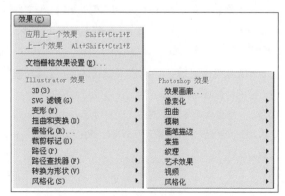

图2-7 【效果】菜单

减少图案的尖锐程度。

- 【**扭曲**】 可使位图产生各种不同的扭曲变形效果。

- 【**模糊**】 该滤镜组的滤镜可平滑位图中颜色的过渡区域并减小其对比度,从而使图像产生一种模糊的效果。

- 【**画笔描边**】 该滤镜组中包括 8 个滤镜,它们将用不同的笔刷对图像的边缘进行处理,如强调边缘等。

- 【**素描**】 该滤镜组中的各个滤镜将模拟各种绘画的技法,从而使位图图像产生手绘的特殊效果。

- 【**纹理**】 该滤镜组中的滤镜可为位图图像添加各种纹理效果。

- 【**艺术效果**】 该滤镜组中包含的滤镜最多,这些滤镜模拟传统艺术效果,使位图图像产生类似于彩色铅笔、蜡笔绘画及木刻等特殊的效果。

- 【**风格化**】 该滤镜组可使图形产生一系列的特殊效果,如为开放路径添加不同样式的箭头,或为图形对象添加阴影效果等。

2.2.7 【视图】菜单

【视图】菜单中的命令主要用来管理和控制视图,如切换当前文件的视图显示模式、改变视图的显示比例,还可以决定标尺、辅助线、网格线隐藏与显示等,并可根据需要自定义视图,如图 2-8 所示。

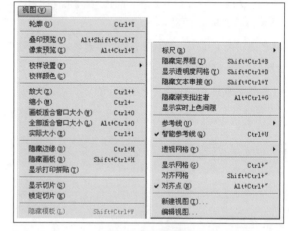

图 2-8 【视图】菜单

2.2.8 【窗口】菜单

【窗口】菜单是包含命令项最多的一个菜单,根据各命令项功能的不同,由几条分隔线分成不同的类型,如对窗口进行控制的命令、控制窗口组件显示与否的命令等。

窗口控制命令主要用来对多个窗口进行控制和管理,如执行【新建窗口】命令,用户可为一个图形文件新建多个窗口,而执行【层叠】、【平铺】命令,可用不同的方式来排列多个窗口。

窗口组件控制命令可控制工具箱和调板的隐藏与显示,它们具有复选的性质,当工具箱或某调板处于显示状态时,那么该命令项前就会出现√标志,当执行该命令后,该标志消失,并隐藏它在屏幕上的显示,如图 2-9 所示。

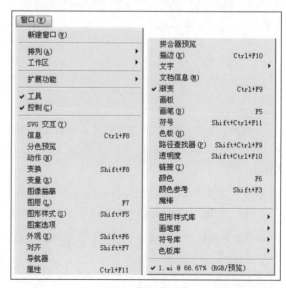

图 2-9 【窗口】菜单

2.2.9　【帮助】菜单

当用户在使用 Illustrator CS6 的过程中，遇到不明白的问题时，可以求助于强大的帮助系统。在 Illustrator CS6 的帮助系统中，对该软件中的基本概念和基本工具进行了详细的介绍，并提供了全面的帮助信息，用户可以通过这些帮助信息来解决疑难问题，如果能接入互联网，还可随时链接到 Adobe 公司的在线帮助，以及时解决所产生的问题，或者了解 Adobe 公司的一些信息，如图 2–10 所示。

图 2–10　【帮助】菜单

2.3　工具箱

工具箱是 Illustrator CS6 处理图形的"工具集结地"，包括大量具有强大功能的工具，这些工具可以在绘制和编辑图像的过程中制作出精彩的效果，Illustrator CS6 工具箱的外观如图 2–11 所示。

当首次启动 Illustrator CS6 后，默认状态下工具箱将出现在屏幕的左侧，用户可根据需要将它移动到任意位置，在 Illustrator CS6 的工具箱中，提供了大量具有强大功能的工具，熟练地运用这些工具，可创建许多精致的美术作品。根据各工具的不同作用，在工具箱中做了简单的分类，它们由几条分隔线分开，以便于用户的识别，如用于选择对象的选取工具、创建各种形状路径的绘制工具及编辑工具等。

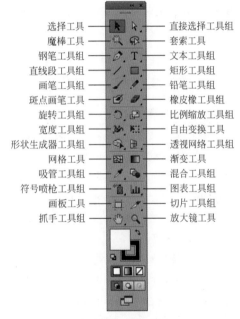

图 2–11　工具箱

要使用某种工具，直接单击工具箱中的工具图标即可。工具箱中的许多工具并没有直接显示出来，而是以成组的形式隐藏在右下角带小三角形的工具按钮中，用鼠标按住该工具不放即可展开工具组。例如，用鼠标按住【钢笔工具】 ，将展开钢笔工具组，单击钢笔工具组右边的黑色三角形，钢笔工具组就从工具箱中分离出来，成为一个相对独立的工具栏，如图 2–12 所示。

下面对各工具的作用进行简单的介绍：

● **选择工具**　该工具主要用来进行对象的选取，当需要选取一个对象时，只要单击该工具按钮，然后在对象上单击就可将其选中；当选取多个对象时，可拖动产生一个矩形选框，或者先按下 Shift 键，再依次单击各个对象。

● **直接选择工具组**　它是一个较为常用的选取工具组，其中的工具可选择一个路径上的节点或某段路径，或者选择群组中单个的对象，然后对其进行单独编辑。

● **魔棒工具**　该工具可以按对象填充的颜色进行选取，当用该工具单击一个对象时，与之填充颜色相同的对

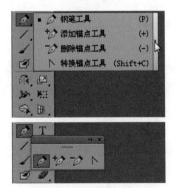

图 2–12　钢笔工具组

象也会被选中。

- **套索工具** 该工具的功能与直接选择工具相似，只是它的使用方法更为灵活，当选择工具后，在对象上按下左键拖动，鼠标指针经过范围内的内容都会被选中。

- **钢笔工具组** 运用钢笔工具可绘制各种形状的路径，而利用另外的三个工具，可在绘制的路径上添加或删除节点，或者转换节点的类型。

- **文本工具组** 该工具组中包括六个工具，它们可用于创建横排或竖排两种方式的文本。除了基本的文本块之外，用户可让文本在一个图形内排列，或者沿一个路径进行排列。

- **直线段工具组** 在该工具组中包括直线工具、弧线工具、螺旋线工具、矩形网格线工具及极线网格工具，使用这些工具可绘制直线、弧线等基本的路径。

- **矩形工具组** 该工具组中包括矩形、圆角矩形、椭圆形、星形等基本图形的绘制工具，另外，还新增了闪光工具，它可模拟光线的光晕效果。

- **画笔工具** 该工具可以各种形式的艺术笔触来绘制路径，当选择【画笔】调板中所提供的笔画样式后，它就会按所绘制的路径进行排列。

- **铅笔工具组** 铅笔工具也可绘制自由形状的路径，而另外的两个工具可对路径进行适当的修整，例如使路径变得更为平滑，以及擦除选定路径上不需要的部分。

- **旋转工具组** 运用该工具组中的工具可进行一些对象的基本变换，如旋转、镜像对象，而扭曲工具可对选定的对象进行扭曲变形。

- **比例缩放工具组** 该工具组中包括三个工具，其中缩放工具可改变对象的大小，切变工具可使选定的对象产生倾斜，而利用整形工具，可修改部分路径的形状。

- **宽度工具组** 其中包括八个工具，利用这些工具，可以用不同的方式使路径产生不同程度的变形。

- **自由变换工具** 利用该工具可以对选定的对象进行自由变换，如缩放、旋转等。

- **符号喷枪工具组** 它也是新增的工具组，在其中包括八个工具，在使用第一个工具喷绘出符号后，利用另外几个工具可对其进行一些编辑，如更改其大小、颜色、方向等。

- **画板工具** 该工具可以将页面看成一个画板，通过缩放边框可以很方便的定义画板大小。

- **形状生成器工具组** 包含形状生成器工具、实时上色工具和实时上色选择工具，利用这些工具可以将多个

简单的图形合并成一个图形，并进行实时上色等操作。

- **图表工具组** 该工具组主要用来创建不同形式的图表，如柱形图、饼状图、折线图、环状图等。

- **网格工具** 运用该工具可对图形进行网格渐变填充。

- **渐变工具** 该工具可对选定的图形进行渐变填充，用户可控制渐变的方向、角度，结合【色板】调板可选择不同的渐变填充形式及渐变颜色。

- **吸管工具组** 在该工具组中包含三个工具，其中吸管工具可从【颜色】调板中，或已经存在的图形中选取颜色，油漆桶工具可在一定范围内为图形填充颜色，而测量工具可测量两点之间的距离和角度。

- **混合工具组** 该工具组中包含两个工具，其中混合工具可将两个选定的图形对象进行混合，从而在两者之间产生形状和颜色的过渡。自动描摹工具可对导入的位图进行自动的描绘，从而产生该图像的轮廓。

- **切片工具组** 该工具组中包括两个工具，其中切片工具可将选定的对象进行分割，而切片选择工具用来选择切片。

- **橡皮擦工具组** 该工具组中包括两个工具，其中剪刀工具能够将一个路径分割成两个或多个路径，它可使闭合路径转换为开放的路径。美工刀工具可将一个闭合的路径分割成多个独立的部分。

- **抓手工具组** 抓手工具可以移动视图，以对图形进行全面的查看。页面工具用来确定页面的范围。

- **放大镜工具** 该工具用来放大和缩小视图的显示比例。

在工具箱中的下方有填充与轮廓线填充选择器，它会显示当前的填充颜色和轮廓线颜色。默认状态下，在页面上创建的对象为白色填充，黑色轮廓线填充。

在选择器下有六个按钮，第一排中的第一个按钮可显示当前正在填充的状态，第二个按钮可为选定对象应用渐变填充，而单击第三个按钮可使对象变为无填充和无轮廓线填充。

第二排中的按钮可在不同的显示模式下进行切换，它们分别为标准屏幕模式、有菜单栏的全屏模式和全屏模式三种，如图 2-13 所示。

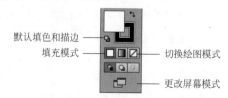

图 2-13 填充与轮廓线填充选择器及按钮

2.4 调板

调板是 Illustrator CS6 中重要的组件之一，在编辑图形对象时，结合相应的调板，可大大地方便用户的操作。在默认状态下，各调板将以调板组的形式出现，当首次启动 Illustrator CS6 后，将有四个调板组出现在屏幕的右侧，当然，用户可将它移动到任意位置，当不使用时将其隐藏，或者将默认调板组中的调板分离，然后再重新组合，具体的内容将在后面详细介绍。

2.4.1 颜色调板组

如果要对选定对象的内部和轮廓线进行单色填充、渐变填充，或改变对象填充颜色的透明度，都可通过颜色调板组中所提供的功能来实现。颜色调板组由六个调板组成，它们分别是【颜色参考】调板、【渐变】调板、【透明度】调板、【颜色】调板、【属性】调板、【描边】调板，如图 2-14 所示。

图 2-14 颜色调板组

- 【颜色参考】调板 将颜色组限制为某一色板库的颜色。

- 【渐变】调板 该调板可对选定的对象进行渐变填充，并且在其中可选择渐变填充的类型，设置渐变角度及各渐变颜色所占的比例等选项。

- 【透明度】调板 该调板主要用来调节选定对象的透明度，或者两个或多个重叠对象的颜色混合模式，另外，还可在其中创建不透明的蒙版。

- 【颜色】调板 该调板是较为常用的一个调板，它可对所选择的对象进行填充或轮廓线填充，用户可用不同的色彩模式精确地设定颜色。

- 【属性】调板 该调板可用来设置选定对象的某些显示属性，如是否显示对象的中心、反转路径等。

- 【描边】调板 该调板主要用来设置选定对象的轮廓线属性，如可更改轮廓线的宽度、连接点的类型，或者将轮廓线设置为虚线等。

2.4.2 图层样式调板组

图层样式调板组中的调板可以对选定的对象进行预设的图案填充，或创建漂亮的笔刷或符号效果。该调板组有四个调板，它们分别为【图形样式】调板、【色板】调板、【画笔】调板、【符号】调板，如图 2-15 所示。

图 2-15 图层样式调板组

- 【图形样式】调板 在该调板中提供了大量风格各异的图案，当用户在页面上创建对象后，可直接利用这些图案进行填充，这样用户不需要进行烦琐的设置，就可得到非常漂亮的效果，在【窗口】菜单下的样本库中还可以打开更多的填充和轮廓线填充样式。

- 【色板】调板 该调板可用来存放有关颜色的信息，其中包括 CMYK 和 RGB 模式下的颜色色样和渐变填充样式，还有一些预设的图案，用户可根据需要从中选择合适的颜色，来对选定的对象进行各种填充。用户除了使用样本库中不同的颜色及图案外，还可以通过调板底部的按钮来自定义色样，然后添加到调板中。

- 【画笔】调板 该调板主要用来设置笔刷的形状和画笔样本图案，当用户使用【画笔工具】 绘制路径时，可从调板中选择合适的笔画类型和图案。单击调板右上角的三角按钮，在弹出的调板菜单中用户可以设置调板的有关选项，并且可对提供的样本进行一些适当的编辑，另外，在【窗口】菜单下的样本库中还有更多的样本图案。利用该调板底部的各个按钮可创建新的笔画样式，或删除选定的已有样式等。

● 【符号】调板　该调板提供了各种样式的符号，当用户使用【符号喷枪工具】 时，可结合【符号】调板使用，该调板中存储了 Illustrator CS6 预设的符号，用户可从中选择所需要的符号，并对符号进行一定的编辑，如修改、复制、删除等，用户还可将自己所创建的对象定义为符号，然后添加到该调板中。

2.4.3　外观调板组

外观调板组中包括【外观】调板、【导航器】调板和【信息】调板。在这些调板中可显示当前图形的外观属性、视图、文件信息等，如图 2-16 所示。

● 【外观】调板　该调板用来显示当前打开的图形文件的外观属性，如填充和轮廓线颜色等。

● 【导航器】调板　该调板可改变视图的显示比例及位置，在其中显示了当前文件中的缩略图，用户可拖动查看框来选择显示的范围，并且通过调板底部的滑块来调节视图的显示比例。

图 2-16　外观调板组

● 【信息】调板　该调板可显示当前文件中对象的相关信息，如鼠标指针的位置、对象的宽度和高度及颜色属性等。

2.4.4　图层调板组

图层调板组中包括【图层】调板、【动作】调板和【链接】调板，用户在创建复杂的图形时，通常要用到这几个调板，如图 2-17 所示。

● 【图层】调板　当用户在页面创建了多个对象时，可将它们放置到不同的图层，在图层调板中可创建图层，并对图层进行一些相关设置，通过对图层的操作，还影响到图层中的对象，如选择、隐藏、锁定及更改对象的外观属性等。

● 【动作】调板　如果用户在进行非常复杂的操作，并需要多次执行时，可将各个步骤录制为动作，大多数命令和工具的操作都可以记录在动作中，利用【动作】调板进行操作，可以录制、播放、编辑和删除动作，或者保存、加载、替换动作组。

● 【链接】调板　该调板可显示当前文件中所有链接或嵌入的图像，它会以不同的标志显示当前图像的状态，

图 2-17　图层调板组

并且可将链接的图像转换为嵌入的图像。

除了这些默认状态下显示的调板外，还有多个调板处于隐藏状态，用户执行【窗口】菜单中相应命令即可显示调板。其他的包括【变换】调板、【排列】调板、【路径导航器】调板、【字符】调板等，具体的内容都会在以后的章节中介绍，这里不再过多地叙述。

2.5　新建与打开文件

启动 Illustrator CS6，执行【新建】命令，会打开【新建文档】对话框，用户可在其中定义一个所需要的文件，比如可设置它的尺寸、单位、颜色模式等选项。当执行

【打开】命令时，可打开【打开】对话框，在该对话框中可查找现存于计算机的文件，然后再进行打开。

2.5.1　新建文件

如果用户要创建一个美术作品，首先应该创建一个文件，然后在其中进行图形的绘制与编辑，新建文件可以有不同的方式。

在新建一个文件时，可以执行【文件】|【新建】命令，或者在键盘上按 Ctrl+N 键，都可以打开【新建文档】对话框，如图 2-18 所示。

在该对话框中可设置与新文件相关的选项，在【名称】文本框中输入定义的文件名称，默认状态下名称以数字递增，第一次执行该命令时将以"未标题 -1"为名称，而第二次则为"未标题 -2"，以此类推。

单击【大小】选项后的三角按钮，在弹出的下拉列表中有多种常用尺寸的选项，当选择【自定】选项时，用户可以在【宽度】和【高度】文本框中输入合适的参数值，以此来自定义绘图页面的大小。

单击【单位】选项后的三角按钮，在弹出的下拉列表框中包括【毫米】、【派卡】、【英寸】等单位，用户可根据需要选择合适的单位。

"取向"选项后的两个图标按钮用来设置绘图页面的显示方向，单击按钮就可在横向和纵向之间进行切换。

图 2-18　【新建文档】对话框

在【颜色模式】选项组中有两个选项，即 CMYK 和 RGB 两种颜色模式，用户可根据需要进行选择。当设置好之后，单击【确定】按钮，即可打开一个新的文档窗口。

 提示： 新建文件时，按 Ctrl+Alt+N 键可以直接新建一个无标题的文件，不用打开【新建文档】对话框。

2.5.2　打开文件

当用户需要打开 Illustrator CS6 自带的示范作品，或者是已保存的其他文件时，可执行【文件】|【打开】命令，或者在键盘上按下 Ctrl+O 键，即可打开【打开】对话框，如图 2-19 所示。

在该对话框中，单击【查找范围】选项后的三角按钮，在弹出的下拉列表框中可选择文件的路径。通过右侧的几个按钮，也可以访问各文件，如【向上一级】按钮 📁；单击【查看菜单】按钮 ▦▾，在弹出的菜单中可以选择查看文件的方式。

当选中一个文件后，在【文件名】文本框中会显示相应的名称，在【文本类型】下拉列表框中提供了多种 Illustrator 所支持的文件格式，用户可选择所需要的格式。而在对话框最下面的预览框中会出现图形文件的预览图，

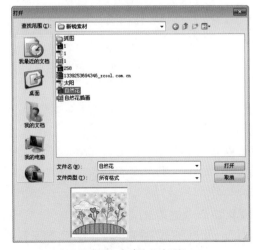

图 2-19　新建文档对话框

当选定文件后，单击【打开】按钮，即可将该文件打开。

如果多次使用某些文件，程序会在【文件】菜单中自动添加这些文件的名称，用户可执行【文件】|【最近打开的文件】命令，然后在其子菜单中选择相应的文件名称即可。

2.6 文档窗口介绍

在一个文档窗口中包含标题栏、工作区域和状态栏等几部分，在工作区域中可以绘制和编辑各种各样的图形，它是文档窗口重要的组成部分，在标题栏和状态栏上分别显示了当前文件的一些信息，用户可以为当前的文件创建多个窗口，并且可以打开多个文件。

2.6.1 文档窗口的组成

无论是新建的文件还是打开已有的文件，在文档窗口的标题栏上会显示当前文件的名称、视图缩放比例、所使用颜色模式等一些信息。

分的空间，它包括绘图页面和草稿区域，而在绘图页面中又包括几个不同的区域，如图 2-20 所示。

1. 工作区域

在 Illustrator 的文档窗口中，工作区域占据了大部

打印区域

不可打印区域

页面边缘

绘图页面

草稿区域

图 2-20　工作区域

在图 2-20 中可以看出，工作区域由两条虚线框和一条实线框分成几个不同的部分，它们分别为：

- **打印区域** 它指的是第一条虚线框以内的区域，处于这条线以内的对象都可以被打印出来。

- **不可打印区域** 它指的是两条虚线框之间的区域，在打印出来的纸张上显示为空白区域。

- **页面边缘** 即外面的虚线框，在默认情况下，由于它与实线是重合的，所以是不可显示的，该图是经过调整后的效果。

- **绘图页面** 它是指实线框以内的区域，其大小是可以设置的，用户可根据需要来扩大和缩小它的范围，而且执行【视图】|【隐藏边缘】命令可以隐藏它的边界。

- **草稿区域** 它是指从绘图页面向外扩展的部分，一般情况下，从绘图页面向外可扩展 227 英寸，即拉动滚动条所能看到的白色区域。用户可在该区域内暂时存放所创建的图形文件，进行编辑后，然后再移动到绘图页面中。在该区域中的对象屏幕上是可显示的，但是不能被打印出来。

2. 状态栏

状态栏位于文档窗口的最底部，利用状态栏可以完成视图的缩放、查看当前文件的信息等一些任务，如图 2-21 所示。

状态栏由三部分组成，即视图比例下拉列表框、状态弹出式菜单及滚动条。

图 2-21 状态栏

视图比例是指当前绘图页面与文档窗口的比例，单击状态栏最左边的三角按钮，在弹出的下拉列表框中提供了常用的几种比例，视图比例可调节的范围为3.13%~6400%，用户可以从中选择，也可以直接在文本框内输入所需要的比例值，然后按 Enter 键确认，即可按该比例进行显示。

单击状态栏上的第二个三角按钮，就会打开状态弹出式菜单，在该菜单中包括当前正在使用的工具、时间和日期、内存的可用数量、操作的撤销和重做次数及文件颜色的使用情况等选项，当选择一个选项后，前面会出现√标志，而在状态栏上就会出现相应的信息。

当用户需要查看文件时，可以通过拖动滚动条，或单击滚动按钮来移动窗口的显示位置。

2.6.2 管理文档窗口

用户在创建或编辑对象的过程中，可以为当前图形创建另外的窗口，或者打开多个文件，这样程序窗口会显得很杂乱，这时用户可通过【窗口】菜单中所提供的命令，对文档窗口进行一定的排列，或者改变它们的显示方式。

1. 新建窗口

在 Illustrator CS6 中，当新建或打开一个文件后，可以为该文件创建附加的文档窗口，这样在各个窗口中可显示相同的对象，但是可以设置为不同的视图缩放比例或者视图模式。例如，在对多个对象进行操作时，可以在一个窗口中设置较大的视图比例，以作为特写镜头显示，而另一个以较小的视图比例显示，这样可从总体上预览对象，以便更好地在页面上安排各对象的位置。

在进行新建窗口的操作时，可在文件打开的前提下，执行【窗口】|【新建窗口】命令，即可在当前活动的窗口上新建一个相同尺寸的窗口，在窗口的名称后以数字与原窗口进行区分。

2. 排列窗口

当在程序窗口中同时打开多个文件，或者为一个文件创建了多个附加的窗口时，如果要使它们全部显示，就需要对它们进行合理的排列，以满足使用的要求。

执行【窗口】|【排列】|【层叠】命令后，各文档窗口将按放置的顺序依次层叠排列，用户可以任意切换各窗口之间的排列顺序，如图 2-22 所示。

当执行【窗口】|【排列】|【平铺】命令后，它将尽可能向水平或者垂直方向伸展，从而保证每个窗口都全部排列显示，如图 2-23 所示。

图 2-22 层叠排列窗口

图 2-23 平铺排列窗口

如果要关闭当前活动的文档窗口，可执行【文件】|【关闭】命令，或者按 Ctrl+F4 键，在执行该命令的同时按下 Alt 键，则可以关闭所有的文档窗口。

3. 窗口显示方式

在绘制图形的过程中，如果需要更大的可操作空间，可以改变文档窗口在屏幕中的显示方式，当完成创建后，还可以进行全屏预览，操作时只要单击工具箱中底部的【更改屏幕模式】按钮  即可实现，如图 2-24 所示。

默认状态下，菜单栏中的【正常屏幕模式】处于被选状态，这时在标准的窗口中显示图形文件，在文档窗口的顶部显示菜单栏，在右边缘显示滚动栏，而在窗口

图 2-24　切换视图模式

最下方显示状态栏。

单击中间的"带有菜单栏的全屏模式"选项，这时将显示菜单栏，而不会显示标题栏、状态栏及滚动栏。

单击最下方的"全屏模式"选项，则会全屏显示该图形文件。

2.7　管理和控制视图

在 Illustrator CS6 中绘制图形时，可以有效地对视图进行管理和控制，如在不同的视图模式下查看文件，通过菜单命令、【放大镜工具】或【导航器】调板来改变

图形文件在视图中的显示比例，它并不会改变文件的实际尺寸。

2.7.1　视图模式

在 Illustrator CS6 中有四种不同的视图模式，它以不同的画面质量来显示图形文件，当用户在完成一幅作品后，可根据需要在不同的视图模式下预览其效果，下面分别对它们进行简单的介绍。

1. 预览模式

预览模式也就是打印预览模式，在该模式下会显示图形的大部分细节，比如它们的颜色、放置位置及各对象的顺序，而且色彩显示与打印出来的效果十分接近。但是它占用的内存比较大，如果图形较复杂时，显示或刷新速度就比较慢，用户可以用该模式来预览实际打印的效果，在默认状态下，当打开一个窗口时，就是在该模式下显示，如图 2-25 所示。

2. 轮廓模式

在该模式下能够隐藏对象的所有颜色属性，只显示构成图形的轮廓线。轮郭模式下会显示用户在构造图形的过程中所使用过的辅助线，以及所有在创作过程中的败笔，它的屏幕刷新率比较快，适合于查看比较复杂的图形。

在该模式下按照创建图形时所用图层的顺序进行

图 2-25　预览模式　　　　图 2-26　轮廓模式

显示，用户可以通过【图层】调板来显示或隐藏各图层所创建的对象，执行【视图】|【轮廓】命令，或者使用 Ctrl+Y 键都可切换到该模式下，如图 2-26 所示。

3. 套印预览模式

在该模式下，可显示接近油墨混合的效果或透明效果，并显示分色输出的效果。执行【视图】|【叠印预览】命令，或者按 Ctrl+Shift+Alt+Y 键，即可切换到套印预览模式下，但它在屏幕上的显示效果是不太明显的。

4. 像素预览模式

在像素预览模式下，可将绘制的矢量图形转换成位图，也可用来预览导入的位图文件，如 JPEG、GIF 或 PNG 等格式的文件，这样就可以有效地控制文件的精确度、尺寸等内容，当放大对象后，会出现逐个排列的像素点，默认的图像分辨率为 72dpi，执行【视图】|【像素预览】命令，或者按 Ctrl+Alt+Y 键，即可切换到该模式下，如图 2-27 所示。

图 2-27 像素预览模式

在默认情况下，当切换到该模式后，在【视图】菜单中会出现【捕捉像素】命令，并且处于被选状态，如果在绘制精度较高的作品时，例如需要在两个像素点之间放置对象，可取消该命令的选择后再进行操作。

提示： 在创建有特殊要求的作品时，可以新建一个窗口，在各窗口中用不同的显示模式，如在预览模式下编辑图形，而在另一个窗口中用其他的模式查看效果。

5. 自定义视图模式

除了程序所提供的几种视图模式以外，用户还可以根据需要自定义视图模式，当设置好视图属性后，保存指定的显示模式，下次使用时直接打开即可进行编辑，而不用再重新定义，这样会节省很多时间和精力。

操作时先设置好所要定义的视图属性，如视图模式、视图显示比例等，再执行【视图】|【新建视图】命令，即可打开【新建视图】对话框，如图 2-28 所示。

图 2-28 【新建视图】对话框

在该对话框的【名称】文本框中输入视图的名称，然后单击【确定】按钮，就会保存当前的视图，而在【视图】菜单中会出现该菜单项，当使用时，选中该菜单项即可打开所定义的视图模式，在一个文档中可以创建和保存 25 个视图。

如果要对所定义的视图进一步编辑，可执行【视图】|【编辑视图】命令，即可打开【编辑视图】对话框，如图 2-29 所示。

在该对话框中选择一个视图名称后，在【名称】文本框中就会出现该视图的名称，在该文本框中可以为视图重新命名，而单击【删除】按钮可将该视图删除。

图 2-29 【编辑视图】对话框

2.7.2　控制视图

在绘制作品时，可以对视图进行随意的缩放，以满足查看的要求，在进行该项操作时，除了前面所提到在状态栏上进行更改以外，还可以使用工具箱中的【放大镜工具】，或者是【视图】菜单中的命令，或直接在【导航器】调板中进行调节。

1. 放大视图比例

当用户需要放大视图比例时，可以使用下面的几种方式：

- 在状态栏上单击第一个三角按钮，在弹出的下拉列表框中选择一个合适的比例，或者直接在其中输入一个大于 100 的数值，然后按 Enter 键确定。
- 在放大视图比例时，可先选中对象，然后在工具箱中单击【放大镜工具】按钮 ，这时鼠标指针会变成一个放大镜形状，并且在中间有一个 + 标志。在需要进行放大的图形中间单击，每单击一次将按照预设的比例放大视图比例，它最大可以放大到原图的 6400%，此时放大镜中间会变成空白。
- 当选择对象后，执行【视图】|【放大】命令，然后在对象上单击，每单击一次将按预设的比例调整视图比例，当文件扩大到原图的 6400% 后，该命令不再有效。
- 当没有对象被选择的状态下，可在文档窗口的任意位置右击，在弹出的快捷菜单中选择【放大】命令，同样也可以放大视图。

2. 缩小视图比例

当用户需要缩小视图比例时，可以使用下面的几种方式：

- 如果需要缩小视图比例时，可从状态栏的下拉列表框中选择缩小视图的比例，或者在其中输入一个所需要的比例，然后按 Enter 键。
- 当使用【放大镜工具】时，可先选中所要缩小的对象，然后从工具箱中选择该工具，并且按下 Alt 键，这时鼠标指针变成放大镜形状，在中间有一个 – 标志，在需要缩小的图形中间单击，单击一次将按预设的数值缩小比例，当缩小视图到最小比例 3.13% 时，放大镜中间会变成空白。
- 执行【视图】|【缩小】命令，然后在对象上单击，也可以缩小视图比例，当达到最小极限时，该命令将不再起作用。

技巧：当用户正在使用其他工具对图形进行编辑时，使用快捷键，就可以在不切换工具或执行命令的情况下对视图进行缩放，如果要放大视图，可以按 Ctrl+Space 键，这时鼠标指针会变成带有"+"的放大镜，然后在对象上单击，即可按预设的比例进行放大；如果要缩小视图，则可按 Ctrl+Alt+Space 键。

当需要以实际尺寸显示图形文件时，可双击【放大镜工具】按钮，或者执行【视图】|【实际大小】命令。

而双击【抓手工具组】按钮，或者执行【视图】|【画板适合窗口大小】命令，图形会以最适合窗口的方式显示。

3. 导航器调板

除了用上面所提到的几种方式改变视图比例以外，利用【导航器】调板也可以快速地改变视图的显示比例，执行【窗口】|【导航器】命令，可显示该调板，如图 2-30 所示。

图 2-30 【导航器】调板

单击该调板上左侧的双三角按钮，即可按预设的比例缩小视图，单击右侧的双三角按钮，则会放大视图比例，或者直接拖动调板底部的滑块进行调节。在调板左下角的文本框中会显示相应的比例，也可在该文本框内输入数值，然后按 Enter 键确认。

【导航器】调板更重要的功能就是确定查看的范围，默认状态下，在调板上会出现一个红色的查看框，拖动查看框，就可以改变对象在窗口中的显示位置，或者单击要显示的区域，就会以单击处为中心显示视图。

单击该调板右上角的三角按钮，在弹出的菜单中选择【仅查看画板内容】选项，则在调板的预览区域将只显示绘图页面中的内容，而在草稿区域的图形将不显示。

如果要对该调板的选项做一些设置，可选择【调板选项】命令，在弹出的对话框中可以改变查看框的颜色。

提示：当鼠标指针移动到【导航器】调板上时，按下 Ctrl 键，指针会变成放大镜，这时在调板上拖动可以重新定义查看框的尺寸。

如果需要对视图稍做移动时,可在工具箱中单击【抓手工具】按钮 ,这时鼠标指针会变成抓手工具的标志,按下鼠标左键拖动,可以移动视图中对象的显示。

如果在使用其他工具进行操作时,需要移动视图显示,按下 Space 键,就可以迅速切换到抓手工具,这时可随意调整视图的显示。

2.8 使用页面辅助工具

当用户需要精确绘图时,可以利用 Illustrator CS6 所提供的页面辅助工具,如标尺、辅助线及网格等,利用这些工具可精确控制图形的大小,或者进行多个对象的排列和对齐等工作。

2.8.1 标尺

在默认状态下,标尺是未显示的,当用户需要用到标尺时,可以随时将其调出,利用该工具,可在绘图页面上精确地放置和测量对象,执行【视图】|【标尺】|【显示标尺】命令,或者按 Ctrl+R 键,在文档窗口就会显示水平和垂直标尺,当再次隐藏时,可执行【视图】|【标尺】|【隐藏标尺】命令。

1. 定义标尺单位

当在 Illustrator CS6 中创建一个文件时,可以选择多种单位,在默认情况下以【磅】为单位,当确定了文件的单位后,标尺就会显示相应的刻度,当放大或者缩小视图时,标尺的刻度也会随之改变。

当测量对象、移动和变换对象、设置网格和辅助线间距及创建单位各种图形时,都可能需要标尺上的单位刻度。

2. 改变标尺原点的位置

在文档窗口中,水平标尺与垂直标尺相交的零点称为标尺原点,当打开一个文件时,标尺原点将按照在【首选项】对话框中设置的视图选项显示,默认状态下标尺

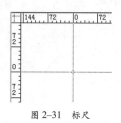

图 2-31 标尺

原点以绘图页面的左下角为准。

但在实际使用时,可能需要更改原点的位置,操作时可移动鼠标指针到水平和垂直标尺相交的位置,按下左键拖动到需要放置标尺原点的位置,在此过程中,将出现一个十字形状的标志来表示改变后的原点,如图 2-31 所示。

当标尺处于显示状态时,如果在文档窗口中移动鼠标,那么随着鼠标的拖动,在标尺上将会出现水平和垂直的两条虚线,以用来和标尺刻度相对照,当改变标尺原点的位置后,双击文档窗口左上角的按钮 ,标尺原点就会恢复到原来的默认位置。

2.8.2 网格和辅助线

除了标尺,Illustrator CS6 还提供了网格和辅助线,使用它们可以更加精确地定位对象的位置,尤其是在排列对象时,使用网格和辅助线作为参照,可以对齐各对象。在这一小节中,我们将介绍网格和辅助线的使用。

1. 显示和设置网格

在默认状态下,网格是未显示的,当用户需要在文档窗口中显示网格时,可以执行【视图】|【显示网格】命令,这时窗口中将出现类似于"田"字形的网格,它大体上

由多个灰色的大网格组成,而在一个大网格中又细分成多个小网格。

当选择【对齐点】命令后,如果用户将一个对象移动到接近某一网点时,它将被捕捉而靠近这一网点的坐标处,这样就可以准确而快速地确定对象的位置。

网格的类型、大小、颜色及网格间的距离都是可以设置的,当执行【编辑】|【首选项】|【参考线和网格】命令时,就可打开【首选项】对话框,如图 2-32 所示。

单击【颜色】选项框后的三角按钮，在弹出的下拉列表中提供了多种常见的颜色，如果需要使用其他颜色时，可选择自定义选项，或者双击该选项后的色样框，就会弹出【颜色】对话框，如图2-33所示。

在该对话框中，用户可以选择【基本颜色】选项下的颜色，也可以精确定义颜色，然后添加到【自定义颜色】

选项下,当选定颜色后,单击【确定】按钮关闭该对话框,色样框就会显示更改后的颜色。

在样式下拉列表框中提供了两种类型的网格，即直线和点，当选择点选项时，网格线由一些圆点组成，这时网格会呈虚线显示。

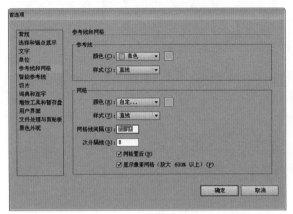

图 2-32　参考线和网格参数设置

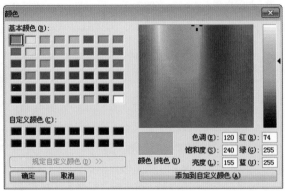

图 2-33　【颜色】对话框

网格线间隔文本框用来设置主要网格线之间的距离，在其中输入一个新的数值，有必要时也要输入其单位，而次分割线文本框用来设置细分的网格数。图2-34中左图为默认状态下的网格，右图是将这两个选项都设置为10的显示效果。

默认情况下网格置后和显示像素网格（放大600%以上）复选框处于选定状态，这表示网格将处于所有图形的后面，当取消该复选框的选择后，则网格会处于所有图形的前面。

当隐藏网格时，可执行【视图】|【隐藏网格】命令，或者按快捷键Ctrl+"可显示或者隐藏网格。

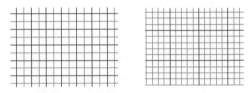

图 2-34　网格线

2. 创建编辑辅助线

辅助线是比网格更为灵活的一种辅助工具，用户在文档窗口创建辅助线后，可以任意移动它的位置，更改其颜色，并在不需要的时候将其删除。

当用户需要在文档窗口创建辅助线时，可以参照下面的步骤进行：

➡（1）如果标尺处于未显示状态，执行【视图】|【标尺】|【显示标尺】命令，或者按快捷键Ctrl+R，在文档窗口就会显示标尺。

➡（2）将鼠标指针移动到水平标尺上按下鼠标左键向下拖动，将创建一条水平辅助线，垂直标尺上向右拖动则会创建一条垂直的辅助线，拖动辅助线到合适的位置。如果在拖动的时候按下Alt键，从水平标尺上能够拖出垂直方向的参考线，在垂直标尺上则会创建水平辅助线。这时整个工作区域会出现青色的辅助线，如图2-35所示。

图 2-35　创建辅助线

在绘制精确的图形时,可以创建多条辅助线进行操作,当对象被移动到距离辅助线2像素以内的范围时,对象会自动靠近辅助线,用户可将所有的辅助线放置到一个单独的图层上,这样不会对其他对象造成影响。

当需要隐藏或显示辅助线时,可分别执行【视图】|【参考线】|【隐藏参考线】和【视图】|【参考线】|【显示参考线】命令。

当需要将辅助线处于锁定状态时,执行【视图】|【参考线】|【锁定参考线】命令,显示该菜单项前的√标志,辅助线就会被锁定。

默认状态下辅助线是青色的,如果需要更改它的颜色,可执行【编辑】|【首选项】|【参考线和网格】命令,即可打开【首选项】对话框,在参考线选项组中可以更

改辅助线的颜色和类型,方法与设置网格选项是一样的,当选择合适的颜色和类型后,单击【确定】按钮,所做设置就会生效。

移动辅助线时,可按下鼠标左键,然后拖动到需要的位置后再松开鼠标左键。当需要多条辅助线时,可以连续创建,也可以像对普通对象一样进行复制,即执行【复制】和【粘贴】命令。

如果要删除辅助线时,可先用选择工具将其选中,然后按 Back Space 键或 Delete 键删除,也可以执行【编辑】|【剪切】或【编辑】|【清除】命令。当执行【视图】|【参考线】|【清除参考线】命令时,则会快速删除当前窗口中所有的辅助线。

技巧:当需要在文档窗口中创建多条辅助线时,可先创建一条,然后将鼠标指针移动到这条辅助线上,在键盘上按下 Alt 键,然后按下左键拖动,即可复制多条辅助线。

---

3. 创建辅助对象

除了 Illustrator CS6 提供的辅助线以外,也可以将其他图形设置为辅助对象,如直线、矩形或者自由形状的路径,而且还可以是群组或者复合的对象,除了文本对象,几乎都可以设置为辅助对象,这样在创建作品时,可将多个对象与辅助对象对齐。

当创建一个辅助对象时,可以先创建所需的对象,并使之处于被选状态,然后执行【视图】|【参考线】|【建立参考线】命令,即可将该对象设置为辅助对象,对象的轮廓将改变为辅助线的颜色,而在【图层】调板上会出现子图层,如图 2-36 所示。

辅助对象和辅助线的属性是一样的,例如可以更改对象的颜色、移动位置及将其锁定或解除锁定,对辅助对象进行操作时可以参照有关辅助线的内容。

当不需要该辅助对象时,可以将其还原为普通对象,执行【视图】|【参考线】|【释放参考线】命令,即可恢复对象原来的属性。

4. 使用智能辅助线

在 Illustrator CS6 中还提供了智能辅助线,在应用智能辅助线后,当鼠标指针移动到对象上时,在文档窗口中会出现临时活动的辅助线,它会提示当前鼠标所处的位置,在创建、对齐或者变换对象时,可以帮助用户精确确定对象的位置,被操作的对象将会自动捕捉锁定

的对象,或者是被锁定的图层中的对象。

在默认状态下,智能辅助线是关闭的,执行【视图】|【智能参考线】命令,智能辅助线就被打开,这时如果在对象上移动鼠标指针,则会按照程序默认的容差范围捕捉对象、页面边缘、辅助线与对象交叉处,而且会出现相应的文本提示,如图 2-37 所示。

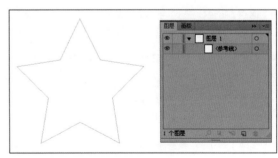

图 2-36 创建辅助对象

图 2-37 使用智能参考线

当用户在创建、移动和变换对象时，可用下列的方式使用智能辅助线：

● 当通过钢笔工具或者基本图形绘制工具创建一个对象时，使用智能辅助线可以确定该对象上的节点相对于其他对象的位置。

● 当在移动一个对象时，使用智能辅助线能对齐被选定对象上的处于选择框附近的节点，如果将捕捉容差设

置为 5 磅或者更大一点，就可以在 5 磅的范围内捕捉角点。

● 在变换对象时，如缩放、旋转时，在对象上会出现一条明显的辅助线，它可以作为变换对象的参照。

当用户需要对其参数进行设置时，可以执行【编辑】|【首选项】|【智能参考线】命令，即可打开【首选项】对话框，如图 2-38 所示。

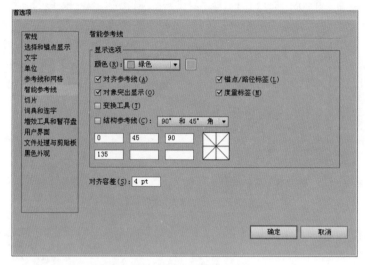

图 2-38　智能参考线参数设置

在"显示选项"选项组中，有 6 个复选框，它们分别为：

● 【对齐参考线】 当选择该复选框移动对象使对象边缘接近参考线时，会自动对齐到参考线的位置。

● 【锚点 / 路径标签】 当选择该复选框将鼠标移动到锚点或路径段上时，会显示标签提示。

● 【对象突出显示】 当选择该复选框鼠标指针接近对象时，对象会发生颜色的改变，以突出显示。

● 【度量标签】 当选择该复选框时，将鼠标移动到锚点上，会显示具体的 x、y 坐标位置。

● 【变换工具】 如果选择该复选框，则在变换对象时会出现相应的提示，当缩放或旋转对象时，会出现一条与中心点相连的辅助线，如图 2-39 所示。

● 【结构参考线】可以设置智能辅助线所能显示的角度，单击下三角按钮，在弹出的下拉列表框中提供了几种

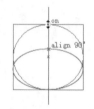

图 2-39　变换图像

常用的角度，用户可根据需要进行选择。如果有特殊的要求时，可先选择一组角度，然后在下面的文本框中更改数值，从而自定义合适的角度，在右侧的预览框中单击，就会显示设置的效果，这时角度选项框中更改为自定义角度选项。

在【对齐容差】文本框中可用来设置捕捉智能辅助线的最大距离，即当鼠标指针接近对象在多大的范围内，智能辅助线能够起作用。

注意： 当【视图】菜单中的【对齐网格】命令处于被选状态时，即使选择【智能参考线】命令，智能辅助线也不起作用。

5. 使用【信息】调板

当工作区域中有对象存在时，在【信息】调板中将当前文件中的相关信息，如当前鼠标指针所处的位置、对象的宽度、高度和颜色属性等。

当选择工具箱中的某个工具时，在调板上会显示当前鼠标所处的坐标位置，即 X 轴和 Y 轴的数值，它以当前使用的单位为准。

另外，它还能显示被选对象的填充和轮廓线填充的颜色等信息，包括图案、渐变及应用到对象上的各种色彩。

当执行【窗口】|【信息】命令，或者在键盘上按下快捷键 Ctrl+F8，就会显示【信息】调板。

单击该调板上右上角的下三角按钮，在弹出的菜单中选择【显示选项】命令，就可以显示【信息】调板中隐藏的选项，内容包括所选对象的填充和轮廓线颜色，以及所使用的颜色模式中各种颜色所占的比例，另外还有所选对象的图案、渐变或者色彩应用情况。

图 2-40 是一个对象处于被选状态下的【信息】调板显示的内容。

当在页面上选择不同的对象时，调板上会显示不同的信息，下面是几种常见的情况：

● 当使用一种选取工具时，在调板上就会显示鼠标指针

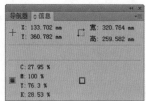

图 2-40　【信息】调板

当前所处位置的坐标，如果一个对象处于被选状态，将显示该对象的宽度和高度。

● 当使用【缩放工具】 时，放大比例、释放鼠标左键位置的坐标将显示在该调板中。

● 当使用【钢笔工具】 和【渐变工具】 ，或者移动一个对象时，它将显示对象的宽度、高度、距离及拖动的角度。

● 当使用【缩放工具】 时，它将显示对象宽度和高度改变的百分比，以及变换完成后对象新的宽度和高度。

● 当使用【旋转工具】 或【镜像工具】 时，它将显示对象中心的坐标、旋转或镜像角度。

● 当使用【画笔工具】 时，则鼠标指针所处位置的坐标，即 X 轴和 Y 轴的数值，以及当前画笔的名称就会显示在该调板上。

 注意： 如果文档窗口中连续选择了多个对象，在【信息】调板上将仅仅显示所有选定对象共同的属性。

6. 使用测量工具

在工具箱中还提供了一个【测量工具】 ，它可以精确地测量工作区域中两点之间的距离，当用户在绘制精度要求高且不规则的图形时，可以利用该工具来测量距离，它测量的结果将显示在【信息】调板中。

在使用该工具时，可在工具箱中打开【吸管工具】 的展开式工具栏，单击【测量工具】按钮 ，然后分别单击需要测量的距离的起始点，或者在这段距离的起点按下鼠标左键进行拖动，到距离的终点再松开按键，这时在【信息】调板中会显示测量的信息，如图 2-41 所示。

其中 X 值和 Y 值是测量距离的终点，【宽】值和【高】

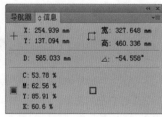

图 2-41　使用测量工具

值分别是该段距离的宽度和高度，由于这两个点之间的连线是倾斜的，它实际上指的是该线段分别在水平线和垂直线上的投影，D 即指该条线的实际距离，最后一个值则是这条线的倾斜角度。

提示：在使用测量工具时，如果按 Shift 键，将约束该工具在以与水平方向呈 45° 为增量的方向上进行测量。

2.9 自定义工作空间

虽然 Illustrator CS6 提供了比较完善的操作空间，用户可以在工作区域随心所欲地绘制图形，但是由于每个人使用计算机的习惯不同，默认的窗口设置也许不能充分满足用户的需要，所以 Illustrator 还提供了定制工作空间的功能，这样不同的用户可以根据自身的情况，重新定义自己的工作空间，例如，自定义工具和命令的快捷键，设置工具箱和调板的位置，以及调板的显示尺寸等，或者在【首选项】对话框中进行设置。

2.9.1 自定义快捷键

Illustrator CS6 提供了一套标准的工具和命令快捷键，并且附带了以前版本和其他应用程序的快捷键。

用户可以根据需要选择合适的快捷键，或在一套方案内更改或设置某个工具或命令的快捷键，在进行这些操作时，可执行【编辑】|【键盘快捷键】命令，即可打开【键盘快捷键】对话框进行定义，如图 2–42 所示。

图 2–42 【键盘快捷键】对话框

2.9.2 自定义工具箱

当启动 Illustrator CS6 后，默认状态下，工具箱出现在工作界面的左侧，使用工具箱中的工具可创建、选择和编辑对象。

如果要隐藏工具箱，可执行【窗口】|【工具】命令，取消命令前面的√标志，即可将它隐藏。

如果要移动工具箱的位置，可在其标题栏上按下鼠标左键进行拖动，然后放置到所需要的位置。

在工具箱中包括各种工具的按钮，一些工具按钮的右下角有一个三角形标志，表明它下面有隐藏的工具，在该工具按钮上按下鼠标左键不放，就会出现其隐藏的工具栏，单击工具栏最后面的箭头，其展开式工具栏就

会分离出来，关闭时单击标题栏上的关闭按钮即可。

当选择工具箱中的一些工具后，鼠标指针就会改变为该工具的图标，如果要排列对象或对精细图形进行操作时，可以将鼠标指针设置为精确指针，这时鼠标指针将变成十字形状。

当需要将鼠标指针更改为精确显示的指针时，如果在一个工具被选的状态下，可以按键盘上的 Caps Lock 键或执行【编辑】|【首选项】|【常规】命令，在打开的【首选项】对话框中单击【使用精确光标】选项前的单选按钮，将鼠标指针更改为精确指针。

2.9.3　自定义调板

调板是 Illustrator CS6 中重要的组件之一，在默认状态下，大部分调板以组的形式出现，Illustrator 将几个功能相近的调板结合在一起，从而构成了多个调板组，这样可为用户的操作提供方便，利用调板中的工具可以修改或控制图形。

各个调板是可以隐藏的，显示或隐藏调板时，可以使用【窗口】菜单中的命令，当命令项前面有√标志时，表明该调板当前是处于显示状态的；反之，则是隐藏的，当执行某个命令后，就可以显示或者隐藏相应的调板。

当在键盘上按 Tab 键时，将隐藏或显示工具箱和所有的调板。而使用 Shift+Tab 键可以隐藏或显示所有的调板。

在一个调板组中，各调板以选项卡的形式存在，如果要显示某个调板，单击该调板的标签即可。

如果要移动整个调板组时，可在标题栏上按下鼠标左键进行拖动，到需要的位置后再松开鼠标。而要更改调板的大小时，可以将鼠标指针放在调板的任意一个角上，当鼠标指针变成双向箭头的形状时，再按下左键拖动进行调整。

调板组是可以折叠的，单击标题栏上的最小化按钮，可以隐藏其中的内容，而只留下调板的标题栏和标签；而单击还原按钮即可重新展开。双击各调板的标题栏也可以在最小化和正常显示之间进行切换。

双击调板的标签可以在几种可用的调板尺寸之间进行切换，即 Illustrator CS6 默认的尺寸、隐藏选项显示的尺寸及拖动调整大小后的尺寸，操作时只要双击相应调板的标签即可。

一般情况下，各调板都有选项菜单，单击调板右上角的三角按钮，即可弹出该菜单，通过其中的选项，可以改变调板的某些设置，如图 2–43 所示。

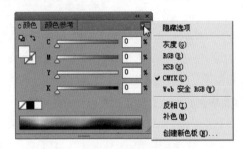

图 2–43　调板菜单

如果用户对默认的调板组不满意，就可重新调整调板的排列，以便更好地利用自己的工作区域。当要改变调板的排列或者分离某个调板时，可在该调板的标签处按下鼠标左键进行拖动，到合适的位置后再松开鼠标，在重新组合时，用同样的方式将其拖动到另一个调板组中即可。

注意： 在改变调板的尺寸时，不是所有的调板都是可以改变大小的，如【颜色】调板就是固定不变的。

2.9.4　使用【首选项】对话框

Illustrator CS6 的默认设置具有适用性和合理性等特点，一般情况下，用户在这些设置下就可以完成一些常规的操作，但当用户有特殊的要求时，有的必须通过改变默认设置才能实现，这些更改可以在【首选项】对话框中完成。

大部分的程序设置都保存在 Adobe Illustrator Preference 文件中，在 Windows 操作系统下，这个文件名称为 AIPrefs，它在不同的操作系统下有不同的保存位置。

在参数选择文件中保存的设置包括显示选项、分离设置信息、工具选项、标尺单位，以及有关导出选项的信息。

当需要设置参数时，可在【编辑】菜单中选择【首选项】命令，在其子菜单中提供了多种可设置的选项，如图 2–44 所示。

当执行某一命令时，可以打开以该命令为内容的【首选项】对话框，在其中用户可根据需要进行设置。

1.【常规】选项

当需要更改一些常规选项时，可执行【编辑】|【首选项】|【常规】命令，即可打开【首选项】对话框，如图 2–45 所示。

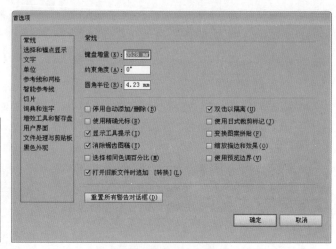

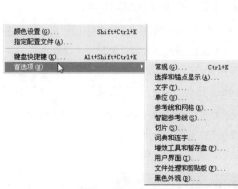

图 2-44 选择【首选项】命令

图 2-45 常规设置对话框

在该对话框中是一些常用行为的选项，如键盘增量、鼠标行为等，下面分别对它们做一下介绍：

- **【键盘增量】** 在该文本框内输入数值可以用来设置键盘参数，即在使用键盘上的四个方向键移动对象时，按一次键所移动的距离，默认设置为 1 磅，也就是说在页面上有对象被选中时，每按一次方向键，将会向指定的方向移动 1 磅的距离。当该值设置得越小时，就可越精确地移动某对象；相反，如果数值越大时，则可一次移动较大的距离。

- **【约束角度】** 约束角是指对象在工作区域上放置时与水平方向的夹角，它默认为 0°，并且它以 0° 为水平轴，90° 为垂直轴，45° 为这两个轴的平分轴，在使用一些工具时，可受到约束角的限制，如在使用钢笔工具绘制一条直线时，如果按下 Shift 键，就可以绘制一条水平直线，或者是与水平方向呈 45° 或以 45° 为增量的角的直线，即该直线与水平方向可能呈 0°、45°、90°、135°、180° 等，而将该值改为 20° 时，则绘制的直线可能与水平方向呈 20°、65°、110°、155°、200° 等，图 2-46 是更改该值前后的对比。

- **【圆角半径】** 该文本框用来设置圆角矩形的圆角半径，在使用圆角矩形工具绘制圆角矩形时，它的圆角半径默认为 20 磅，除了可在工具对话框中更改当前的设置外，还可在该文本框中更改这个默认值，它的值越小时，其圆角越小，当值设置为 0 时，就会绘制一个矩形；相反，其值越大，就越接近一个圆形。当在该文本框中输入一个参数时，当用拖动的方式绘制圆角矩形时，它就会按照设置的圆角半径进行绘制。

- **【停用自动添加 / 删除】** 由于在绘制自由形状的路径

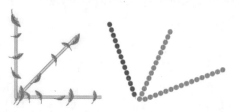

图 2-46 约束角对图形的影响

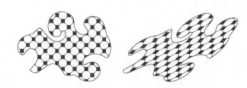

图 2-47 变换图形前后的对比

时，可能需要添加或者删除节点，当该复选框未选中时，钢笔工具可自动转换成添加或者删除节点工具；而将其选中后，则会取消该项功能，用户需要手动切换到添加或删除节点工具。

- **【使用精确光标】** 当选择此复选框后，在使用工具时，鼠标指针将变成十字形状，它的中心点可以用来精确地给对象定位，在绘制或编辑对象时，都可通过十字光标来进行高精度的操作，或者在使用某一工具前，按 Caps Lock 键。

- **【显示工具提示】** 当选择该复选框后，如果将鼠标指针放置到工具按钮上稍停片刻，就会出现和该工具有关的提示，如名称、快捷键等。

- **【清除锯齿图稿】** 选择该复选框后，可以在转换视图模式时消除锯齿，如从预览视图转换到像素预览视图时，在图形中会出现大量的锯齿；而选择该项后，可以有效地消除这些现象，从而使图形变得光滑精细。

● **【选择相同色调百分比】** 当选择该复选框时，使用选取工具单击有填充对象上的任意位置，即可将其选中；而取消该复选框时，只有单击对象的轮廓线或者节点才能将其选中。

● **【打开旧版文件时追加[转换]】** 默认情况下，当用户执行了不正确的操作时，会出现一个提示框，告知用户发生错误，并指出正确的操作；选择该复选框后，出现错误时不会弹出提示框。

● **【双击以隔离】** 可以通过双击完成对象的隔离。

● **【使用日式裁剪标记】** 选择该项后，可以更改默认的英式裁剪线标注，而启用日式裁切线标注。

● **【变换图案拼贴】** 默认状态对一个有图案填充的对象进行变换，只是对象的形状变换，它的填充图案不会发生变化；当选择该复选框时，对象的填充图案会随着对象一起变换。

● **【缩放描边和效果】** 当选择该复选框后，当用拖动选择框或自由变换工具对一个对象进行缩放时，可以同时缩放轮廓线和效果。

2.【单位】选项

在创建一个文件时，可选择该文件的单位，默认的单位是毫米，当然用户可根据实际情况改变这个默认单位，另外，当执行了错误的操作后，可以取消该操作，而可撤销的次数也是可以设置的。

执行【编辑】|【首选项】|【单位】命令后，即可打开【首选项】对话框，如图2-48所示。

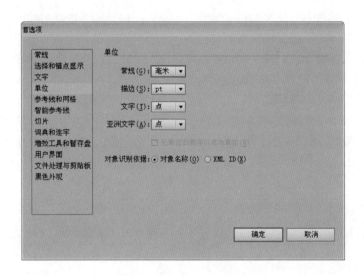

图2-48 单位设置对话框

在【单位】选项组中有四个选项：

● **【常规】** 它指一个文件中通用的单位，即标尺所显示的单位，单击选项框后的下三角按钮，在弹出的下拉列表框中提供了多种可利用的按钮，如派卡、英寸等，用户可根据需要从中选择。

● **【描边】** 该项专指轮廓线的单位，通常在进行轮廓线的填充时使用，在其下拉列表框中也包括和常规选项中相同的内容。

● **【文字】** 该项用于设置文本的度量单位，其下拉列表框中的内容与前两项略有不同，它少了两个单位，即派卡和厘米，而增加了一个单位Q，它表示文本的粗细。

● **【亚洲文字】** 同样有点、英寸、毫米等单位，用于设置亚洲文本的度量单位。

在【对象识别依据】选项中有两个单选项，即【对象名称】和XML ID，用户可以选择一个单选项，来确定识别对象的依据。

3.【增效工具和暂存盘】选项

外挂插件是由Adobe公司或其他公司开发的小程序，它能够补充和完善Adobe Illustrator的一些功能，在Illustrator CS6的Plug-in文件夹中自带有一定数量的特殊效果插件，它们在启动时可以自动加载。

如果用户需要更改外挂插件文件夹的默认位置，或者想要重新创建一个不同的外挂插件文件夹，就需要在【首选项】对话框中进行设置。

执行【编辑】|【首选项】|【增效工具和暂存盘】命令，就可以打开【首选项】对话框，如图2-49所示。

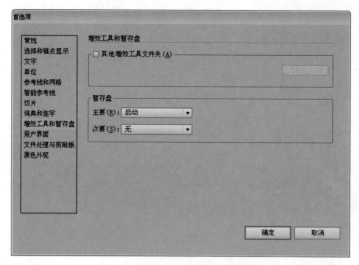

图 2-49　增效工具和暂存盘设置对话框

如果程序要使用第三方的外挂插件，并且在启动时自动加载，可在该对话框中单击【其他增效工具文件夹】选项框，在打开的对话框中确定该插件文件夹的位置，单击【确定】按钮关闭该对话框，退出 Illustrator CS6 后重新启动计算机，外挂插件就能够应用了。

安装 Adobe 公司所提供的外挂插件模块时可以直接安装，也可以用拖动复制的方法将其放到 Illustrator CS6 的增效工具文件夹内。

在【暂存盘】选项组中可以设置不同的硬盘或硬盘分区作为缓冲区，以便系统内存用完后使用，单击【主要】选项框后的下三角按钮，在弹出的下拉列表框中会显示当前计算机上的分区，可选择一个分区作为第一暂存盘，而【次要】选项可用来设置第二个暂存盘，但无论如何，它们的运行速度是无法与内存相比的。

其他的几个选项，有的在前面已经讲到过，有的在后面的章节中将陆续提到，所以在这里不再过多叙述。

2.10　上机操作 1——绘制计算机液晶显示器图形

了解了 Illustrator 的界面组成后，就可以开始进行绘制工作，接下来带领读者了解 Illustrator 中绘制图形的工作流程。Illustrator 的操作界面与 Photoshop 的非常相似，对于熟悉 Photoshop 的人来说可能更好入手。

如果没有相关基础，也可以先跳过本章上机操作部分。首先来与读者一起绘制一个计算机液晶显示器的图形，通过绘制这个图形，让读者了解新建文件、创建图形并填充颜色的基本操作过程。

⬇（1）执行【文件】|【新建】命令，打开【新建文档】对话框，创建一个【宽度】为 210mm、【高度】为 210mm 的新文档，并设置文档名称为"烟灰缸"，单击【确定】按钮完成设置。

⬇（2）选择工具箱中【矩形工具】，贴齐视图绘制浅黄色（C：0%、M：0%、Y：50%、K：0%）矩形，如图 2-50 所示。

⬇（3）参照图 2-51 所示，使用工具箱中【圆角矩形工具】在视图中绘制圆角矩形。然后选择工具箱中的【自由变换工具】，配合键盘上的 Ctrl 键对圆角矩形进行变形操作。

图 2-50 绘制矩形

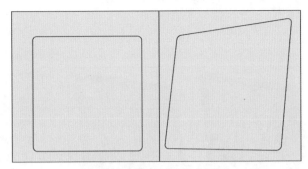

图 2-51 为圆角矩形进行变形操作

（4）使用【直接选择工具】对圆角矩形进行编辑，如图 2-52 所示。然后在【渐变】调板中为图形设置渐变色。

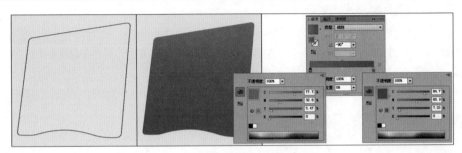

图 2-52 设置渐变色

（5）接下来使用【钢笔工具】为计算机绘制显示屏图形，分别为图形设置渐变色，得到图 2-53 所示效果。

（6）参照图 2-54，继续使用【钢笔工具】在显示屏边缘绘制细节图形，增强图形立体效果。

图 2-53 绘制显示屏图形

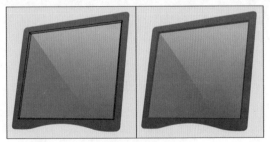

图 2-54 绘制细节图形

（7）使用【钢笔工具】在视图中绘制图 2-55 所示的曲线图形，分别为图形设置渐变色，得到计算机图形的厚度效果。

（8）使用工具箱中的【钢笔工具】在显示屏下方绘制其他装饰图形。然后选择工具箱中的【文字工具】T，在视图中输入文本 Computer，如图 2-56 所示。

图 2-55　绘制立体效果

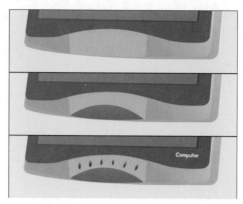

图 2-56　绘制图形

⬇（9）参照图 2-57，继续为计算机绘制底盘图形，分别为图形设置颜色，并取消轮廓线的填充。然后在【图层】调板中移动绘制的底盘图形到计算机的下方位置。

⬇（10）使用工具箱中的【钢笔工具】🖊️在计算机底部绘制黑色曲线图形。保持图形的选择状态，执行【效果】|【风格化】|【羽化】命令，打开【羽化】对话框，设置【半径】参数为 5mm，单击【确定】按钮，关闭对话框，为图形添加羽化效果，如图 2-58 所示，完成该实例的制作。

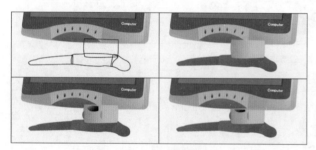

图 2-57　为电脑绘制底盘图形

图 2-58　添加投影效果

2.11　上机操作 2——绘制卡通小象图形

接下来绘制一个卡通小象的图形，在绘制的过程中，将涉及自由路径的绘制、渐变颜色的填充、对象的排列等操作，读者可参照步骤进行练习。对于这些功能的详细使用方法，在本书后面的章节中将进行更为详细的讲述。

1.　创建背景效果

⬇（1）执行【文件】|【新建】命令，打开【新建文档】对话框，创建一个【宽度】为 360mm、【高度】为 270mm 的新文档，并设置文档名称为"大象"，单击【确定】按钮完成设置，如图 2-59 所示。

⬇（2）选择工具箱中的【矩形工具】🔲，在视图中单击，打开【矩形】对话框，参照图 2-60 所示在对话框中设置矩形的【宽度】和【高度】，单击【确定】按钮完成设置，完成矩形创建。

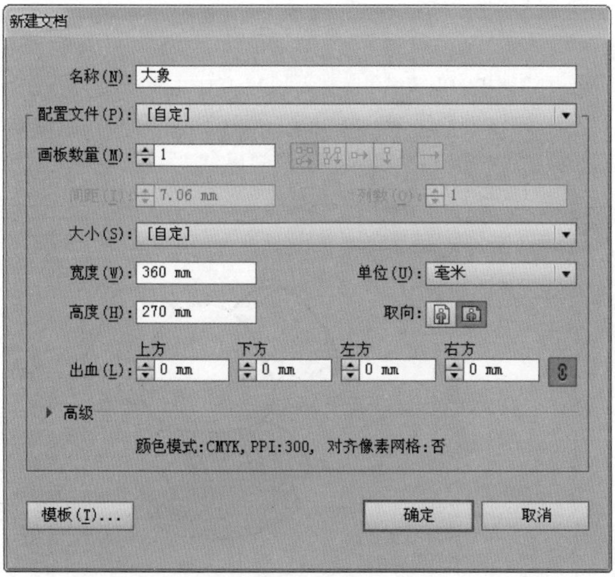

图 2-59 【新建文档】对话框

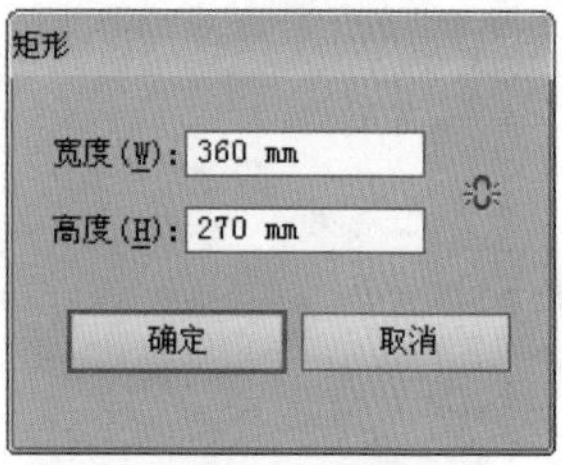

图 2-60 创建矩形

(3)在【对齐】调板中分别单击【水平居中对齐】按钮 和【垂直居中对齐】按钮 ，如图 2-61 所示，调整矩形与画板中心对齐。

(4)参照图 2-62 所示，在【渐变】调板中设置渐变色，为矩形添加渐变填充效果。

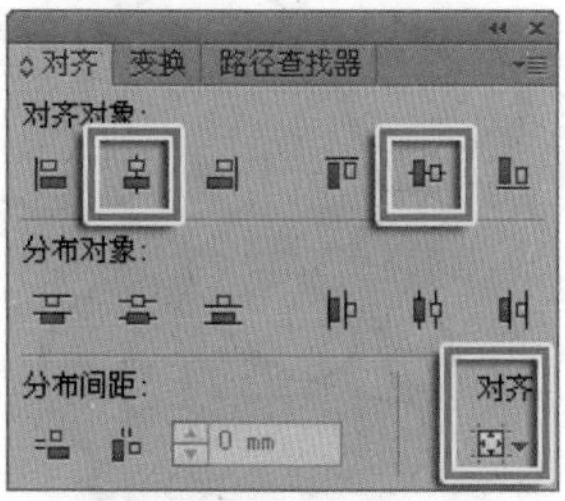

图 2-61 将矩形对齐画板

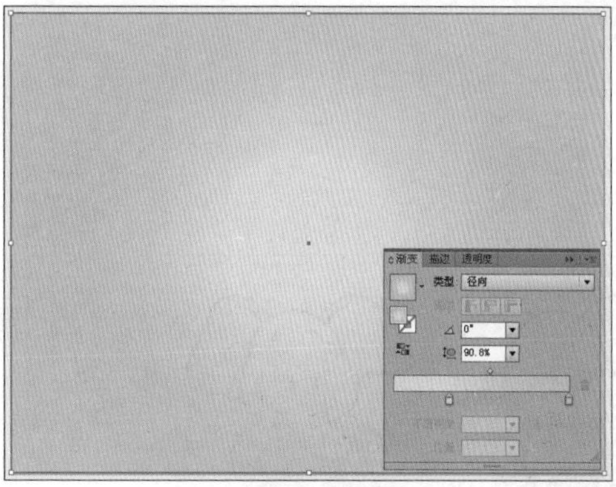

图 2-62 添加渐变填充

2. 绘制小象图形

(1)选择工具箱中的【椭圆工具】，配合键盘上的 Alt+Shift 键在视图中绘制粉色（C:8%、M:30%、Y:0%、K：0%）正圆，如图 2-63 所示。

(2)接下来使用工具箱中的【钢笔工具】 在视图中为小象绘制轮廓图形，如图 2-64 所示。

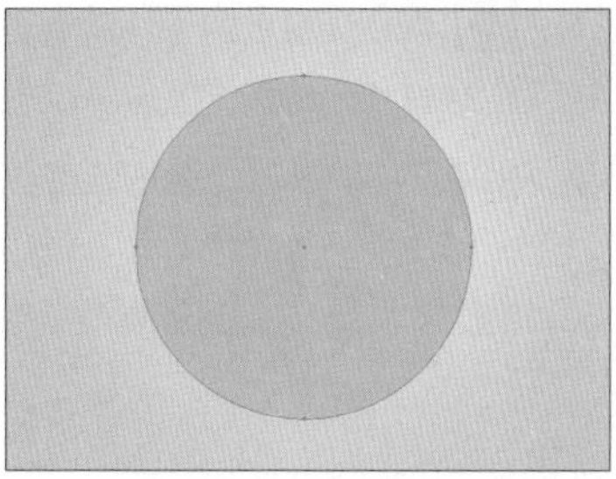

图 2-63 绘制正圆

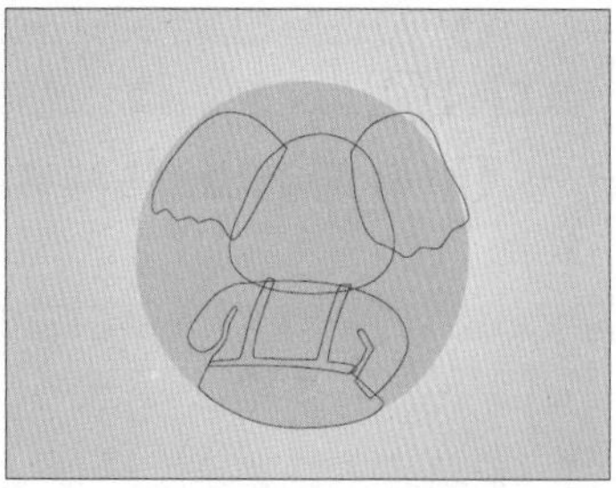

图 2-64 绘制小象图形

⬇（3）参照图 2-65，为图形设置颜色。

⬇（4）选择绘制的小象图形，在【描边】调板中设置描边【粗细】参数为 6pt，单击【使描边外侧对齐】 ⊥ 按钮，使描边与图形外侧对齐，如图 2-66 所示。

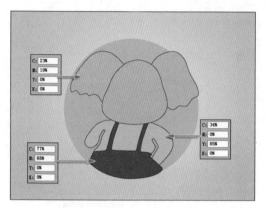

图 2-65　设置颜色

图 2-66　设置描边效果

⬇（5）选择工具箱中的【钢笔工具】 ✐ ，继续在视图中为大象绘制鼻子、眼睛及细节图形，分别为图形设置颜色，得到图 2-67 所示效果。

⬇（6）参照图 2-68 所示，使用【钢笔工具】 ✐ 绘制冰激凌图形。然后配合键盘上的 Ctrl+[键调整该图形的排列顺序。

图 2-67　绘制细节图形

图 2-68　绘制冰激凌

⬇（7）选择工具箱中的【椭圆工具】 ⬤ ，配合键盘上的 Alt+Shift 键在视图中绘制红色正圆图形，然后使用【钢笔工具】 ✐ 为正圆绘制高光效果，得到图 2-69 所示的装饰图形。

⬇（8）配合键盘上的 Alt 键复制刚刚绘制的装饰图形，分别调整图形的大小、位置和颜色，得到图 2-70 所示效果。

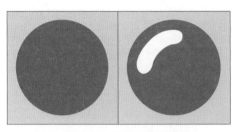

图 2-69　绘制装饰图形

图 2-70　复制装饰图形

⬇（9）参照图 2-71 所示，继续在视图中绘制正圆，并在选项栏中设置描边粗细为 10pt。

⬇（10）选择工具箱中【路径橡皮擦工具】 ✐ ，在需要擦除的路径上拖动鼠标，释放鼠标后，橡皮擦经过的路径将被擦除掉，如图 2-72 所示。

⬇（11）使用相同的方法，继续使用【路径橡皮擦工具】 ✐ 擦除部分路径，得到图 2-73 所示效果，完成本实例的制作。

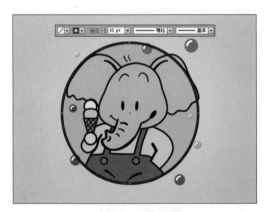

图 2-71　绘制正圆

图 2-72　擦除路径

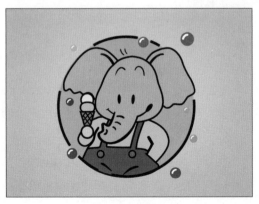

图 2-73　继续擦除路径

第**3**章

绘制和编辑图形

作为一款矢量图创作软件，Illustrator 绘制和编辑图形的功能非常强大，读者可以很轻松地利用一些基础图形工具绘制图形，也可以利用钢笔工具组创建出复杂的图形。本章将详细讲解 Illustrator 中绘制和编辑图形的工具和方法。

知识导读

1. 矢量图和位图
2. 路径的概念
3. 绘制基本图形
4. 光晕工具
5. 使用线形工具
6. 使用钢笔工具
7. 编辑路径
8. 画笔工具
9. 使用【路径查找器】调板

本章重点

1. 矢量图与位图的区别
2. 基本图形的绘制
3. 如何编辑路径
4. 【路径查找器】调板的使用方法

3.1 矢量图和位图

由于在 Illustrator CS6 中不仅可以绘制各种精美的矢量图形，而且可对导入的位图进行一些特殊的处理，因此，了解两类图形间的差异，对于学习 Illustrator 是很有必要的，在开始正式的内容学习之前，先来认识一下矢量图与位图的区别。

图 3–1 矢量图形

1. 矢量图形

所谓矢量又叫向量，是一种面向对象的基于数学方法的绘图方式，在数学上定义为一系列由线连接的点，用矢量方法绘制出来的图形叫作矢量图形。矢量绘图软件，也可以叫作面向对象的绘图软件，在矢量文件中的图形元素称为对象，每一个对象都是一个独立的实体，它具有大小、形状、颜色、轮廓等一些属性，由于每一个对象都是独立的，那么在移动或更改它们的属性时，就可维持对象原有的清晰度和弯曲度，并且不会影响到图形中其他的对象。

矢量图形是由一条条的直线或曲线构成的，在填充颜色时，将按照用户指定的颜色沿曲线的轮廓边缘进行着色，矢量图形的颜色和它的分辨率无关，当放大或缩小图形时，它的清晰度和弯曲度不会改变，并且其填充颜色和形状也不会更改，这就是矢量图的优点，如图 3–1 所示。

当用户在矢量绘图软件中绘制图形时，可直接在该软件中绘制一些基本的对象，如直线、矩形、圆、多边形等，然后再进行组合，以此来组成更为复杂的图形。用这种方法绘制出来的图形，用户可以很方便地对其进行一些相应的操作，如填充颜色、改变大小、形状及添加一些特殊效果等。

2. 位图图像

位图图像，也称为点阵图像或绘制图像，它由无数

图 3–2 位图图像

个单独的点即像素点组成，每个像素点都具有特定的位置和颜色值，位图图像的显示效果与像素点是紧密相关的，它通过多个像素点不同的排列和着色来构成整幅图像。图像的大小取决于这些像素点的多少，图像的颜色也是由各个像素点的颜色来决定的。

位图图像与分辨率有关，即图像包含的一定数量的像素，当放大位图时，可以看到构成整个图像的无数小方块，如图 3–2 所示。增加位图的分辨率时将增加像素点的数量，它使图像显示更为清晰、细腻；而减少分辨率时，则会减少相应的像素点，从而使线条和形状显得参差不齐，由此可看出，对位图进行缩放时，实质上只是对其中的像素点进行了相应的操作。

3.2 路径的概念

路径是构成图形的基础，任何复杂的图形都是由路径绘制而成，而复合路径是编辑路径时的一种方法，通过这种方法可以得到形状更加复杂的图形。

3.2.1　路径

路径与节点是矢量绘图软件中最基本的组成元素，读者可使用自由路径绘制工具创建各种形状的路径，然后通过对路径上的节点，或者其他组件对路径进一步编辑，以此来达到创建的要求，如图 3-3 所示。

图 3-3　路径组成的图形

路径是指由各种绘图工具所创建的直线、曲线或几何形状对象，它是组成所有图形和线条的基本元素，路径由一个或多个路径组件，即由节点连接起来的一条或多条线段的集合构成。

理论上路径没有宽度和颜色，当它被放大时，不会出现锯齿现象，当对路径进行添加轮廓线后，它才具有宽度和颜色。默认状态下，路径显示为黑色的细轮廓，这使用户可以清楚地观察所创建的路径。

 提示：用户可以将路径的默认轮廓样式更改为任何轮廓类型，包括无轮廓。但是，无轮廓的路径在线框视图中是可见的。

1.　开放路径和闭合路径

在 Illustrator 中的路径有两种类型，一种是开放路径，它们的端点没有连接在一起，在对这些路径进行填充时，可在该路径的两个端点假定一条连线，从而形成闭合的区域，如圆弧和一些自由形状的路径。另一种是闭合路径，它们没有起点或终点，能够对其进行填充和轮廓线填充，如矩形、圆形或多边形等，如图 3-4 所示。

2.　路径的组成

路径由节点和线段组成，用户可通过调整一个路径上的锚点和线段来更改其形状，如图 3-5 所示。

● **锚点**　是路径上的某一个点，它用来标记路径段的端点，通过对锚点的调节，可以改变路径段的方向。当一个路径处于被选状态时，它会显示所有的锚点。

● **曲线段**　曲线段是指一个路径上两锚点之间的部分。

● **端点**　所有的路径段都以锚点开始和结束，整个路径开始和结束的锚点，叫作路径的端点。

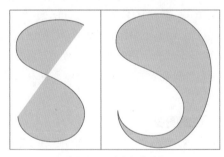

图 3-4　开放和闭合路径

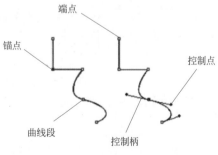

图 3-5　路径的组成

- **控制柄** 在一个曲线路径上，每个选中的锚点显示一个或两个控制柄，控制柄总是与曲线上锚点所在的圆相切，每一个控制柄的角度决定了曲线的曲率，而每一个控制柄的长度将决定曲线的弯曲的高度和深度。

- **控制点** 控制柄的端点称为控制点，处于曲线段中间的锚点将有两个控制点，而路径的末端点只有一个控

制点，控制点可以确定线段在经过锚点时的曲率。

控制柄和控制点的位置确定了曲线段的长度和形状。调整控制柄将改变路径中曲线段的形状。通过改变控制点的角度及其与节点之间的距离，可以控制曲线段的曲率。

3.2.2 复合路径

当用户将两个或多个开放或者闭合路径进行组合后，就会形成复合路径，通常在使用时，经常要用到复合路径来组成比较复杂的图形，如图 3-6 所示。

复合路径包含两个或多个已填充颜色的路径，因此在路径重叠处将呈现镂空透明状态。将对象定义为复合

路径后，复合路径中的所有对象都将应用堆叠顺序中最后方对象的颜色和样式属性，如图 3-7 所示。选中两个以上的对象右击，在弹出的快捷菜单中选择【建立复合路径】命令，即可创建出复合路径。

图 3-6 使用复合路径创建复杂的图形

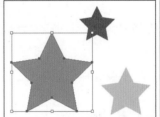

图 3-7 创建复合路径

提示：组合后的图形无法创建复合路径。

3.3 绘制基本图形

Illustrator 的工具箱为用户提供了多种绘制基本图形的工具，如【矩形工具】■、【圆角矩形工具】■、【椭圆工具】●等，利用这些工具可以绘制出简单的矩形、圆角矩形、圆形等图形。

3.3.1 矩形工具

使用工具箱中的【矩形工具】■ 可以创建出简单的矩形，还可以通过该工具的对话框精确地设置矩形的宽度和高度。

1. 使用【矩形工具】绘制矩形

选择【矩形工具】■后可以直接在工作页面上拖动鼠标绘制矩形。

⬇（1）选择工具箱中的【矩形工具】■。

⬇（2）移动鼠标至页面当中，鼠标指针将变成＋的形状，确定矩形的起点位置，然后按下鼠标左键向任意倾斜方向拖动，页面中将会出现一个蓝色的外框，随着鼠标的拖动而改变大小和形状。

⬇（3）当松开鼠标按键后，完成矩形的绘制。此时矩形将处于被选状态，如图3-8所示。

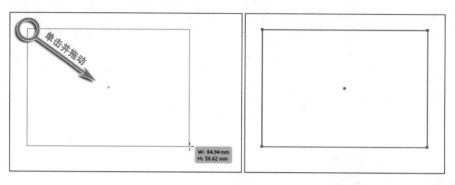

图 3-8 绘制的矩形

蓝色的矩形选择框显示的就是矩形的大小，用户拖动的距离和角度将决定它的宽度和高度。

2. 配合键盘绘制矩形

在绘制矩形时，可配合键盘上的一些按键进行。

➡（1）选择工具箱中的【矩形工具】■，移动鼠标至页面当中，然后按住Alt键，鼠标将变成 形状，拖动鼠标即可绘制出以中心点向外扩展的矩形。

➡（2）在绘制矩形的过程中，按下 Shift 键，将会绘制出一个正方形；而同时按下 Shift 键和 Alt 键，将绘制出以单击处为中心向外扩展的正方形。

➡（3）按下～键，按下鼠标并向不同的方向拖动，即可绘制出多个不同大小的矩形，如图3-9所示。

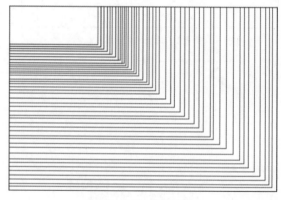

图 3-9 按下～键绘制矩形

技巧：在绘制矩形的过程中，如果按下 Space 键，将冻结正在绘制的矩形，这时可以移动未绘制完成的矩形至任意位置，当松开 Space 键后，可继续绘制该矩形。

3. 精确绘制矩形

通过【矩形】对话框可以精确地控制矩形的高度和宽度，具体的操作步骤如下。

（1）选择工具箱中的【矩形工具】■。

（2）移动鼠标至页面中的任意位置并单击，此时将弹出【矩形】对话框，如图3-10所示。

（3）在该对话框，用户可以根据需要在【宽度】和【高度】参数栏中设置矩形的宽度和高度，它们可设置的参数值为 0~5779mm。

（4）单击【确定】按钮，就会根据用户所设置的参数值，在页面中显示出相应大小的矩形，单击【取消】按钮，将关闭对话框并取消绘制矩形的操作。

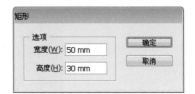

图 3-10 【矩形】对话框

3.3.2 圆角矩形工具

选择【圆角矩形工具】■后，可以直接在工作页面上拖动鼠标绘制圆角矩形。要绘制精确的圆角矩形，选择【圆角矩形工具】■后在页面中单击，弹出如图3-11所示的【圆角矩形】对话框，在【宽度】和【高度】参数栏中输入数值，在【圆角半径】参数栏中输入圆角半径值，按照定义的大小和圆角半径绘制圆角矩形图形。

图 3-11 【圆角矩形】对话框

技巧：在绘制圆角矩形过程中按住上箭头或下箭头键可以改变圆角矩形的半径大小；按住左箭头键则可使圆角变成最小的半径值；按住右箭头键则可使圆角变成最大半径值。在绘制圆角矩形过程中按住 Shift 键，可以绘制圆角正方形；按住 Alt+Shift 键，可以绘制以起点为中心的圆角正方形。

3.3.3 椭圆工具

选择【椭圆工具】■后，在工作页面上拖动鼠标可绘制椭圆形。或在页面中单击，弹出【椭圆】对话框，在【宽度】和【高度】参数栏中输入数值，按照定义的大小绘制椭圆形。

技巧：在绘制椭圆形的过程中按住 Shift 键，可以绘制正圆形；按住 Alt+Shift 键，可以绘制以起点为中心的正圆形。

3.3.4 多边形工具

使用【多边形工具】●绘制的多边形都是规则的正多边形。要绘制精确的多边形图形，选择【多边形工具】●后在页面中单击，弹出如图 3-12 所示的【多边形】对话框，在【半径】参数栏中输入多边形的半径大小，在【边数】参数栏中设置多边形边数，可以按照定义的半径大小和边数绘制多边形图形，绘制的多边形图形如图 3-13 所示。

图 3-12 【多边形】对话框

图 3-13 多边形图形

3.3.5 星形工具

使用【星形工具】 可以绘制不同形状的星形图形，选择该工具后在页面中单击，可弹出如图 3-14 所示的【星形】对话框，在【半径 1】参数栏中设置所绘制星形图形内侧点到星形中心的距离，【半径 2】参数栏中设置所绘制星形图形外侧点到星形中心的距离，【角点数】参数栏中设置所绘制星形图形的角数，绘制的星形图形如图 3-15 所示。

图 3-14 【星形】对话框

图 3-15 星形图形

3.4 使用光晕工具

使用【光晕工具】 可以很方便地绘制出光晕效果。双击工具箱中的【光晕工具】 ，也可以在选择【光晕工具】 的前提下按 Enter 键，或在页面中单击，都可弹出如图 3-16 所示的【光晕工具选项】对话框。

对话框中的各项参数如下。

- 【居中】【直径】选项参数用来控制闪耀效果的整体大小，【不透明度】选项参数用来控制光晕效果的透明度，【亮度】选项参数用来控制光晕效果的亮度。

- 【光晕】【增大】选项参数用来控制光晕效果的发光程度，【模糊度】选项参数用来控制光晕效果中光晕的柔和程度。

- 【射线】【数量】选项参数用来控制光晕效果中放射线的数量，【最长】选项参数用来控制光晕效果中放射线的长度，【模糊度】选项参数用来控制光晕效果中放射线的密度。

- 【环形】【路径】选项参数用来控制光晕效果中心与末端的距离，【数量】选项参数用来控制光晕效果中光环

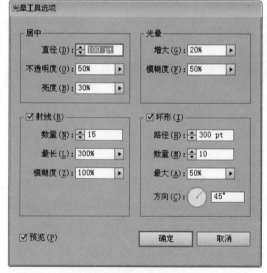

图 3-16 【光晕工具选项】对话框

的数量，【最大】选项参数用来控制光晕效果中光环的最大比例，【方向】选项参数用来控制光晕效果的发射角度。

选择【光晕工具】后可以直接在工作页面上拖动鼠标确定光晕效果的整体大小。释放鼠标后，移动鼠标至合适位置，确定光晕效果的长度，单击即可完成光晕效果的绘制，如图3-17所示。

图3-17 绘制光晕效果

> **提示：**按住 Alt 键在页面中拖动鼠标，可一步完成光晕效果的绘制。在绘制光晕效果时，按住 Shift 键可以约束放射线的角度，按住 Ctrl 键可以改变光晕效果的中心点和光环之间的距离，按住上箭头键可以增加放射线的数量，按住下箭头键可以减少放射线的数量。

3.5 使用线形工具

线形工具是指【直线段工具】、【弧形工具】、【螺旋线工具】、【矩形网格工具】、【极坐标网格工具】，使用这些工具可以创建出线段组成的各种图形。

3.5.1 直线段工具

使用【直线段工具】可以在页面上绘制直线。选择该工具后，在视图中单击并拖动鼠标，松开鼠标后即可完成直线段的绘制。

3.5.2 弧形工具

选择【弧形工具】后可以直接在工作页面上拖动鼠标绘制弧线，如图3-18所示。如果要精确绘制弧线，选择【弧形工具】后在页面中单击，弹出如图3-19所示的【弧线段工具选项】对话框，对话框中的各项参数如下。

图3-18 弧线段

- 【X轴长度】 用来确定弧线在X轴上的长度。
- 【Y轴长度】 用来确定弧线在Y轴上的长度。
- 【类型】 在【类型】下拉列表框中可以选择弧线的类型，有开放型弧线和闭合型弧线。
- 【基线轴】 选择所使用的坐标轴。
- 【斜率】 用来控制弧线的凸起与凹陷程度。

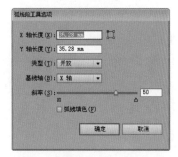

图3-19 【弧线段工具选项】对话框

47

3.5.3　螺旋线工具

使用【螺旋线工具】 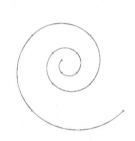 可以绘制螺旋线,如图3-20所示。选择该工具后在页面中单击,弹出图3-21所示的【螺旋线】对话框,对话框中的各项参数如下。

●【半径】 可以定义涡形中最外侧点到中心点的距离。

●【衰减】 可以定义每个旋转圈相对于前面的圈减少的量。

●【段数】 可以定义段数,即螺旋圈由多少段组成。

●【样式】 可以选择逆时针或是顺时针来指定螺旋线的旋转方向。

图3-20　螺旋线　　图3-21　【螺旋线】对话框

3.5.4　矩形网格工具

使用【矩形网格工具】 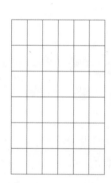 可以创建矩形网格,如图3-22所示。选择【矩形网格工具】后在页面中单击将打开图3-23所示的【矩形网格工具选项】对话框。对话框中的各项参数如下。

●【默认大小】 用来设置网格的宽度和高度。

●【水平分隔线】 用来设置网格在水平方向上网格线的数量及网格间距。

●【垂直分隔线】 用来设置网格在垂直方向上网格线的数量及网格间距。

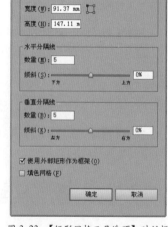

图3-22　矩形网格图形　图3-23　【矩形网格工具选项】对话框

3.5.5　极坐标网格工具

使用【极坐标网格工具】 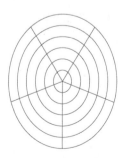 可以绘制类似同心圆的放射线效果,如图3-24所示。选择【极坐标网格工具】后在页面中单击,弹出如图3-25所示的【极坐标网格工具选项】对话框,对话框中的各项参数如下。

●【默认大小】 用来设置网格的宽度和高度。

●【同心圆分隔线】 用来设置同心圆的数量和间距。

●【径向分隔线】 用来设置辐射线的数量和间距。

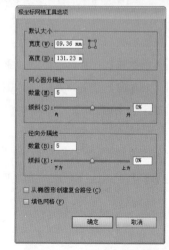

图3-24　绘制的极坐标网格　图3-25　【极坐标网格工具选项】对话框

3.6 使用钢笔工具

使用【钢笔工具】 可以绘制直线或是曲线段。绘制直线的方法非常简单，只要使用该工具在视图中单击即可，按住 Shift 键可以绘制水平或垂直的直线路径，如图 3-26 所示。

图 3-26 钢笔工具绘制直线和折线

【钢笔工具】 绘制曲线是一项较为重要的操作，单击后释放鼠标，得到的是直线型的节点。单击并拖动后释放得到的是平滑型节点，控制柄长度和方向的调整可以影响到两个节点间曲线的弯曲程度，如图 3-27 所示。

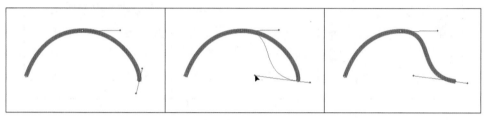

图 3-27 平滑型节点

【钢笔工具】 在页面中可以创建两种形态的路径，分别为闭合路径和开放路径，如图 3-28 所示。一般情况下，闭合路径用于图形和形状的绘制，开放路径用于曲线和线段的绘制。

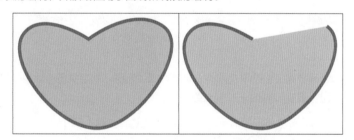

图 3-28 闭合路径与开放路径

3.7 编辑路径

当创建一个自由形状的路径时，除了对节点进行编辑之外，大多数情况下还是使用有关路径编辑的命令，来对路径进行相关的修整。

3.7.1 延伸或连接开放路径

当用户需要在原有的开放路径上继续编辑时，可以使用【钢笔工具】 来扩展该路径。从工具箱中选择【钢笔工具】 ，将鼠标指针移动到需要延伸的开放路径的一个端点，这时在钢笔工具的右下方会出现 / 标志，表明当前可以延伸该路径，如图 3-29 左图所示。单击这个端点，该路径就会被激活，用户就可对它进行延伸和编辑，如图 3-29 中图和右图所示。

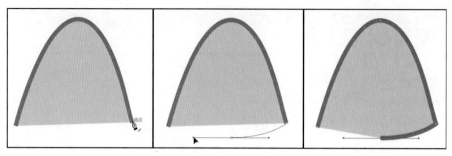

图 3-29　延伸原有的路径

如果要将路径连接到另一个开放路径，可将鼠标移动到另一个路径的端点，这时钢笔工具右下方会出现一个未被选择的节点标志，表明当前可以进行路径的连接，单击即可将这两个路径连接，如图 3-30 所示。

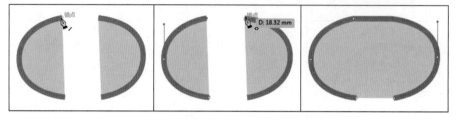

图 3-30　连接两个开放路径

3.7.2　连接路径端点

使用【连接】命令可以将两个开放路径的两个端点连接起来，以此形成一个闭合路径，它也可以将一个开放路径的端点连接起来。

🔽（1）如果连接一个开放路径中的两个端点，可先选择该路径，然后执行【对象】|【路径】|【连接】命令，这时会把两个端点之间连接起来，生成一个闭合路径。

🔽（2）如果连接的是两个开放路径的端点，可使用【直接选择工具】 🔲 选中所要连接的端点。执行【连接】命令，这两个开放路径的两个端点就会连接在一起，如图3-31所示。

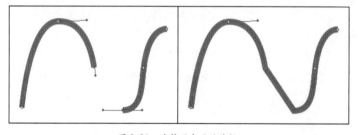

图 3-31　连接两个开放路径

　注意： 在连接两个开放路径时，必须先选中路径的两个端点，而且 Join（连接）命令不能用于文本路径和图表对象中，如果两个路径都是群组对象，那它们必须在同一个群组中，否则会出现一个对话框提示用户不能实现该操作。

3.7.3 简化路径

使用【简化】命令可以减少路径上的节点，并且不会改变路径的形状。

选中需要简化的路径，执行【对象】|【路径】|【简化】命令，弹出【简化】对话框，如图3-32所示。在这个对话框中包括两个选项组，即【简化路径】选项组和【选项】选项组。

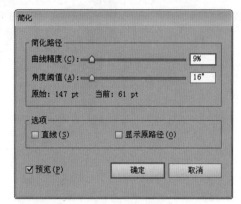

图3-32 【简化】对话框

● 【曲线精度】 该项用来设置路径的简化程度，它的取值范围为0%~100%，当设置的百分比越大时，所减去的节点就越少；反之，它将只保留关键的节点，而将别的节点删除，原图与简化过后的对比图，如图3-33所示。

图3-33 简化路径

● 【角度阈值】 该项用来控制角的平滑程度，它的可调整范围为0°~180°，如果角点的度数小于角度阈值，则这个角点不会改变。它可以用来保持角的尖锐度，即使在转换精确度很低时。但如果一个角点的度数超过所设置的角度阈值时，则所选择的路径会被删除。

● 【直线】 选择该复选框后，所选择的路径的节点之间会生成直线，也就是说如果选择的是曲线段将会变成直线段。

● 【显示原路径】 当选择该复选框时，在简化后的路径前面会显示原来路径的轮廓。

3.7.4 使用再成形工具

使用【整形工具】 能够在保留路径的一些细节的前提下，通过改变一个或多个节点的位置，或者调整部分路径的形状，改变路径的整体形状。

当使用【整形工具】 选择一个节点后，它周围将出现一个小正方形，在调整节点时，如果用户拖动所选择的节点，周围的节点会随着拖动有规律地弯曲，而未选择的节点会保持原来的位置不变。

当需要使用该工具时，可参照下面的操作步骤进行。

（1）使用【直接选择工具】 将需要调整的路径选中，或者使用【直接选择工具】 选中单独的节点。

（2）选择【整形工具】 。

（3）将鼠标指针移动到需要进行调整的节点或者是线段上单击，这时在节点周围会出现一个小正方形，以此来突出显示该点，按下Shift键可以连续选择多个节点，它们都将突出显示。如果单击一个路径段，则在路径上会增加一个突出显示的节点。

（4）使用【整形工具】 单击节点，向所需要的方向进行拖动，在拖动的过程中，选中的节点将随着用户的拖动而发生位置和形状的改变，而且各节点之间的距离会自动调整，而未选中的节点将保持原来的位置不变，使用该工具进行调整的效果如图3-34所示。

图 3-34　使用【整形工具】 调整路径

3.7.5　切割路径

使用【剪刀工具】 可以将一个闭合的路径分为一个或多个开放的路径。首先使用选择工具选中需要进行切割的路径，在工具箱中选择【剪刀工具】 ，这时鼠标指针就会变成十字形状，在路径上单击需要切割的位置，如果在一个路径段上分离该路径，则所产生的两个端点是相互重合的，并且一个端点处于被选状态；如果用户在一个节点处分离路径，则在原来的路径上会出现一个新的节点，并且一个节点处于被选状态。使用【直接选择工具】 调整新的节点或路径，图 3-35 是使用该工具切割并调整后的效果。

图 3-35　切割图形

3.7.6　偏移路径

执行【偏移路径】命令，可以在原来轮廓的内部或外部新增轮廓，它和原轮廓保持一定的距离，并且在其对话框中可以设置路径的偏移属性。

在为路径添加轮廓时，要先选择路径，然后执行【对象】|【路径】|【偏移路径】命令，打开【偏移路径】对话框，如图 3-36 所示。

在该对话框中，【位移】参数用来设置路径的偏移数量，它以毫米为单位，可以是正值，也可以是负值。如果所选择的是闭合路径，当在其中输入正值时，将在所选路径的外部产生新的轮廓；反之，当设置为负值时，将在所选路径的内部产生新的路径。如果所选择的是开放的路径，则在该路径的周围会形成闭合的路径。

【连接】选项用来设置所产生路径段拐角处的连接方式，单击右侧的下三角按钮，在弹出的下拉列表框中

图 3-36　【偏移路径】对话框

提供了三种连接方式，分别为【斜接】、【圆角】和【斜角】，图 3-37 是同一个对象分别选择这几种方式所产生的效果。

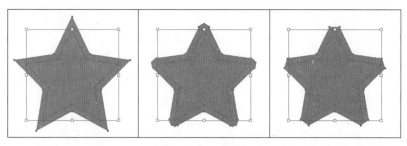

图 3-37　选择不同的连接方式所产生的效果

3.7.7　轮廓化描边

使用【对象】菜单中的【轮廓化描边】命令，可以在原路径的基础上产生轮廓线，它的轮廓线属性与原路径是相同的。操作时先选择路径，然后执行【对象】|【路径】|【轮廓化描边】命令，如图 3-38 所示，左图为原图，中间为执行过该命令后的状态，右图为解除群组状态并调整位置后的效果。

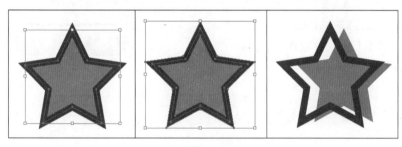

图 3-38　使用【轮廓化描边】命令

3.8　使用画笔工具

使用【画笔工具】![画笔工具]可以绘制自由路径，并可以为其添加笔刷，丰富画面效果。在使用【画笔工具】![画笔工具]绘制图形之前，首先要在【画笔】面板中选择一个合适的画笔，选用的画笔不同，所绘制的图形形状也不同。

3.8.1　预置画笔

双击工具箱中的【画笔工具】![画笔工具]，将弹出图 3-39 所示的【画笔工具选项】对话框，在该对话框中设置相应的选项及参数，可以控制路径的锚点数量及其平滑程度。

【画笔工具选项】对话框中的各项参数说明如下。

- **【保真度】**　决定所绘制的路径偏离光标轨迹的程度，数值越小，路径中的锚点数越多，绘制的路径越接近光标在页面中的移动轨迹；相反，数值越大，路径中的锚点数就越少，绘制的路径与光标的移动轨迹差别也就越大。

- **【平滑度】**　决定所绘制的路径的平滑程度。数值越小，

图 3-39　【画笔工具选项】对话框

53

路径越粗糙。数值越大，路径越平滑。

● **【填充新画笔描边】** 选中此选项，绘制路径过程中会自动根据【画笔】调板中设置的画笔来填充路径。若未选中此选项，即使【画笔】调板中做了填充设置，绘制出来的路径也不会有填充效果。

● **【保持选定】** 选中此选项，路径绘制完成后仍保持被选择状态。

● **【编辑所选路径】** 选中此选项，用【画笔工具】 ![笔] 绘制路径后，可以像对普通路径一样运用各种工具对其进行编辑。

3.8.2　创建画笔路径

创建画笔路径的方法很简单，选择【画笔工具】 ![笔]，然后在【画笔】调板中选择一种画笔，再将光标移动到页面中拖动鼠标即可创建指定的画笔路径。选择【窗口】|【画笔】命令或按 F5 键，会弹出图 3-40 所示的【画笔】调板。

要取消路径所具有的画笔效果，可以先在页面中选择此画笔路径，然后在【画笔】调板中单击【移去画笔描边】按钮 ![×]，或选择【对象】|【路径】|【轮廓化描边】命令，将路径描边中的图案转换为群组的图案组。

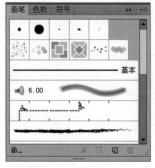

图 3-40　【画笔】调板

3.8.3　画笔类型

在【画笔】调板中，提供了散点、书法、毛刷、图案和艺术类型画笔。组合使用这几种画笔可以得到千变万化的图形效果。

● **散点画笔** 可以创建图案沿着路径分布的效果，如图 3-41 所示。

● **书法画笔** 可以沿着路径中心创建出具有书法效果的笔画，如图 3-42 所示。

● **毛刷画笔** 使用毛刷画笔可以模拟真实画笔描边一样通过矢量进行绘画，用户可以像使用水彩和油画颜料那样利用矢量的可扩展性和可编辑性来绘制和渲染图稿。在绘制的过程中，可以设置毛刷的特征，如大小、长度、厚度和硬度，还可设置毛刷密度、画笔形状和不透明绘制。毛刷画笔效果如图 3-43 所示。

● **图案画笔** 可以绘制由图案组成的路径，这种图案沿着路径不断地重复，如图 3-44 所示。

● **艺术画笔** 可以创建一个对象或轮廓线沿着路径方向均匀展开的效果，如图 3-45 所示。

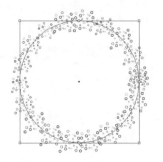

图 3-41　散点画笔效果　　　图 3-42　书法画笔效果

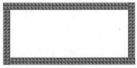

图 3-43　毛刷画笔效果　　　图 3-44　图案画笔效果

图 3-45　艺术画笔效果

3.9 使用【路径查找器】调板

使用【路径查找器】调板中的按钮命令，可以改变不同对象之间的相交方式。执行【窗口】|【路径查找器】命令，即可打开【路径查找器】调板，如图3-46所示。

图3-46 【路径查找器】调板

下面详细说明这些命令的使用方法及效果。

● 【联集】 可以将两个或多个路径对象合并成一个图形，如图3-47所示。

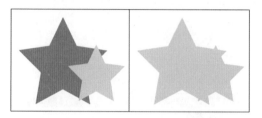

图3-47 使用【联集】按钮编辑图形

● 【减去顶层】 它将从最后面的对象中减去与前面的各对象相交的部分，而前面的对象也将被删除，如图3-48所示。

图3-48 使用【减去顶层】按钮编辑图形

● 【交集】 它将保留所选对象的重叠部分，而删除不重叠的部分，从而生成一个新的图形，保留部分的属性与最前面的图形保持一致，如图3-49所示。

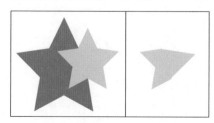

图3-49 使用【交集】按钮编辑图形

● 【差集】 可以将有两个或多个路径对象重叠的部分删除，并将选中的多个对象组合为一个新的对象，如图3-50所示。

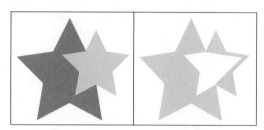

图3-50 使用【差集】按钮编辑图形

● 【分割】 可以将有两个或多个路径对象重叠的部分独立开来，从而将所选择的对象分割成几部分，重叠部分属性以前面对象的属性为准，如图3-51所示。编辑过后的对象被群组，查看时需解除群组状态。

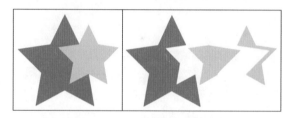

图3-51 使用【分割】按钮编辑图形

● 【修边】 它能够用前面的对象来修剪后面的对象，从而使后面的对象发生形状上的改变，并且能够取消对象的轮廓线属性，所有的对象将保持原来的颜色不变，如图3-52所示。编辑过后的对象被群组，查看时需解除群组状态。

图3-52 使用【修边】按钮编辑图形

● 【合并】 如果所选对象的填充和轮廓线属性相同，它们将组合为一个对象；如果它们的属性不同，则该按钮命令与【修边】 所产生的结果是相同的。

● 【裁剪】 它将保留对象重叠的部分，而删除其他部分，并且能够取消轮廓线属性，保留部分的属性将应用最后面对象的属性，如图 3-53 所示。

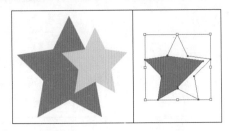

图 3-53 使用【裁剪】按钮编辑图形

● 【轮廓】 它将只保留所选对象的轮廓线，而且轮廓颜色改变为对象的填充颜色，它的宽度也变成 0 pt，如图 3-54 所示。

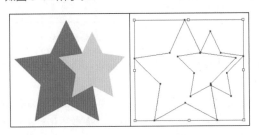

图 3-54 使用【轮廓】按钮编辑图形

● 【减去后方对象】 可以用后面的对象来修剪前面的对象，并且删除后面的对象和两个对象重叠的部分，保留部分的属性与最前面的对象的属性保持一致，如图 3-55 所示。

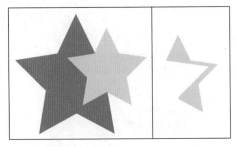

图 3-55 使用【减去后方对象】按钮编辑图形

3.10 上机操作——绘制烟灰缸图形

下面绘制烟灰缸图形，对绘制基础图形和编辑基础图形等知识进行练习。

1. 练习目标

掌握【椭圆工具】 、【钢笔工具】 及【路径查找器】调板等功能在实际绘图中的使用方法。

2. 具体操作

➡（1）执行【文件】|【新建】命令，打开【新建文档】对话框，创建一个宽度为210mm、高度为210mm的新文档，并设置文档名称为"烟灰缸"，其中颜色模式为CMYK，单击【确定】按钮完成设置。

➡（2）选择工具箱中的【椭圆工具】 ，配合键盘上的 Alt 键在视图中绘制同心圆，如图 3-56 所示。选中绘制的同心圆图形，单击【路径查找器】调板中【减去顶层】按钮 ，修剪图形为镂空效果，并为图形填充黄色（C:11%、M:13%、Y:83%、K:0%）。

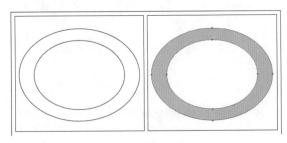

图 3-56 创建圆环图形

（3）分别使用工具箱中的【椭圆工具】 和【钢笔工具】 ，在视图中绘制烟灰缸图形，参照图3-57所示，在【渐变】调板中为图形设置渐变色，得到烟灰缸的基本结构。

（4）参照图3-58所示，使用【钢笔工具】 在烟灰缸边缘绘制曲线图形。选择刚刚绘制的曲线和烟灰缸边缘图形，单击【路径查找器】调板中的【减去顶层】按钮 ，修剪图形。

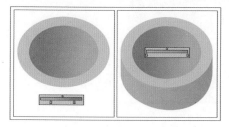

图 3-57　设置渐变色

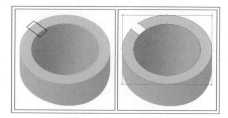

图 3-58　修剪图形

（5）使用【钢笔工具】 在烟灰缸缺口位置绘制曲线图形，在【渐变】调板中为图形设置渐变色并取消轮廓线的填充，得到图3-59所示的凹面效果。

（6）使用相同的方法，继续在烟灰缸边缘绘制凹面图形，分别设置图形的渐变色，得到图3-60所示的立体效果。

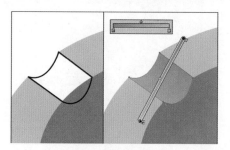

图 3-59　设置渐变色

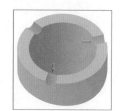

图 3-60　绘制立体效果

（7）使用工具箱中的【钢笔工具】 继续在烟灰缸内侧绘制图3-61所示的立体效果。

（8）分别使用工具箱中【钢笔工具】 和【椭圆工具】 在视图中绘制香烟图形，为图形设置颜色并取消轮廓线的填充，如图 3-62 所示。

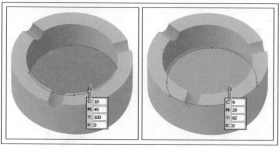

图 3-61　绘制细节图形

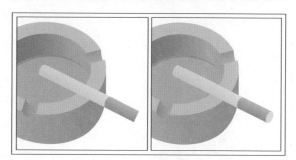

图 3-62　绘制香烟图形

（9）参照图3-63所示，为香烟绘制细节图形。然后选择烟嘴位置的装饰图形，在【透明度】调板中为图形设置【不透明度】为70%。

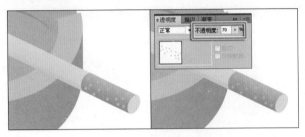

图 3-63 为香烟绘制细节图形

（10）使用【钢笔工具】 在视图中绘制橘黄色（C：8%、M：51%、Y：88%、K：0%）图形。然后调整该图形到香烟的下方位置，并在【透明度】调板中为图形设置【不透明度】参数为45%，得到图3-64 所示的投影效果。

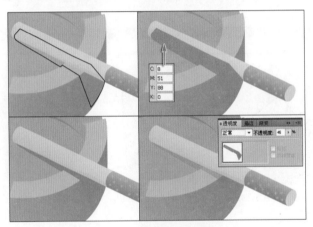

图 3-64 为香烟绘制投影效果

（11）参照图 3-65 所示，使用【钢笔工具】 在香烟上方绘制烟熏效果。

（12）参照图 3-66 所示，在视图中为烟灰缸和香烟图形底部绘制黑色投影图形。

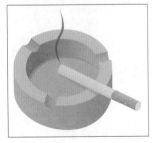

图 3-65 绘制烟熏

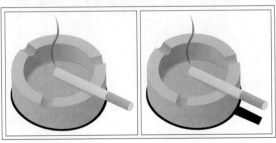

图 3-66 绘制投影效果

（13）选择绘制的黑色投影图形,执行【效果】|【风格化】|【羽化】命令,打开【羽化】对话框,参照图3-67所示,在对话框中设置【羽化半径】为5mm,单击【确定】按钮完成设置,为图形添加羽化效果。

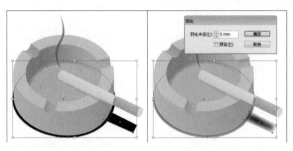

图 3-67　添加羽化效果

（14）参照图3-68所示,在【透明度】调板中分别为投影图形设置【不透明度】。

（15）至此完成该实例的制作,效果如图3-69所示。

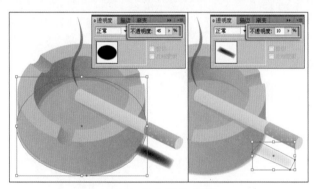

图 3-68　设置【不透明度】

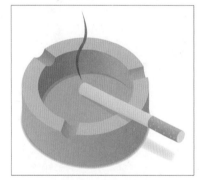

图 3-69　完成效果

第4章

填充对象

作为一款矢量图创作软件，Illustrator 绘制和编辑图形的功能非常强大，在进行图形的创建时，对图形进行填充可以更改其颜色和外观，用户可利用【符号】、【画笔】和【颜色】调板实现不同的填充效果。本章将详细讲解 Illustrator 中填充颜色的方法。

知识导读

1. 颜色的填充
2. 图形的轮廓与风格
3. 使用符号进行工作
4. 建立并修改画笔路径
5. 画笔工具的使用

本章重点

1. 颜色的基本填充
2. 符号工具的使用
3. 建立并修改画笔路径
4. 画笔样本库的使用

4.1 颜色基础

对于整个艺术造型来讲，颜色是最重要的组成部分，可使设计和绘制的美术作品更具表现力和艺术性。丰富多彩的颜色存在着一定的差异，如果需要精确地划分色彩之间的区别，就要用到颜色模式了。

所谓的色彩模式，是将色彩表示成数据的一种方法。在图形设计领域，统一把色彩模式用数值表示。简单地说，就是把色彩中的颜色分成几个基本的颜色组件，然后根据组件的不同，定义出各种不同的颜色。同时，对颜色组件不同的归类，就形成了不同的色彩模式。

Illustrator CS6 支持多种色彩模式，其中包括 RGB 模式、HSB 模式、CMYK 模式和灰度模式。在 Illustrator CS6 中，最常用的是 CMYK 模式和 RGB 模式，其中 CMYK 是默认的色彩模式。

4.1.1 HSB 模式

在 HSB 模式中，H 代表色相（Hue），S 代表饱和度（Saturation），B 代表亮度（Brightness）。HSB 模式是以人们对颜色的感觉为基础，描述了颜色的三种基本特性，如图 4-1 所示。

- **色相** 色相是从物体反射或透过物体传送的颜色。在 0 ~ 360° 的标准色轮上，可按位置度量色相。通常情况下，色相是以颜色的名称来识别的，如红色、黄色、绿色等。

- **饱和度** 饱和度也称彩度，它指的是色彩的强度和纯度。饱和度是色相中灰度所占的比例，用 0% 的灰色到 100% 完全饱和度的百分比来测量。在标准色轮上，饱和度是从中心到边缘逐渐递减的，饱和度越高就越靠近色环的外围，越低就越靠近中心。

图 4-1　HSB 颜色模式

- **明度** 明度是指颜色相对的亮度和暗度，通常情况下，也是按照 0% 黑色到 100% 的白色的百分比来度量的。

由于人的眼睛在分辨颜色时，不会把色光分解成单色，而是按照它的色相、饱和度和亮度来判断的。所以，HSB 模式相对于 RGB 模式和 CMYK 模式更直观、更接近人的视觉原理。

4.1.2 RGB 模式

RGB 模式是最基本、使用最广泛的一种色彩模式。绝大多数可视性光谱，都是通过红色、绿色和蓝色这三种色光的不同比例和强度的混合来表示的。

在 RGB 模式中，R 代表红色（Red），G 代表绿色（Green），B 代表蓝色（Blue）。在这三种颜色的重叠处可以产生青色、洋红色、黄色和白色，如图 4-2 所示。每一种颜色都有 256 种不同的亮度值，也就是说，从理论上讲 RGB 模式有 256×256×256 共约 1600 万种颜色，这就是用户常常听到的"真彩色"一词的来源。虽然这 1600 多万种颜色仍不是肉眼所能看到的整个颜色范围，自然界的颜色也远远多于这 1600 多万种颜色，但是，如此多的颜色足已模拟出自然界的各种颜色了。

由于 RGB 模式是由红、绿、蓝三种基本的颜色混合而产生各种颜色的，所以也称它为加色模式。当 RGB 的三种色彩的数值均为最小值 0 时，就会生成白色；当三种色彩的数值均为最大值 255 时，就生成了黑色。而当这三个值为其他时，所生成的颜色则介于这两种颜色之间。

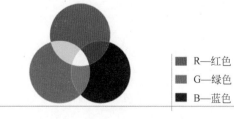

图 4-2　RGB 颜色模式

在使用 RGB 模式时，可以将这三种颜色分别设置为不同的数值，就可产生不同色相的色彩。例如，一个明亮的红色的 R 值为 246，G 值为 20，而 B 值则为 50。当这三种颜色的值相等时，它的颜色将会变为一种灰色；当它们的数值均为 0 时，呈白色显示；当它们的颜色值均为 255 值时，它所呈现的将是黑色。

在 Illustrator 中，还包含了一个修改 RGB 的模式，即网页安全模式，该模式可以在网络上适当地使用。在后面几节将会讲到它的使用方法。

4.1.3　CMYK 模式

CMYK 模式为一种减色模式，也是 Illustrator CS6 默认的色彩模式。在 CMYK 模式中，C 代表青色（Cyan），M 代表洋红色（Magenta），Y 代表黄色（Yellow），K 代表黑色（Black）。CMYK 模式通过反射某些颜色的光并吸收另外颜色的光，而产生各种不同的颜色。在 RGB 模式中，由于字母 B 代表了蓝色，为了不与之相混淆，所以，在单词 Black 中使用字母 K 代表黑色。如图 4-3 所示。

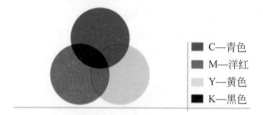

图 4-3　CMYK 颜色模式

在现实生活中都是用减色模式来识别颜色的。例如，当人的眼睛看到一个蓝色气球时，那是因为太阳光照到了气球上，气球表面把红色和绿色吸收了，又把蓝色反射到人的眼睛里，当然，气球本身是不会发光的。当人的眼睛看到其他颜色时，借助光的反射，也是同样道理。

重现颜色的过程称为四色印刷。

减色（CMY）和加色（RGB）是互补的，每对减色产生一种加色，反之亦是。

设置 CMYK 模式中各种颜色的参数值，可以改变印刷的效果。在 CMYK 模式中，每一种印刷油墨都有 0% ~ 100% 百分比值。最亮颜色指定的印刷油墨颜色百分比较低，而较暗颜色指定的百分比较高。例如，一个亮红色可能包括 2% 的青色、93% 的洋红色、90% 的黄色和 0% 的黑色。在 CMYK 的印刷对象中，百分比较低的油墨将产生一种接近白色的颜色，而百分比较高的油墨将产生接近黑色的颜色。

CMYK 模式以打印在纸上的油墨的光线吸收特性为基础，当白光照射到半透明油墨上时，色谱中的一部分被吸收，而另一部分被反射回眼睛。理论上，纯青色 (C)、洋红 (M) 和黄色 (Y) 色素合成，吸收所有颜色并生成黑色。这些颜色因此称为减色。由于所有打印油墨都包含一些杂质，因此这三种油墨实际生成土灰色，必须与黑色 (K) 油墨合成才能生成真正的黑色。将这些油墨混合

4.1.4　灰度模式

灰度模式（Grayscale）中只存在颜色的灰度，而没有色度、饱和度等彩色的信息。灰度模式可以使用 256 种不同浓度的灰度级，灰度值也可以使用 0% 白色到 100% 黑色的百分比来度量。使用黑白或灰度扫描仪生成的图像通常以灰度模式显示。

在灰度模式中，可以将彩色的图形转换为高品质的灰度图形。在这种情况下，Illustrator 会放弃原有图形的所有彩色信息，转换后的图形的色度表示原图形的亮度。

当从灰度模式向 RGB 模式转换时，图形的颜色值取决于其转换图形的灰度值。灰度图形也可转换为 CMYK 图形。

4.1.5　色域

色域是颜色系统中可以显示或打印的颜色范围，人眼看到的色谱比任何颜色模式中的色域都宽。

通常，对于可在计算机或电视机屏幕上（红、绿和蓝光）显示的颜色，RGB 色域包括这些颜色的子集。CMYK 的色域较窄，仅仅包含了使用油墨色打印的颜色范围。当不能打印的颜色显示在显示器上时，称其为溢色。

4.2 基本填充

填充是指对选定的对象进行着色的过程，而且不管选定的对象是开放路径还是闭合路径，最基本的颜色填充可以使用工具箱中的填充工具。如果需要更进一步地改变对象的填充属性，如颜色、色彩模式等，就可以结合【颜色】调板和【渐变】调板来实现。另外，使用工具箱中的填充工具也可实现一些基本的需求，如变换颜色、设置色彩模式的参数值等。

填充不仅仅可以对图形本身着色，而且还可以对其轮廓进行一定的着色。当需要对图形填充颜色时，使用【颜色】调板不仅可以改变图形自身的颜色，同时也将改变其轮廓线的颜色。当然，还可以通过其他的调板对轮廓线做出一定的修改，例如，使用【描边】调板，就可以改变图形轮廓线的宽度、形状等一些属性。

4.3 渐变填充

前面几节中，讲到了如何对选定的对象进行单色填充，除了单色填充外，用户还可为对象填充渐变色，渐变填充是在同一个对象中，产生由一种颜色或多种颜色向另一种或多种颜色之间逐渐过渡的特殊效果。

在 Illustrator CS6 中，创建渐变效果有下面几种方法：一种是使用工具箱中的【渐变】工具；另一种是使用【渐变】调板，并结合【颜色】调板，设置选定对象的渐变颜色；同时，还可以直接使用【样本】调板中的渐变样本。

如果需要精确地控制渐变颜色的属性，就需要使用【渐变】调板。在【渐变】调板中，有两种不同的渐变类型，即【直线渐变】和【射线渐变】类型。

4.4 图形的轮廓与风格

在填充对象时，还包括对其轮廓线的填充，除了前面几节中经常提到的较简单的轮廓线填充外，还可以进一步地对其进行设置，如更改轮廓线的宽度、形状，以及设置为虚线轮廓等。这些操作都可以在 Illustrator CS6 所提供的【描边】调板中来实现。

【图层样式】调板是 Illustrator CS6 中新增的调板，该调板中提供了多种预设的已经过填充和轮廓线填充的图案，用户可从中进行选择，来为图形填充一种装饰性风格的图案，这样就无须用户花费时间与精力进行设置。

4.5 使用符号进行工作

符号类似于 Photoshop 中的喷枪工具所产生的效果，可完整地绘制一个预设的图案，如图 4-4 所示效果。在默认状态下，【符号】调板中提供了 18 种漂亮的符号样本，用户可以在同一个文件中多次使用这些符号。

用户还可以创建出所需要的图形，并将其定义为【符号】调板中的新样本符号。当创建好一个符号样本后，用户可以在页面中对其进行一定的编辑。用户还可以对【符号】调板中预设的符号进行一些修改，当重新定义时，修改过的符号样本将替换原来的符号样本，如果不希望原符号被替换，可以将其定义为新符号样本，以增加【符号】调板中的符号样本的数量。

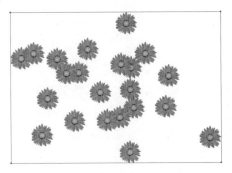

图 4-4 绘制符号效果

4.5.1　符号工具

使用工具箱中的符号工具组可以在页面中喷绘出多个无序排列的符号，并可对其进行编辑。Illustrator CS6工具箱中的符号工具组提供了8种符号工具，展开的符号工具组如图4-5所示。

图4-5　符号工具组

- 【符号喷枪工具】 可以在页面中喷绘【符号】面板中选择的符号图形。

- 【符号移位器工具】 可以在页面中移动应用的符号图形。

- 【符号紧缩器工具】 可以将页面中的符号图形向光标所在的点聚集，按住Alt键可使符号图形远离光标所在的位置。

- 【符号缩放器工具】 可以调整页面中符号图形的大小，直接在选择的符号图形上单击，可放大图形；按住Alt键在选择的符号图形上单击，可缩小图形。

- 【符号旋转器工具】 可以旋转页面中的符号图形。

- 【符号着色器工具】 可以用当前颜色修改页面中符号图形的颜色。

- 【符号滤色器工具】 可以降低符号图形的透明度，按住Alt键可以增加符号图形的透明度颜色。

- 【符号样式器工具】 可以将符号图形应用【图形样式】面板中选择的样式，按住Alt键，可取消符号图形应用的样式。

双击任意一个符号工具将弹出【符号工具选项】对话框，如图4-6所示，可以设置符号工具的属性。

以下是该对话框中各选项的介绍。

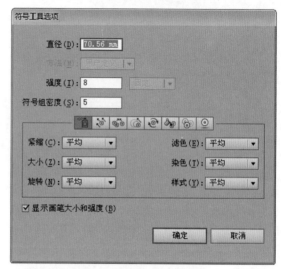

图4-6　【符号工具选项】对话框

- 【直径】 设置画笔的直径，是指选取符号工具后鼠标光标的形状大小。

- 【强度】 设置拖动鼠标时符号图形随鼠标变化的速度，数值越大，被操作的符号图形变化得越快。

- 【符号组密度】 设置符号集合中包含符号图形的密度，数值越大，符号集合包含的符号图形数目越多。

- 【显示画笔大小和强度】 选中该选项，在使用符号工具时可以看到画笔，不选中此选项则隐藏画笔。

4.5.2　【符号】调板的命令按钮

在【符号】调板的底部有6个命令按钮，分别用来对选取的符号进行不同的编辑。下面就对这6个按钮做一下简单介绍：

- 【新建符号】 按钮　单击该按钮可将所选择的图形定义为符号样本。

- 【删除符号】 按钮　该按钮可删除所选取的符号样本。

- 【符号选项】 按钮　单击该按钮，可以方便地将已

应用到页面中的符号样本替换为调板中其他的符号样本。

- 【断开符号链接】 按钮　该按钮可取消符号样本的群组，以便对原符号样本进行一些修改。

- 【置入符号实例】 按钮　当选择一种符号后，单击该按钮可以将选定的符号样本置入到页面当中。

- 【符号库菜单】 按钮　单击该按钮可选择符号库里多种类型的符号。

4.5.3 【符号】调板菜单

当用户需要对【符号】调板进行一些编辑时,如更改其显示方式、复制样本等操作,可通过调板菜单中的命令来完成,单击调板右上角的三角按钮,就会弹出该调板的菜单,如图4-7所示。

利用调板菜单可以设置各符号样本的显示方式,以及重新定义、复制符号等。其中,执行【新建符号】命令、【删除符号】命令、【放置符号实例】命令、【断开符号链接】、【符号选项】和【打开符号库】命令,与该调板底部各对应的命令按钮的功能是相同的,另外,其他的命令包括以下几种类型:

● 显示方式及排列

在该调板中有三种显示符号的方式,即缩略图式显示、小目录式显示及大目录式显示。其中,默认的显示方式为缩略图式,用户执行调板菜单中的【缩览图视图】命令、【小列表视图】命令及【大列表视图】命令即可在不同的显示方式之间进行切换。

另外,为了使调板中符号的显示更有条理,特别是添加了多个新符号后,执行【按名称排序】命令,可调整所有符号的排列顺序。

● 选择符号样本

执行调板菜单中的【选择所有未使用的符号】命令,在调板中就可以选中不常用的符号样本,而隐藏常用的符号样本;而执行【选择所有实例】命令后,即可将调板中所有的符号样本选中。

● 定义和复制符号样本

执行该菜单中的【重新定义符号】命令,可对预设的符号样本重新编辑和定义,使之生成新的符号样本。

执行菜单中的【复制符号】命令,可复制当前所选择的符号样本。

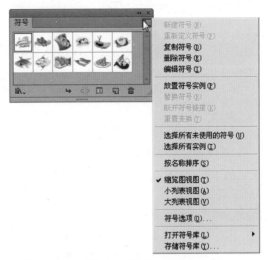

图4-7 【符号】调板

图4-8 【符号选项】对话框

●【符号选项】命令

当用户选择一个符号样本并执行【符号选项】命令后,将会弹出【符号选项】对话框,如图4-8所示。

另外,双击该调板中任意一个符号样本,也将弹出该对话框。这时用户可为该符号样本重新命名。

4.6 建立并修改画笔路径

用户可以选择【画笔】调板中不同的画笔类型,绘制出不同类型的画笔路径,但是,所有的画笔路径必须是简单的开放路径或闭合路径,并且画笔样本中不能带有应用渐变、渐变网格填充的混合颜色,或其他的位图图像、图表和置入的文件。另外,艺术画笔样本和图案画笔样本中不能带有文字,即不能使用文字创建一个画笔样本。

当用户需要创建一个画笔路径时,可直接使用工具箱中的【画笔工具】进行绘制,另外,使用工具箱中的【钢笔工具】和【铅笔工具】,以及基础绘图工具都可创建笔刷路径，但是在使用这些工具时，必须先在【画笔】调板中选择画笔样本，才能够进行绘制。

当用户使用【画笔工具】，或者其他的绘图工具绘制出画笔路径后，还可以对其进一步编辑，如更改路径中单个画笔样本对象的图案和颜色等，以使路径更符合创建作品的要求。

4.6.1　改变路径上的画笔样本对象

当用户需要编辑路径中的画笔样本对象时，可参照下面的步骤进行操作：

（1）使用工具箱中的【选择工具】选中需要修改的画笔路径。

（2）执行【对象】|【扩展外观】命令，用户所选择的笔刷路径将显示出画笔样本的外观，如图4-9所示。

（3）这时就可使用工具箱中的【直接选择工具】选中单个的对象，然后可移动、变换或改变其颜色等，直到用户满意为止。

图4-9　显示画笔样本的外观

4.6.2　移除路径上的画笔样本

如果用户需要将笔刷路径上的对象移除，将其恢复为普通的路径，可按下面的步骤进行操作：

（1）使用工具箱中的【选择工具】选中需要修改的笔刷路径。

（2）执行【窗口】|【画笔】命令，启用【画笔】调板，单击调板底部左面的第一个按钮，即【移去画笔描边】按钮，就可将路径中的画笔样本移除；另外，单击该调板右上角的三角按钮，在弹出的调板菜单中，执行【移去画笔描边】命令，也可将路径中的画笔样本移除，如图4-10所示。

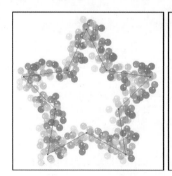

图4-10　将路径中的画笔样本移除

（3）执行【窗口】|【颜色】命令，在启用的【颜色】调板中设置为无轮廓填充，或直接在工具箱底部进行设置，也可移除路径中的画笔样本，这时如果取消路径的选择，它将是不可见的，如图4-11所示。

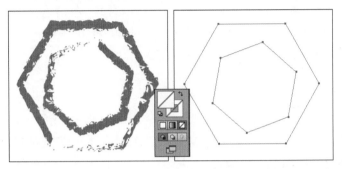

图 4-11　设置无轮廓填充

4.7 【画笔】调板

Illustrator CS6 中的【画笔工具】 可以制作许多不同的图形效果，还可以使用【画笔工具】 在绘制路径的同时应用画笔描边。

在使用【画笔工具】 绘制图形之前，首先要在【画笔】面板中选择一个合适的画笔，选用的画笔不同，所绘制的图形形状也不相同。

双击工具箱中的【画笔工具】 ，将弹出如图 4-12 所示的【画笔工具选项】对话框，在该对话框中设置相应的选项及参数，可以控制路径的锚点数量及其平滑程度。

【画笔工具选项】对话框中的各项参数说明如下。

- 【保真度】 决定所绘制的路径偏离鼠标轨迹的程度，数值越小，路径中的锚点数越多，绘制的路径越接近光标在页面中的移动轨迹。相反，数值越大，路径中的锚点数就越少，绘制的路径与光标的移动轨迹差别也就越大。

- 【平滑度】 决定所绘制的路径的平滑程度。数值越小，路径越粗糙。数值越大，路径越平滑。

- 【填充新画笔描边】 选中此选项，绘制路径过程中会自动根据【画笔】面板中设置的画笔来填充路径。若

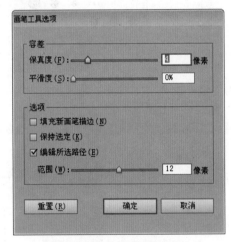

图 4-12 【画笔工具选项】对话框

未选中此选项，即使【画笔】面板中做了填充设置，绘制出来的路径也不会有填充效果。

- 【保持选定】 选中此选项，路径绘制完成后仍保持被选择状态。

- 【编辑所选路径】 选中此选项，用【画笔工具】 绘制路径后，可以像对普通路径一样运用各种工具对其进行编辑。

4.8 编辑画笔

当用户使用画笔工具或其他工具绘制笔刷路径时，画笔样本会按默认的大小、颜色，以及各画笔样本之间的距离、旋转角度进行显示，当然，它是可以进一步编辑的，如果用户有特殊的要求，可通过【画笔】调板来完成对路径中画笔的编辑，本节将在绘制好的路径的基础上，介绍不同类型画笔样本的编辑类型。

4.8.1 编辑书法画笔

当使用书法画笔创建路径时，能以指定的画笔工具或其他绘图工具创建出类似线条的形状。默认情况下，单击【画笔】调板底部的【画笔库菜单】 按钮，在弹出的菜单中选择【艺术效果_书法】命令，参照图 4-13 所示，弹出【艺术效果_书法】调板，用户能够对路径中的画笔样本的角度、直径和圆度进行编辑。

当用户需要编辑书法笔刷路径时，可参照下面的步骤进行操作：

⬇（1）选择【画笔】调板中的一种书法画笔样本。

⬇（2）使用工具箱中的【画笔工具】 绘制出书法画笔路径，如图4-14所示。

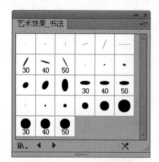

图 4-13 【艺术效果-书法】调板

图 4-14 绘制书法画笔路径

⬇（3）执行调板菜单中的【画笔选项】命令，将弹出的【书法画笔选项】对话框，如图4-15所示。

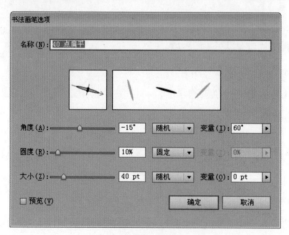

图 4-15 【书法画笔选项】对话框

⬇（4）在该对话框中，用户可以为书法画笔样本重新命名，以及设置画笔的角度、圆度和直径等。

●在【名称】文本框中，用户可以更改书法画笔样本的名称。

●【角度】选项可以设置书法画笔笔尖的角度，它的取值范围在 –80°～180°。用户也可以旋转对话框中的【画笔形状编辑器】上的箭头来改变书法画笔的角度，如图 4-16 所示。当用户再次绘制书法笔刷路径时，书法画笔的笔尖将以指定的参数绘制路径。图 4-17 分别是用不同角度数绘制的书法笔刷路径。

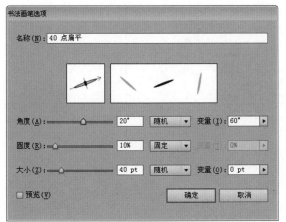

图4-16　改变书法画笔的角度

图4-17　不同角度的书法笔刷路径

●【圆度】选项用来控制笔刷路径的圆滑程度，其参数值越大，所绘制的路径就越圆滑，用户也可以拖动画笔形状编辑器上的圆点来调整，这时在编辑器右侧的预览框中将显示出相应的效果，其参数值在 0%~100%。

●【大小】选项可以设置书法画笔直径的大小，它可设置的范围在 1~1296 磅，其参数值越大，绘制出的书法笔刷路径就越粗；参数值越小，则绘制出的书法笔刷路径就越细。

在【角度】、【圆度】和【大小】文本框后面有相应的选项框，单击下三角按钮，在弹出的下拉列表框中有三个选项，可供用户选择。

当用户选择【固定】选项时，画笔将会有固定的直径，例如，当在【大小】文本框输入 20 磅时，书法画笔的直径就固定为 20 磅，不会再发生变化。

当用户选择【随机】选项时，并在【变量】文本框中输入一个参数值。此时，用户所设置的文本框中的参数值，将在原来的基础上增加或减少变量值。例如，【大小】文本框中的参数值为 15 磅，而变量值为 10 磅时，

绘制路径时，书法画笔的直径将在 5~25 磅之间。

如果用户使用的是压敏笔和输入板，可选择【压力】选项，使用【压力】文本框中的画笔固定值加上变量值，将作为最重输入板压力值；而画笔固定值减去变量值，可以作为最轻输入板压力值。

选择"预览"复选框，可以在不关闭对话框的情况下，在页面上预览用户定义书法画笔后的效果。

⬇（5）单击 OK 按钮确定后，将会弹出 Adobe Illustrator 对话框，它提示用户是否将设置后的画笔样本应用到路径中，单击【应用于描边】按钮即可应用到路径中，如图 4-18 所示。

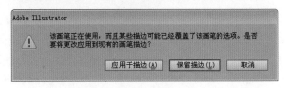

图4-18　应用描边

4.8.2　编辑散点画笔

散点画笔创建的笔刷路径是将一个图形复制成若干个相同的图形，并将其分散到一个路径上。在编辑散点笔刷路径时，只能改变路径上散点画笔样本对象之间的距离、大小，以及分散比例和旋转度。

单击【画笔】调板底部的【画笔库菜单】按钮，在弹出的菜单中选择【装饰 _ 散布】命令，参照图 4-19 所示，弹出【装饰 _ 散布】调板，编辑散点笔刷路径的步骤如下：

⬇（1）选择【画笔】调板中的任意一种散点画笔样本，然后使用工具箱中的【画笔工具】绘制出散点笔刷路径，如图4-20所示。

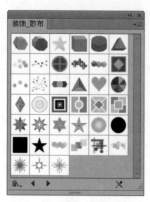

图 4-19 【装饰_散布】调板

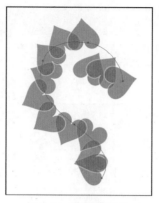

图 4-20 绘制散点路径

（2）执行【画笔】调板中的【画笔选项】命令，将弹出【散点画笔选项】对话框，如图4-21所示。

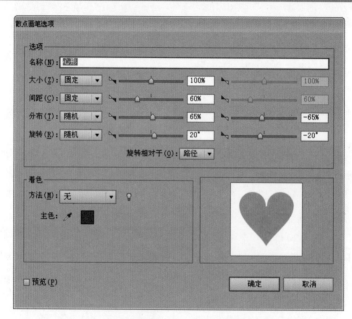

图 4-21 【散点画笔选项】对话框

在该对话框中，用户可对以下的内容对散点笔刷路径进行编辑：

● 在【名称】文本框中，用户可以为所选的散点画笔样本重新命名。

●【大小】选项可用来控制路径上散点画笔样本的大小，当参数值越大时，路径中画笔样本就相应的越大。

●【间距】选项可用来控制路径中各画笔样本对象之间的距离，参数值越大，各对象之间的间距就越大；参数值越小，各对象之间的间距就越小。

●【分布】选项用来设置画笔样本对象和路径之间的距

离，当参数值越小时，画笔样本对象就会离路径越近。图 4-22 是设置为不同的散点值所绘制的散点画笔路径。

●【旋转】选项将决定路径中画笔样本对象的旋转度。在该项下面还有一个【旋转相对于】选项，在其下拉列表框中有两个选项供用户选择，即【页面】选项和【路径】选项，图 4-23 是分别选择这两种不同选项的散点画笔路径。

● 在【方法】选项中可以设置画笔样本对象的着色方法。在其下拉列表框中包括四个选项，即【无】选项、【色调】选项、【淡色和暗色】选项和【色相装换】选项。

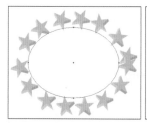

图4-22　绘制不同【分布】参数的画笔路径

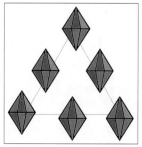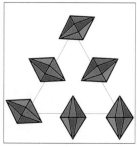

图4-23　绘制不同【旋转】选项的画笔路径

当选择【色调】选项时，将根据用户所选择的轮廓线颜色，对路径中的散点画笔样本对象进行填充；【淡色和暗色】选项用来对画笔样本对象的底色阴影进行着色处理；而选择【色相装换】选项则可以对画笔样本对象进行色调的切换。

单击【提示】 🛈 按钮，将弹出一个关于着色信息的提示对话框，在其中用户可以得到一些相关的帮助信息。

另外，需要注意的是，有些选项后有两个文本框，第二个文本框中的参数值是相对于第一个而言的。例如，用户设置【间距】后第一个文本框中的数值为 20%，第二个文本框中的参数值为 100% 时，那么路径上画笔样本对象的间距就在 20%~100%，以此类推，其他文本框的参数值设置与此相同。关于文本框右面的选项，用户可以参照【书法画笔选项】对话框中的设置。

⬇（3）选择【预览】复选框，用户可以预览设置的效果，然后单击【确定】按钮确定，用户的设置将应用到路径中。

4.8.3　编辑艺术画笔

艺术画笔路径和书法画笔路径很相似，在对其进行编辑时，用户只能更改艺术路径的方向和宽度等内容。

如果用户在绘制和编辑艺术画笔路径时，可参照下面的操作：

➡（1）单击【画笔】调板底部的【画笔库菜单】 按钮，在弹出的菜单中选择【艺术效果_画笔】命令，参照图4-24所示，弹出【艺术效果_画笔】调板，选中其中的一种艺术画笔样本，然后绘制出一个随意的艺术画笔路径，如图4-25所示。

图 4-24 【艺术效果_画笔】调板　图 4-25　绘制艺术画笔路径

⬇（2）执行【画笔】调板菜单中的【画笔选项】命令，将会弹出【艺术画笔选项】对话框，如图4-26所示。

● 在该对话框的【方向】选项组中有四个箭头，它们分别代表四个不同的方向。选择其中的一个箭头，将作为路径中画笔样本对象的方向。

●【宽度】选项用来控制画笔样本对象在路径中的宽度。

● 在【画笔缩放选项】中，可以选择按比例缩放，伸展以适合长度，在参考线之间伸展三个选项。当选择在参考线之间伸展项时，可以设置参考线的起点和终点。

● 当选择【横向翻转】复选框和【纵向翻转】复选框后，可以改变画笔样本对象在路径上使用的方向。

图 4-26 【艺术画笔选项】对话框

（3）单击【确定】按钮确定，用户的设置将应用到路径上。

4.9 使用画笔样本库

在默认的状态下，【画笔】调板只是显示了几种基本的画笔样本，当用户需要更多的画笔样本时，可从 Illustrator CS6 提供的画笔样本库进行查找，画笔样本库可以帮助用户尽快地应用所需要的画笔样本，以提高绘图的速度。

虽然画笔样本库中存储了各种各样的画笔样本，但是用户不可以直接对它们进行添加、删除等编辑，只有把画笔样本库中的画笔样本导入到【画笔】调板后，用户才可以改变它们的属性。

当用户需要从画笔样本库中导入画笔样本时，可参照下面的操作步骤进行：

（1）在【窗口】菜单中指向【画笔库】命令，在其子菜单中包括了9个选项，用户可根据需要选择，如图4-27所示。

（2）例如，用户执行【窗口】|【画笔库】|【边框】|【边框 _ 框架】命令后，将会弹出【边框 _ 框架】调板。当用户选择调板中的一种画笔样本时，所选择的样本将被放置到【画笔】调板中，如图4-28所示。

另外，执行【窗口】|【画笔库】|【其他库】命令，将弹出【其他库】对话框，在该对话框中，用户可从其他位置选择含有画笔样本的文件，然后打开并使用这些样本。

图 4-27 画笔库菜单

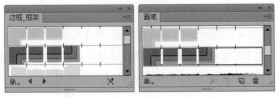

图 4-28 将画笔样本放置到【画笔】调板中

用户可将常用的画笔样本添加到【画笔】调板中，并执行【保存文件】命令将其存储为 Illustrator CS6 文件。再次编辑对象时，执行【窗口】|【画笔库】|【用户自定义】命令，打开上一次保存的 Illustrator CS6 文件，即可将保存在文件中的【画笔】调板一同打开，但是，它不与现有的页面中的【画笔】调板相重复，而是生成了另一个新调板。

4.10 上机操作 1——照相机标志设计

下面绘制标志图形，对颜色填充等知识进行练习。

1. 练习目标
掌握设置颜色渐变在实际绘图中的方法。

2. 具体操作

（1）新建文档，使用【钢笔工具】 在视图中绘制4个月牙形状的图形，如图4-29所示。

（2）选中最上侧的月牙图形，为其添加浅玫红色到深玫红色的渐变，如图4-30所示。

图 4-29　绘制路径

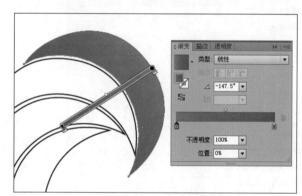

图 4-30　添加玫红色的渐变

（3）使用相同的方法，分别为其他三个月牙图形添加蓝色、绿色、黄色的渐变效果，如图4-31所示。

（4）使用【文字工具】 在视图中输入文本，完成该实例的制作，如图 4-32 所示。

图 4-31　添加渐变效果

图 4-32　完成效果

4.11 上机操作2——绘制汉堡包图形

下面绘制汉堡包图形，对如何填充颜色的操作进行练习。

1. 练习目标

掌握颜色填充、渐变填充的使用方法和技巧。

2. 具体操作

1）创建背景效果

⬇（1）执行【文件】|【新建】命令，打开【新建文档】对话框，如图4-33所示，新建一个【大小】为A4的横向文档，并设置文档【名称】为"汉堡包"，单击【确定】按钮完成设置。

⬇（2）选择工具箱中的【矩形工具】▣，贴齐视图绘制同等大小的矩形，填充颜色为粉红色（C：0%、M：60%、Y：0%、K：0%），并取消轮廓线的填充，如图4-34所示。

图 4-33 【新建文档】对话框

图 4-34 绘制矩形

⬇（3）继续在视图中绘制白色矩形，按住键盘上的Alt+Shift键拖动矩形，释放鼠标后，将该图形复制。然后连续按快捷键Ctrl+D重复上一次操作，如图4-35所示。

⬇（4）使用相同的方法，配合快捷键Ctrl+D复制白色矩形，得到图4-36所示的装饰效果。

⬇（5）将视图中所有白色矩形选中，按快捷键 Ctrl+G 将图形编组。然后在【透明度】调板中为图形设置【不透明度】为60%，如图 4-37 所示。

⬇（6）使用同步骤（3）和（4）相同的方法，继续在视图中绘制矩形，得到图4-38所示效果。

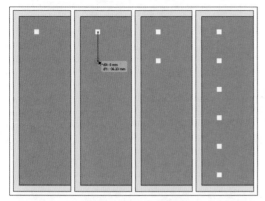

图 4-35　重复上一次操作

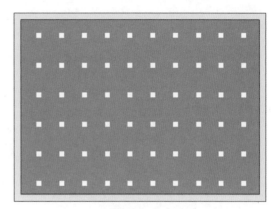

图 4-36　复制图形

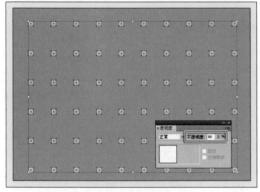

图 4-37　设置透明效果

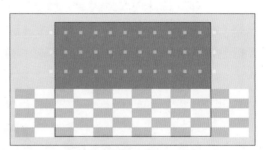

图 4-38　绘制矩形

（7）选择工具箱中的【直接选择工具】 ![图标]，单击视图中任意黄色矩形，将其选中。执行【选择】|【相同】|【填充颜色】命令，选中填色相同的矩形，如图4-39所示。

（8）参照图4-40所示，在【渐变】调板中为矩形设置渐变色，然后使用工具箱中的【渐变工具】 ![图标] 在视图中单击并拖动图形，为选中的矩形拉出渐变色。

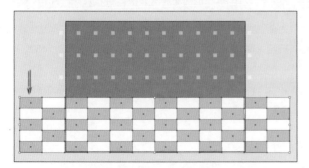

图 4-39　选择颜色相同的矩形

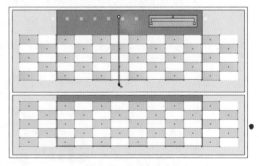

图 4-40　设置渐变色

（9）参照图4-41所示，将刚刚绘制的所有矩形选中。选择工具箱中【自由变换工具】 ![图标]，配合键盘上Ctrl+Alt+Shift键对选中的矩形进行变形操作。

（10）接下来使用【矩形工具】 ![图标] 贴齐视图底部绘制矩形。配合键盘上的Shift键选择所有矩形，执行【对象】|【剪切蒙版】|【建立】命令，创建剪切蒙版，如图4-42所示。

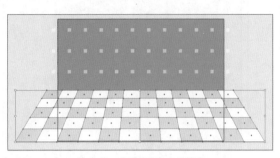

图 4-41　对图形进行变形操作

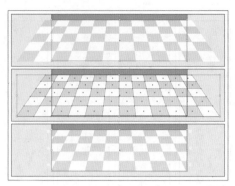

图 4-42　创建剪切蒙版

2）绘制汉堡包图形

⏬（1）单击【图层】调板底部的【创建新图层】 按钮，新建"图层 2"。分别使用工具箱中的【椭圆工具】 和【钢笔工具】 在视图中绘制面包图形，设置图形颜色，如图4-43所示。

⏬（2）参照图 4-44 所示，使用工具箱中的【钢笔工具】 绘制蔬菜图形。

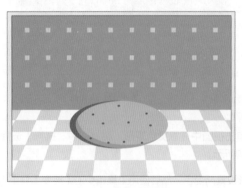

图 4-43　绘制面包图形

图 4-44　绘制蔬菜图形

⏬（3）继续在视图中为汉堡包绘制面包、洋葱及奶酪图形，分别为图形设置颜色，得到图4-45所示效果。

⏬（4）选择工具箱中【钢笔工具】 ，在视图中为蕃茄绘制轮廓图形，如图4-46所示。然后选择绘制的蕃茄图形，单击【路径查找器】调板中【减去顶层】 按钮，修剪图形为镂空效果，并填充深红色（C：45%、M：100%、Y：100%、K：16%）。

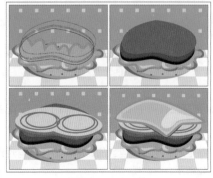

图 4-45　绘制面包

图 4-46　绘制番茄图形

⬇（5）配合键盘上的Alt键复制刚刚绘制的蕃茄图形，分别调整图形颜色、位置和大小，然后使用【钢笔工具】🖋为蕃茄图形绘制高光效果，得到图4-47所示的蕃茄效果。

⬇（6）参照图4-48所示，继续复制蕃茄图形，调整图形大小与位置。然后选择工具箱中【椭圆工具】⬤，在汉堡包顶部绘制面包图形。

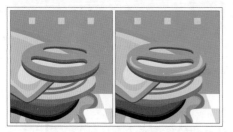

图 4-47　绘制高光图形

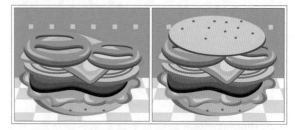

图 4-48　绘制面包图形

⬇（7）参照图4-49所示，在【渐变】调板中为面包图形设置渐变色。

⬇（8）选择工具箱中【渐变工具】▣，参照图 4-50 所示，设置滑杆位置，调整渐变色，使面包图形更为真实具有立体感。

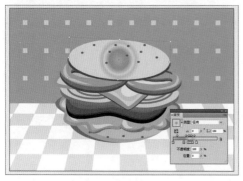

图 4-49　添加渐变填充效果

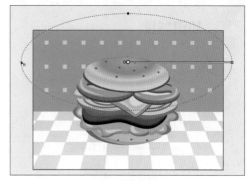

图 4-50　设置渐变色

第 5 章

变换无穷的文字魅力

Illustrator 拥有非常强大的文本处理功能，可以针对大量的段落文本，以及图文混排进行编辑处理，本章将对如何创建和编辑文本进行讲述。

知识导读

1. 创建文本和段落文本
2. 设置字符格式和段落格式
3. 编辑文本
4. 设置制表符
5. 文本链接和分栏
6. 设置图文混排

本章重点

1. 文本和段落文本的编辑
2. 设置制表符
3. 段落文本的编辑方法和技巧

5.1 创建文本和段落文本

Illustrator CS6 作为功能强大的矢量绘图软件，提供了十分强大的文本处理和图文混排功能，不仅可以像其他文字处理软件一样排版大段的文字，还可以把文字作为对象来处理，也就是说，可以充分利用 Illustrator CS6 中强大的图形处理能力来修饰文本，创建绚丽多彩的文字效果。

在 Illustrator CS6 中创建文本时，可以使用工具箱中所提供的文本工具，在其展开式工具栏中提供了 6 种文本工具，应用这些不同的工具，可以在工作区域上任意位置创建横排或竖排的点文本，或者是区域文本，即在一个开放或闭合的路径内输入文本，该对象可以是用工具箱中的绘制工具所创建的图形，也可以是使用其他工具创建的不规则的路径，还可创建路径文本，即让文本沿着一个开放的路径进行排列。

当开始创建文本时，可将鼠标指向工具箱中的【文本工具】按钮，单击左键并停留片刻，这时就会出现其展开式工具栏，单击最后的 Tear off 按钮，就可以使文本的展开式工具栏从工具箱中分离出来，如图 5–1 所示。

展开的文本工具组共有 6 个文本工具，分别是【文字工具】T 、【区域文字工具】T 、【路径文字工具】、【直排文字工具】T 、【直排区域文字工具】T 、【直排路径文字工具】。

在这些工具中，前三个工具可以创建水平的，即横

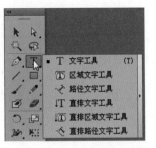

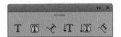

图 5–1 文本工具组

排的文本；而后三个可以创建垂直的，即竖排的文本，这主要是针对汉语、日语和韩语等双字节语言而设置，下面分别对这些文本工具做一下介绍：

● 【文字工具】 T 使用该工具，可以在页面上创建独立于其他对象的横排的文本对象。

● 【区域文字工具】 T 使用该工具，可以将开放或闭合的路径作为文本容器，并在其中创建横排的文本。

● 【路径文字工具】 使用该工具，可以让文字沿着路径横向进行排列。

● 【直排文字工具】 T 使用该工具，可以创建竖排的文本对象。

● 【直排区域文字工具】 T 使用该工具时，可以在开放或闭合的路径中创建竖排的文本。

● 【直排路径文字工具】 它和路径文本工具是相类似的，即可以让文本沿着路径进行竖向的排列。

5.2 设置字符格式和段落格式

将文本输入后，需要设置字符的格式，如文字的字体、大小、字距、行距等，字符格式决定了文本在页面上的外观。可以在菜单中设置字符格式，也可以在【字符】面板中设置字符格式。

5.2.1 字符格式

使用【字符】面板设置文字格式，操作步骤如下。

（1）使用【文本工具】选中所要设置字符格式的文字。

（2）选择【窗口】|【文字】|【字符】命令，或按Ctrl+T快捷键，弹出【字符】面板，如图5–2所示。

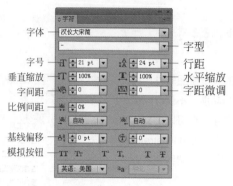

图 5-2 【字符】面板

【字符】面板包括以下各项：

● **字体** 在下拉列表中选择一种字体，即可将选中的字体应用到所选的文字中。

 提示： 快速预览字体效果的方法是，首先选择要更改字体的文字，然后使用鼠标在【字符】面板中的字体文本框中单击，然后不停地按键盘上的上、下方向键，每按一次方向键，就会预览一种字体效果。

● **字号** 在下拉列表中选择合适的字号，也可以通过微调按钮 ▼ 来调整字号大小，还可以在输入框中直接输入所需要的字号大小，如图 5-3 所示。

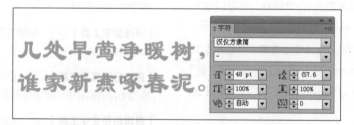

图 5-3 设置文字大小

● **行距** 文本行间的垂直距离，如果没有自定义行距值，系统将使用自动行距，在下拉列表中选择合适的行距，也可以通过微调按钮 ▼ 来调整行距大小，还可以在输入框中直接输入所需要的行距大小，如图 5-4 所示。

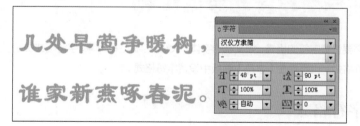

图 5-4 设置字体行距

● **字间距** 字间距选项用来控制两个文字或字母之间的距离，如图 5-5 左图所示，字间距选项只有在两个文字或字符之间插入光标时才能进行设置。字间距选项可使两个或多个被选择的文字或字母之间保持相同的距离，如图 5-5 右图所示。

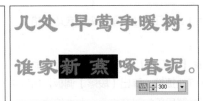

图 5-5　调整字距

- **水平缩放**　保持文本的高度不变，只改变文本的宽度，如图 5-6 所示，对于竖排文字会产生相反的效果。
- **垂直缩放**　保持文本的宽度不变，只改变文本的高度，如图 5-7 所示，对于竖排文字会产生相反的效果。

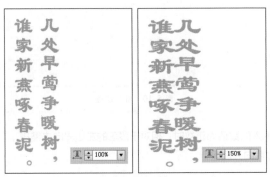

图 5-6　水平缩放文字

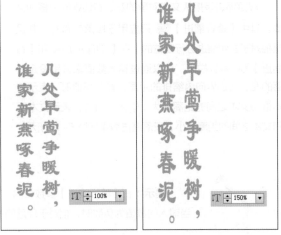

图 5-7　垂直缩放文字

- **基线偏移**　改变文字与基线的距离，使用基线偏移可以创建上标或下标，如图 5-8 所示，或者在不改变文本方向的情况下，更改路径文本在路径上的排列位置。

图 5-8　设置基线偏移

5.2.2　段落格式

段落是位于一个段落回车符前的所有相邻的文本。段落格式是指为段落在页面上定义的外观格式，包括对齐方式、段落缩进、段落间距、制表符的位置等。我们可以对所选择的段落应用段落格式，或者改变具有某个特定段落样式的所有段落的格式。

提示： 如果是对于一个段落进行操作，只需将光标插入该段即可；如果设定的是连续的多个段落，就必须将所要设定的所有段落全部选取。

使用【段落】面板设置段落格式，操作步骤如下。

➡（1）先用【文本工具】选取所要设定段落格式的段落。

➡（2）选择【窗口】|【文字】|【段落】命令，或按Ctrl+Alt+T快捷键，弹出【段落】调板，如图5-9所示，可以设置段落的对齐方式、左右缩进、段间距和连字符等。

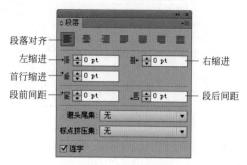

图 5-9　【段落】面板

1. 段落缩进

段落缩进是指从文本对象的左、右边缘向内移动文本。其中【首行缩进】只应用于段落的首行，并且是相对于左侧缩进进行定位的。在【左缩进】和【右缩进】参数栏中，可以通过输入数值来分别设定段落的左、右边界向内缩排的距离。输入正值时，表示文本框和文本之间的距离拉大；输入负值时，表示文本框和文本之间的距离缩小，段落缩进效果如图5-10所示。

图 5-10　首行缩进

 提示：在【首行缩进】参数栏内，当输入的数值为正数时，相对于段落的左边界向内缩排；当输入的数值为负数时，相对于段落的左边界向外凸出。

2. 段落间距

为了阅读方便，经常需要将段落之间的距离设定大一些，以便于更加清楚地区分段落。在【段前间距】和【段后间距】参数栏中，可以通过输入数值来设定所选段落与前一段或后一段之间的距离，段落间距效果如图5-11所示。

图 5-11　调整段前间距

 提示：实际段落间的距离是前段的段后距离加上后段的段前距离。

3. 对齐方式

Illustrator CS6 的对齐方式包含【左对齐】、【居中对齐】、【右对齐】、【两端对齐，末行左对齐】、【两端对齐，末行居中对齐】、【两端对齐，末行右对齐】、【全部两端对齐】，段落对齐方式效果如图5-12所示。

图 5-12　段落对齐效果

提示： 选择【文字】|【显示隐藏字符】命令，或按 Ctrl+Alt+I 快捷键，可以显示出文本的标记，包括硬回车、软回车、制表符等。

中文的文章通常会避免让逗号、右引号等标点出现在行首，在【段落】调板中【避头尾集】下拉列表中选择【避头尾设置】，弹出一个对话框，详细设置各选项，即可应用避头尾功能。

4. 智能标点

选择【文字】|【智能标点】命令，弹出【智能标点】对话框，如图 5-13 所示。【智能标点】命令可搜索键盘标点字符，并将其替换为相同的印刷体标点字符。此外，如果字体包括连字符和分数符号，便可以使用【智能标点】命令统一插入连字符和分数符号。

- ●【ff，fi，ffi 连字】 将 ff、fi 或 ffi 字母组合转换为连字。
- ●【ff，fl，ffl 连字】 将 ff、fl 或 ffl 字母组合转换为连字。
- ●【智能引号】 将键盘上的直引号改为弯引号。
- ●【智能空格】 消除句号后的多个空格。
- ●【全角、半角破折号】 用半角破折号替换两个键盘破折号，用全角破折号替换 3 个键盘破折号。
- ●【省略号】 用省略点替换 3 个键盘句点。
- ●【专业分数符号】 用同一种分数字符替换分别用来表示分数的各种字符。

5. 连字

连字是针对罗马字符而言的。当行尾的单词不能容纳在同一行时，如果不设置连字，则整个单词就会转到下一行；如果使用了连字，可以用连字符使单词分开在两行，这样就不会出现字距过大或过小的情况了，如图 5-14 所示。

在【段落】调板中选择【连字】选项，即可启用自动连字符连接，从【段落】调板弹出菜单中选取【连字】命令，弹出【连字】对话框，详细设置各选项，如图 5-15 所示。

- ●【单词长度超过】 指定用连字符连接的单词的最少字符数。
- ●【断开前】和【断开后】 指定可被连字符分隔的单词开头或结尾处的最少字符数。例如，将这些值指定为 3 时，aromatic 将断为 aro-matic，而不是 ar-omatic 或 aromat-ic。
- ●【连字符限制】 指定可进行连字符连接的最多连续行数。0 表示行尾处允许的连续连字符没有限制。
- ●【连字区】 从段落右边缘指定一定边距，划分出文字

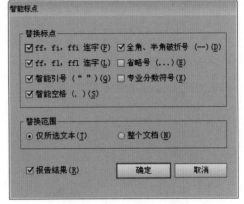

图 5-13 【智能标点】对话框

使用了连字　　　　　　　　　　未使用连字

This is a script file that demonstrates how to establish a ppp connection with compuserve,which requires changing the port settings to log in.

This is a script file that demonstrates how to establish a ppp connection with compuserve, which requires changing the port settings to log in.

图 5-14 连字效果

图 5-15 连字效果

行中不允许进行连字的部分。设置为 0 时允许所有连字。此选项只有在使用"Adobe 单行书写器"时才可使用。

- ●【连字大写的单词】 选择此选项可防止用连字符连接大写的单词。

5.3 编辑文本

将文本转化为轮廓后，可以像其他图形对象一样进行渐变填充、应用滤镜等，可以创建更多的特殊文字效果。

使用【选择工具】 选中文本对象，选择【文字】|【创建轮廓】命令，或按 Ctrl+Shift+O 快捷键，创建文本轮廓，如图 5-16 上图所示。此时可以对文本进行渐变填充，如图 5-16 左下图所示，还可以对文本应用效果，如图 5-16 右下图所示。

图 5-16　将文本转换为轮廓

将文本进行转化后，在文字上将出现很多锚点，此时可以通过对锚点的调整来改变文本的形状，创建出更多的字体变化效果，如图 5-17 所示。

图 5-17　创建艺术文字

提示：文本转化为轮廓后，将不再具有文本的属性。

5.4 设置制表符

制表符用来在文本对象中的特定位置定位文本。选择【窗口】|【文字】|【制表符】命令，或按 Ctrl+Shift+T 快捷键，弹出【制表符】调板，如图 5-18 所示。使用该调板可以设置缩进和制表符。

设置制表符的操作步骤如下。

➡ （1）使用【文字工具】 在需要加入空格的文字前单击，此时会出现闪动的文字插入光标。

➡ （2）按 Tab 键，加入 Tab 空格。

➡ （3）用同样的方法，在其他需要对齐的文字前加入Tab空格，如图5-19所示。

➡ （4）选择【窗口】|【文字】|【制表符】命令，或按 Ctrl+Shift+T 快捷键，弹出【制表符】调板，如图 5-20 所示。设置完成后可以看到所输入的 Tab 空格，分别与第一、第二个制表位相对应。

图 5-18　【制表符】调板

图 5-19　加入 Tab 空格

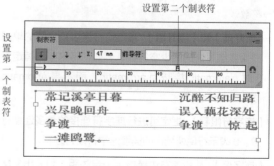

图 5-20　设置制表符

5.5 文本链接和分栏

大的段落文本经常采用分栏技术。在 Illustrator CS6 中，可以对一个选中的段落文本对象进行分栏。分栏时，可自动创建文本链接，也可手动创建文本的链接。

5.5.1 创建文本链接

当文本块中有被隐藏的文字时，可以通过调整文本框的大小显示所有的文本，也可以将隐藏的文本链接到另一个文本框中，还可以进行多个文本框的链接。

创建多个文本框的链接，操作步骤如下。

（1）创建一个文本框或绘制一个闭合路径。

（2）利用【选择工具】▶ 将新建的文本框或闭合路径与有文本隐藏的文本块同时选中，如图5-21所示。

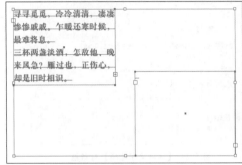

图 5-21　同时选中两个文本框

（3）选择【文字】|【串接文本】|【创建】命令，即可将隐藏的文字移动到新绘制的文本框或闭合路径中，如图5-22所示。

（4）选择【文字】|【串接文本】|【释放所选文字】命令，可以解除各文本框之间的链接状态，如图5-23所示。

图 5-22　创建文本链接

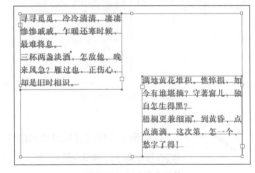

图 5-23　解除文本链接

5.5.2 创建文本分栏

创建文本分栏，操作步骤如下。

（1）选中要进行分栏的文本块。

（2）选择【文字】|【区域文字选项】命令，弹出【区域文字选项】对话框，如图5-24所示。

（3）在【行】选项组【数量】参数栏中输入行数，所有的行自定义为相同的高度。建立文本分栏后可以改变各行的高度，【跨距】参数栏用于设置行的高度，效果如图5-25所示。

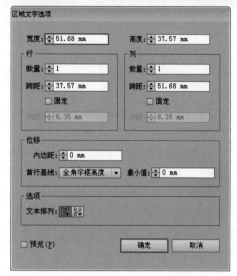

图 5-24 【区域文字选项】对话框

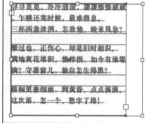

图 5-25 文字垂直分栏

（4）在【列】选项组【数量】参数栏中输入列数，所有的栏自定义为相同的宽度。建立文本分栏后可以改变各列的宽度，【跨距】参数栏用于设置栏的宽度，效果如图5-26所示。

（5）单击【文本排列】选项后的图标按钮，选择一种文本流在链接时的排列方式，每个图标上的方向箭头指明了文本流的方向，效果如图 5-27 所示。

图 5-26 文字水平分栏

图 5-27 文本流在链接时的排列方式

提示：在创建有特殊要求的作品时，可以新建一个窗口，在各窗口中用不同的显示模式，如在预览模式下编辑图形，而在另一个窗口中用其他的模式查看效果。

单击标记 ⊞，光标变为 ，在页面单击或拖动绘制一个文本框，也可创建链接文本，如图 5-28 所示。

图 5-28 创建文本链接

5.6 设置图文混排

　　Illustrator CS6 还有图文混排的功能，即在文本中插入多个图形对象，并使所有的文本围绕着图形对象的轮廓线的边缘进行排列。在进行图文混排时，必须是文本块中的文本或区域文本，而不能是点文本或路径文本。在文本中插入的图形可以是任意形状的图形，如自由形状的路径或混合对象，或者是置入的位图，但用画笔工具创建的对象除外。

　　在进行图文混排时，必须使图形在文本的前面，如果是在创建图形后才输入文本，可执行【排列】|【前移一层】命令或【排列】|【置于顶层】命令将图形对象放置在文本前面。在操作时可用选择工具同时选中文本和图形对象，然后执行【对象】|【文本绕排】|【建立】命令即可，如图 5–29 所示。

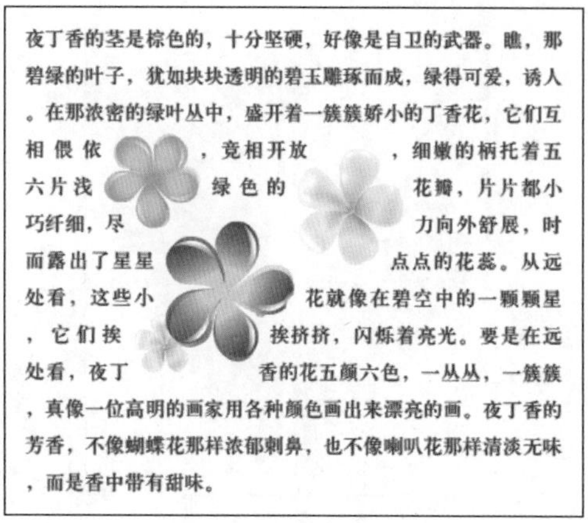

夜丁香的茎是棕色的，十分坚硬，好像是自卫的武器。瞧，那碧绿的叶子，犹如块块透明的碧玉雕琢而成，绿得可爱，诱人。在那浓密的绿叶丛中，盛开着一簇簇娇小的丁香花，它们互相偎依，竞相开放，细嫩的柄托着五六片浅绿色的花瓣，片片都小巧纤细，尽力向外舒展，时而露出了星星点点的花蕊。从远处看，这些小花就像在碧空中的一颗颗星，它们挨挨挤挤，闪烁着亮光。要是在远处看，夜丁香的花五颜六色，一丛丛，一簇簇，真像一位高明的画家用各种颜色画出来漂亮的画。夜丁香的芳香，不像蝴蝶花那样浓郁刺鼻，也不像喇叭花那样清淡无味，而是香中带有甜味。

图 5–29　绘制的矩形

5.7 上机操作 1——保洁家私纺标志设计

　　下面绘制烟灰缸图形，对绘制基础图形和编辑基础图形等知识进行练习。

1. 练习目标

掌握【椭圆工具】 、【钢笔工具】 及【路径查找器】调板等功能在实际绘图中的方法。

2. 具体操作

⬇（1）新建文档，在工具箱中选择【钢笔工具】 ，参照图5–30所示绘制图形。

⬇（2）参照图5–31所示，为图形填充深浅不一的褐色，并添加宽度为2.6pt的白色描边效果。

图 5–30　创建圆环图形

图 5–31　填充颜色

（3）将绘制的图形全部选中并复制三次，通过旋转得到图5-32所示的图形效果。

（4）使用【文字工具】 T 在视图中输入文本，如图5-33所示效果。

图 5-32　复制并旋转图形

图 5-33　输入文本

（5）在【字符】调板中，改变文字的字体，并将字间距设置为58，如图5-34所示效果。

（6）最后在文字的下方输入英文，完成标志图形的制作，如图5-35所示效果。

图 5-34　编辑文本属性

图 5-35　完成效果

5.8 上机操作2——老紫城美食街

下面绘制美食街标志图形，对如何编辑路径形状的操作进行练习。

1. 练习目标

掌握【钢笔工具】 ◇ 绘制较为复杂图形的方法。

2. 具体操作

（1）创建一个新文档，打开本书"附带光盘/Chapter-05/素材.ai"文件，将素材图形放入到新建的文档中，效果如图5-36所示。

（2）使用【文字工具】 在视图中输入三个单独的文本，然后使用【选择工具】 调整文本的位置，效果如图5-37所示。

图 5-36　添加素材文件

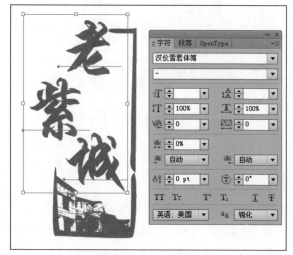

图 5-37　添加文本

（3）使用【椭圆工具】 在图形的右侧绘制五个圆形，如图5-38所示。前四个填充为紫色，第五个添加紫色的描边。

（4）使用【直排文字工具】 在视图中输入文本，效果如图5-39所示。

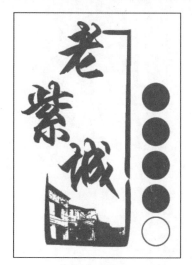

图 5-38　绘制圆形

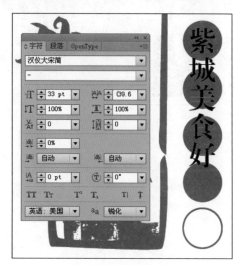

图 5-39　添加直排文本

（5）在【字符】调板中，将字间距扩大，效果如图5-40所示。

（6）使用文字工具选中"紫城美食"文本，在工具箱中双击填色按钮，打开【拾色器】对话框，将颜色设置为白色，再将"好"字设置为紫色，如图 5-41 所示。

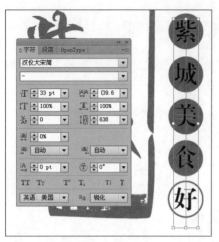

图 5-40 设置字间距

图 5-41 设置文字颜色

(7）单独选中"好"字，改变其字体，效果如图5-42所示。

(8）在图形的下面添加字母，完成图形的制作，效果如图5-43所示。

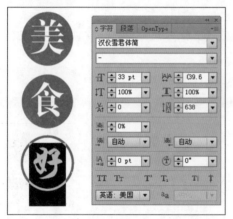

图 5-42 设置文本属性

图 5-43 完成效果

第 6 章

掌握技巧让你的工作更高效

作为一款矢量图创作软件，Illustrator 绘制和编辑图形的功能非常强大，读者可以很轻松地利用一些基础图形工具绘制图形，也可以利用钢笔工具组创建出复杂的图形。本章将详细讲解 Illustrator 中绘制和编辑图形的工具和方法。

知识导读

1. 移动、复合、群组对象
2. 对象的次序、对齐与分布
3. 变换对象
4. 使用封套
5. 使用图层
6. 使用蒙版
7. 动作

本章重点

1. 矢量图与位图的区别
2. 路径的概念
3. 如何编辑路径
4. 【路径查找器】调板的使用方法

6.1 移动对象

在 Illustrator CS6 中可以根据不同的需要灵活地选择多种方式移动对象。要移动对象，就要使被移动的对象处于选取状态。

6.1.1 使用工具箱中的工具和键盘方向键选取对象

在对象上单击并按住鼠标左键不放，拖动鼠标至需要放置对象的位置，松开鼠标左键，即可移动对象，如图 6-1 所示。选取要移动的对象，用键盘上的方向键可以微调对象的位置。

图 6-1　移动对象位置

提示：按住 Alt 键可以将对象进行移动复制，若同时按住 Alt+Shift 键，可以确保对象在水平、垂直、45°角的倍数方向上移动复制。

6.1.2 使用菜单命令

双击【选择工具】 或选择【对象】|【变换】|【移动】命令，弹出【移动】对话框，如图 6-2 所示。

- 【**水平**】 在【水平】数值框中输入对象在水平方向上移动的数值。

- 【**垂直**】 在【垂直】数值框中输入对象在垂直方向上移动的数值。

- 【**距离**】 在【距离】数值框中输入对象移动的数值。

- 【**角度**】 在【角度】数值框中输入对象移动的角度值。

- 【**复制**】 单击【复制】 复制(C) 按钮可以在移动时进行复制。

图 6-2　【移动】对话框

提示：如果对象包含图案填充，选中【变换图案】选项以移动图案；如果只想移动图案而不想移动对象，取消【变换对象】选项。

6.1.3　使用【变换】调板

选择【窗口】|【变换】命令，弹出【变换】调板，如图6-3所示，X 参数栏可以设置对象在 X 轴的位置，Y 参数栏可以设置对象在Y轴的位置。改变X轴和Y轴值，就可以移动对象。若要更改参考点的设置，可以在输入值之前单击  按钮中的一个参考基准点。

图 6-3　【变换】调板

6.2　复制对象

在 Illustrator CS6 中，对象的复制是比较常见的操作，当用户需要得到一个与所绘制的完全相同的对象，或者想要尝试某种效果而不想破坏原对象时，可创建该对象的副本。

6.2.1　使用【复制】命令

当复制对象时，要先选择所要复制的对象，然后执行【编辑】|【复制】命令，或者按 Ctrl+C 组合键，即可将所选择的信息输送到剪贴板中。

在使用剪贴板时，可根据需要对其进行一些设置，步骤如下：

（1）执行【编辑】|【首选项】|【文件处理与剪贴板】命令，将会打开【文件处理与剪贴板】界面，如图6-4所示。

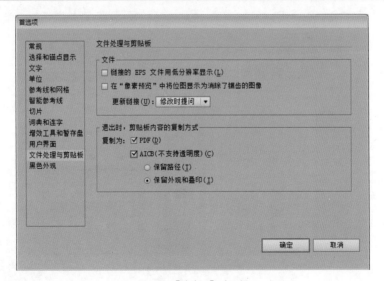

图 6-4　【首选项】对话框

（2）在该对话框【退出时，剪贴板内容的复制方式】选项组中，可以设置文件复制到剪贴板的格式。在【复制为】选项中有两个复选框，它们分别为：

● **PDF** 选择该复选框后，当在复制文件时会保留图形的透明度。

● **AICB** 当选择此选项时将不复制对象的透明度。它会将完整的有透明度的对象转换成多个不透明的小对象，它下面有两个单选项，当选择【保留路径】单选项时，将选定对象作为一组路径进行复制；而当选择【保留外观】单选项时，它将复制对象的全部外观，如对象应用的滤镜效果。

（3）当设置完成后，单击【确定】按钮确定，这时再进行复制时，所做的设置就会生效。

提示： 在进行操作时，可在其他的应用程序中选定所要复制的对象，然后执行【复制】命令，然后打开一个粘贴该对象的 Illustrator 文件，再执行【编辑】|【粘贴】命令即可。

6.2.2 使用拖放功能

有些格式的文件不能直接粘贴到 Illustrator 中，但是，可以利用其他应用程序所支持的拖放功能，拖动选定对象然后放置到 Illustrator 中。

利用拖放功能，可以在 Illustrator 和其他应用程序之间复制和移动对象。当用户在复制一个包含 PSD 数据的 OLE 对象时，可以使用 OLE 剪贴板。从 Illustrator 中或其他应用程序中拖动出的矢量图形，都可转换成位图。

当拖动一个图形到 Photoshop 窗口中时，可按下面的步骤进行：

（1）选择要复制的对象，并打开一个Photoshop图像文件窗口。

（2）在 Illustrator 中的选定对象上按下鼠标左键向 Photoshop 窗口拖动，当出现一个黑色的轮廓线时，再松开鼠标按键。

（3）这时可适当调整该对象的位置，按下Shift键，在将该对象放置到图像文件的中心。

用户也可以将 Illustrator 中的图形对象转换成路径，同样是采用拖动的方法，只是先按下 Ctrl 键再进行拖动，当松开鼠标按键时，则所选择的对象会变成一个 Photoshop 路径。默认状态下，复制的选定对象将作为活动图层，如图 6-5 所示。

图 6-5　在不同程序之间复制对象

当然，也可从 Photoshop 中拖动一个图像到 Illustrator 文件中，具体操作时只要先打开需要复制的对象，并将其选中，然后使用 Photoshop 中的移动工具拖动图像到 Illustrator 文件中即可。

6.3 群组对象

群组就是将多个独立的对象捆绑在一起，而把它们当作一个整体来进行操作，并且群组中的每个对象都保持其原来的属性。另外，也可以创建嵌套的群组，嵌套群组即由几个对象或对象群组（或者两者都有）构成的更大的群组。如果要防止相关对象的意外更改，可以把对象群组在一起，它有利于保持对象间的连接和空间关系，而嵌套群组在绘制包含多个复杂元素的图形时特别有用。

当群组对象之后，就可以整体改变各个对象的属性，而不用单独地更改其中某个对象的属性，如进行填充、变换等操作。

用户需要群组对象时，可先选定对象，然后再执行群组命令，而在对象群组后，还可以统一更改它们的属性。

当群组对象时，可按下面的步骤进行：

➡ （1）用选取工具选择需要进行群组的对象，或者选择需要构成整个对象的一部分。

➡ （2）执行【对象】|【编组】命令，也可在选定对象上右击，在弹出的快捷菜单中执行群组命令，或者使用快捷键 Ctrl+G。

➡ （3）这时选定的对象已成为一个整体，在进行移动、变换等操作时，它们都将发生改变。图6-6左图是选定的对象，右图为群组后并经过变换的效果。

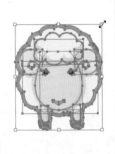

图 6-6 群组对象

6.4 对象的次序

复杂的绘图是由一系列相互重叠的对象组成的，而这些对象的排列顺序决定了图形的外观。

选择【对象】|【排列】命令，其子菜单包括 5 个命令，如图 6-7 所示，使用这些命令可以改变对象的排序。应用快捷键也可以对对象进行排序，熟记快捷键可以加快工作效率。

若要把对象移到所有对象前面，选择【对象】|【排列】|【置于顶层】命令，或按 Shift + Ctrl +] 快捷键，如图 6-8 所示。

图 6-7 对象排列子菜单

图 6-8 对象置于顶层

若要把对象移到所有对象后面，选择【对象】|【排列】|【置于底层】命令，或按 Shift + Ctrl +[快捷键，如图 6-9 所示。

若要把对象向前面移动一个位置，选择【对象】|【排列】|【前移一层】命令，或按 Ctrl+] 快捷键，如图 6-10 所示。

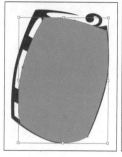

图 6-9　对象置于底层　　　　　　　　　　　　　　图 6-10　对象前移一层

若要把对象向后面移动一个位置，选择【对象】|【排列】|【后移一层】命令，或按 Ctrl+[快捷键，如图 6-11 所示。

若要把对象移到当前图层，选择【对象】|【排列】|【发送至当前图层】命令，如图 6-12 所示。

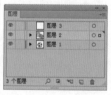

图 6-11　对象后移一层　　　　　　　　　　　　　图 6-12　发送至当前图层

6.5　对象的对齐与分布

　　有时为了达到特定的效果，需要精确对齐和分布对象，对齐和分布对象能使对象之间互相对齐或间距相等。选择【窗口】|【对齐】命令，调出【对齐】调板，如图 6-13 左图所示。单击调板右上方的三角形按钮，在弹出菜单中选择【显示选项】命令，显示【分布间距】选项组，如图 6-13 右图所示。

图 6-13　【对齐】调板

6.5.1　对象的对齐

　　【对齐】调板中【对齐对象】选项组包含 6 个对齐命令按钮:【水平左对齐】┣ 按钮、【水平居中对齐】┻ 按钮、【水平右对齐】┫ 按钮、【垂直顶对齐】┳ 按钮、【垂直居中对齐】╄ 按钮、【垂直底对齐】┻ 按钮。

図 6-14　对象对齐

　　选取要对齐的对象,单击【对齐】调板中的【对齐对象】选项组的对齐命令按钮,所有选取的对象互相对齐,如图 6-14 所示。

　　【对齐】调板中【分布对象】选项组包含 6 个分布命令按钮:【垂直顶分布】┳ 按钮、【垂直居中分布】╈ 按钮、【垂直底分布】┻ 按钮、【水平左分布】┣ 按钮、【水平居中分布】╇ 按钮、【水平右分布】┫ 按钮。

　　选取要分布的对象,单击【对齐】调板中的【分布对象】选项组的分布命令按钮,所有选取的对象之间按相等的间距分布。

6.5.2　对象的分布间距

　　如果需要指定对象间固定的分布距离,选择【对齐】调板【分布间距】选项组中的【垂直分布间距】按钮 ┇ 和【水平分布间距】按钮 ┠。

　　在【对齐】调板右下方的数值框中输入固定的分布距离,如图 6-15 左下图所示;选取要分布的多个对象,再单击被选取对象中的任意一个对象(中间对象),该对象将作为其他对象进行分布时的参照,如图 6-15 左上图所示;单击【垂直分布间距】按钮 ┇,所有被选取的对象将以参照对象为参照,按设置的数值等距离垂直分布,如图 6-15 右图所示。

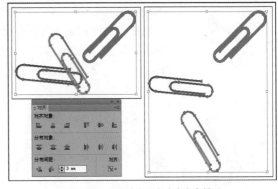

图 6-15　设置对象固定垂直分布间距

　　在【对齐】调板下方的数值框中可以设定固定的分布距离。选取要分布的多个对象,再单击被选取对象中的任意一个对象(中间对象),该对象将作为其他对象进行分布时的参照,如图 6-16 左上图所示。单击【水平分布间距】按钮 ┠,所有被选取的对象将以参照对象为参照,按设置的数值等距离水平分布,如图 6-16 下图所示。

提示:用网格和辅助线也可以对齐对象,按 Ctrl+' 快捷键显示 / 隐藏网格。

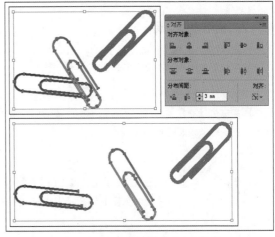

图 6-16　设置对象固定水平分布间距

6.6 变换对象

对象常见的变换操作有旋转、缩放、镜像、倾斜等。拖动对象控制手柄可以进行变换操作；也可以选择工具箱中的【旋转工具】、【镜像工具】等变换工具进行变换参数的相关设置；还可以利用【变换】调板进行精确的基本变形操作；选取对象后，选择【对象】|【变换】命令或者利用右键菜单同样可以进行变换操作。

6.7 使用工具箱中的变换工具

在 Illustrator CS6 中可以根据不同的需要灵活地选择多种方式镜像对象。水平镜像就是使对象从左到右或从右到左反转，垂直镜像就是使对象从上到下或从下到上旋转。

6.7.1 镜像对象

1. 使用边界框

使用【选择工具】选取要镜像的对象，按住鼠标左键直接拖动控制手柄到另一边，直到出现对象的蓝色虚线，松开鼠标左键就可以得到不规则的镜像对象，如图 6–17 所示。

提示：直接拖动左边或右边的控制手柄到另一边，可以得到水平镜像，如图 6–18 中图所示。直接拖动上边或下边的控制手柄到另一边，可以得到垂直镜像，如图 6–18 右图所示。按住 Alt+Shift 键，拖动控制手柄到另一边，对象会成比例地沿对角线方向镜像。按住 Alt 键，拖动控制手柄到另一边，对象会成比例地从中心镜像。

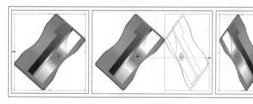

图 6-17　使用边界框镜像对象

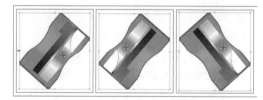

图 6-18　配合快捷键镜像对象

2. 使用镜像工具

选取对象，选择【镜像工具】，用鼠标拖动对象进行旋转，出现蓝色虚线，这样可以实现图形的旋转变换，也就是围绕对象中心的镜像变换，如图 6–19 所示。

选取对象，选择【镜像工具】，在绘图页面上任意位置单击，可以确定新的镜像轴标志 的位置，用鼠标在绘图页面上任意位置再次单击，则单击产生的点与镜像轴标志的连线成为镜像变换的镜像轴，对象在与镜像轴对称的地方生成镜像，如图 6–20 所示。

提示：使用【镜像工具】镜像对象的过程中，在拖动鼠标时按住 Alt 键即可复制镜像对象，【镜像工具】也可以用于旋转对象。

图 6-19　使用镜像工具镜像对象

图 6-20　旋转对象

6.7.2　旋转对象

在 Illustrator CS6 中可以根据不同的需要灵活地选择多种方式旋转对象。

1. 使用边界框

选取要旋转的对象，将光标移动到控制手柄上，光标变为 ↗ 时按住鼠标左键，拖动鼠标旋转对象，旋转到需要的角度后松开鼠标，如图 6-21 所示。

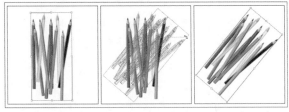

图 6-21　使用边界框旋转对象

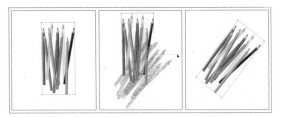

图 6-22　使用旋转工具旋转对象

2. 使用旋转工具

选取对象，选择【旋转工具】 ↻，对象的四周出现控制手柄，用鼠标拖动控制手柄即可旋转对象，对象围绕旋转中心 ✦ 旋转。Illustrator CS6 默认的旋转中心是对象的中心点，将鼠标移动到旋转中心上，按住鼠标左键拖动旋转中心到需要的位置，可以改变旋转中心，通过旋转中心使对象旋转到新的位置，如图 6-22 所示。

6.8　应用封套

封套为改变对象形状提供了一种简单有效的方法，允许通过使用鼠标移动节点来改变对象的形状。可以利用页面上的对象来制作封套，或使用预设的变形形状或网格作为封套。除图表、参考线或链接对象以外，可以在任何对象上使用封套。

封套选项决定应以哪种形式扭曲图形以适合封套，要设置封套选项，先选择封套对象，然后单击【控制】调板中的【封套选项】 ▦ 按钮，或者选择【对象】|【封套扭曲】|【封套选项】命令，弹出【封套选项】对话框，如图 6-23 所示。

●【消除锯齿】 在用封套扭曲对象时，可使用此选项来防止锯齿的产生，保持图形的清晰度。

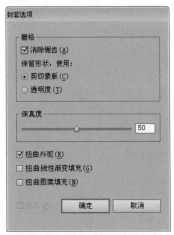

图 6-23　【封套选项】对话框

- **【剪切蒙版】** 当用非矩形封套扭曲对象时，可选择【剪切蒙版】方式保护图形。

- **【透明度】** 当用非矩形封套扭曲对象时，可选择【透明度】方式保护图形。

- **【保真度】** 指定要使对象适合封套图形的精确程度。

- **【扭曲外观】** 将对象的形状与其外观属性一起扭曲，

如已应用的效果或图形样式。

- **【扭曲线性渐变】** 将对象的形状与其线性渐变一起扭曲。

- **【扭曲图案填充】** 将对象的形状与其图案属性一起扭曲。

6.9 使用图层

当用户在 Illustrator CS6 中创建非常复杂的作品时，需要在绘图页面创建多个对象，由于各对象的大小不一致，则小的对象可能隐藏在大的对象下面，这样就不会显示所有的对象，选择和查看都很不方便，这时就可以使用图层来管理对象，图层就像一个文件夹一样，它可包含多个对象，用户可以对图层进行各种编辑，如更改图层中对象的排列层序，在一个父图层下创建子图层，在不同的图层之间移动对象，以及更改图层的排列

顺序等。

图层的结构可以是单一的或是复合的，默认状态下，在绘图页面上创建的所有对象都存放在一个单一的父图层中，用户可以创建新的图层，并移动这些对象到新层，使用【图层】调板可以很容易地选择、隐藏、锁定及更改作品的外观属性等，并可以创建一个模板图层，以在描摹作品或者从 Photoshop 导入图层时使用。

6.9.1 认识【图层】调板

当使用图层进行工作时，可以在【图层】调板中进行，在该调板中提供了几乎所有与图层有关的选项，它可以显示当前文件中所有的图层，以及图层中所包含的内容，如路径、群组、封套、复合路径及子图层等，通过对调板中的标记和按钮，以及调板菜单的操作，可以完成对图层及图层中所包含的对象的设置。

在创建作品的过程中，如果需要使用【图层】调板时，执行【窗口】|【图层】命令后，就可以打开该调板，如图 6-24 所示。

在该面板中包含多个组件，下面分别对它们进行一下介绍：

- **图层名称** 它显示当前图层的名称，默认状态下，在新建图层时，如果用户未指定名称，程序将以数字的递增为图层命名，如图层 1、图层 2 等，当然，还可以根据需要为图层重新命名。

- **名称前的三角按钮** 单击名称前的三角按钮，可以展开或折叠图层，当该按钮为 ▶ 时，表明该图层中的内容处于未显示状态，单击该按钮，就可以展开当前图层中所有的选项，查看其中的信息；而当它显示为 ▼ 时，则会显示图层中的选项，单击该按钮，就可以

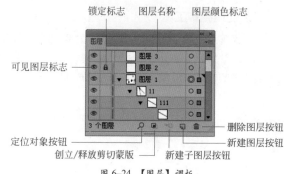

图 6-24 【图层】调板

将该图层折叠起来，这样可以节省调板的空间。

- **锁定标志** 它是指类似锁的图标，表示当前的图层处于锁定状态，此时不能对图层进行选择、删除等一些编辑，单击该图标，图层的锁定状态解除。

- **可见图层标志** 它是指调板中的眼睛图标，表示当前的图层中的对象是可见的，单击该标志可隐藏当前的图层，通过单击该图标可以控制当前图层中的对象在页面上显示与否。

- **【创建/释放蒙板】按钮** ▣：单击该按钮可将当前的图层创建为蒙板，或者将蒙板恢复为原来的状态。

- 【**新建子图层**】**按钮** 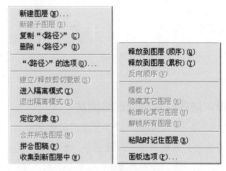：单击该按钮，可以为当前活动的图层新建一个子图层。

- 【**新建图层**】**按钮** ：单击该按钮，可在活动图层上面创建一个新的图层。

- 【**删除图层**】**按钮** ：该按钮可用于删除一个不再需要的图层。

- 【**定位对象**】**按钮** ：该按钮可定位选择对象所在的

图层。

- **图层颜色标志** 它表示当前图层的颜色色样，默认状态下各图层的颜色是不同的，用户也可在创建图层时指定自己所喜欢的颜色，这样在该图层中的对象的选择框就会显示相应的颜色。

另外，在调板的左下角显示了当前文件中所创建的图层的总数，而单击右上角的三角按钮，会弹出调板菜单。

6.9.2 编辑【图层】调板

当用户使用图层进行工作时，可以通过【图层】调板对图层进行一些编辑，如为对象创建新的图层、为当前的父图层创建子图层、为图层设置选项、合并图层、创建图层模板等，这些操作都可以通过执行调板菜单中的命令来完成。

在需要对文件中的图层进行设置时，可单击【图层】调板右上角的三角按钮，即可弹出一个调板菜单，如图6-25 所示。

在该调板中提供了多个对图层进行操作的命令，用户可通过执行相应的命令来完成对调板的编辑。

图 6-25 【图层】调板菜单

1. 新建图层

在新建一个文件的同时，默认情况下会自动创建一个透明的图层，用户可根据需要在文件中创建多个图层，而且可在父图层中嵌套多个子图层。

由于 Illustrator 会在选定图层的上面创建一个新的图层，所以在新建图层时，要选定它下面的图层，然后单击调板上的新建图层按钮，这时调板中会出现一个空白的图层，并且处于被选状态，用户这时就可在该图层中创建对象了。

如果要设置新创建的图层，可从调板菜单中选择【新建图层】命令，或者按下 Alt 键单击新建图层按钮，都可打开【图层选项】对话框，如图 6-26 所示。

在该对话框中可为图层命名，设置图层所使用的颜色等，下面对其中的各选项进行一下介绍：

- 【**名称**】 该项用于指定在调板中所显示的图层名称，用户直接在文本框内输入即可。

- 【**颜色**】 为了在页面上区分各个图层，Illustrator 会为每个图层指定一种颜色，来作为选择框的颜色，并且在调板中的图层名称后也会显示相应的颜色块。单击选项框后的下三角按钮，在弹出的下拉列表框中提供

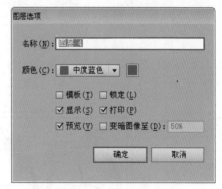

图 6-26 【图层选项】对话框

了多种颜色，当选择【自定义】选项时，会打开【颜色】对话框，用户可以从中精确定义图层的颜色，然后单击【确定】按钮，如图 6-27 所示。

- 【**模板**】 当选择该复选框后，该图层将被设置为模板，这时不能对该图层中的对象进行编辑。

- 【**锁定**】 选择该项后，新建的图层将处于锁定状态。

- 【**显示**】 该项用于设置新建图层中的对象在页面上的显示与否，当取消该复选框的选择后，对象在页面中是不可见的。

- 【**打印**】 选择该项后，则说明该图层中的对象将可以被打印出来。而取消该项的选择后，该图层中所有的

对象都不能被打印。

● 【预览】 选择该项后，表示将在预览视图中显示新图层中的对象。

● 【变暗图像至】 此项可以降低处于该图层中的图形的亮度，用户可在后面的文本框内设置其降低的百分比，默认值为50%。

如果要在当前选定的图层内创建一个子图层，可单击调板上的创建子图层按钮，或者从调板菜单中选择【新建子图层】菜单项，或者按下 Alt 键单击新建子图层按钮，可以打开【图层选项】对话框，它的设置方法与新建图层是一样的。

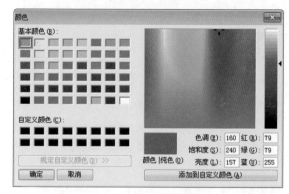

图 6-27 【颜色】对话框

 技巧： 除了前面所提到的创建图层的方法外，也可以先按下 Ctrl 键，再单击新建图层按钮，在使用这种方式时，不管当前选择的是哪一个图层，都会在图层列表的最上方创建一个新的图层。

2. 选择、复制或删除图层

当选择一个图层时，直接在图层名称上单击，这时该图层会呈高亮度显示，并在名称后出现一个当前图层指示器标志 █ ，表明该图层为活动的。按下 Shift 键可选择多个连续的图层，单击第一个和最后一个图层即可；而按下 Ctrl 键可选择多个不连续的图层，逐个单击图层即可。

在复制图层时，将会复制图层中所包含的所有对象，包括路径、群组，以至于整个图层。选择所要复制的项目后，可采用下面的几种复制方式：

● 从调板菜单中选择【复制】命令。

● 拖动选定项目到调板底部的新建图层按钮上。

● 按下 Alt 键，在选定的项目上按下鼠标左键进行拖动，当指针处于一个图层或群组上时松开鼠标，复制的选项将放置到该图层或群组中；如果指针处于两个项目之间，则会在指定位置添加复制的选项，如图 6-28所示。

图 6-28 复制图像

当删除图层或者其他项目时，它会同时删掉图层中包含的对象，如子图层、群组、路径等，操作时先选择图层或项目，然后单击调板上的删除图层按钮，或者拖动图层或项目到该按钮上，还可以执行调板菜单中的【删除】命令。

3. 隐藏或显示图层

当隐藏一个图层时，在该图层中的对象在页面上就不会显示，在【图层】调板中用户可有选择地隐藏或显示图层，例如，在创建复杂的作品时，能用快速隐藏父图层的方式隐藏多个路径、群组和子对象。

下面是几种隐藏图层的方式：

● 在调板中需要隐藏的项目前单击眼睛图标，就会隐藏该项目，而再次单击会重新显示。

● 如果在一个图层的眼睛图标上按下鼠标左键向上或向下拖动，鼠标经过的图标都会隐藏，这样就能很方便地隐藏多个图层或项目。

- 在调板中双击图层或项目名称，即可打开【图层选项】对话框，在其中取消【显示】复选框的选择，单击【确定】按钮。

- 如果隐藏【图层】调板中所有未选择的图层，可以执行调板菜单中的【隐藏其他】命令，或按下 Alt 键，单击需要显示图层的眼睛图标，图 6-29 是隐藏图层前后的对比。

- 执行调板菜单中的【显示所有图层】命令，则会显示当前文件中所有的图层。

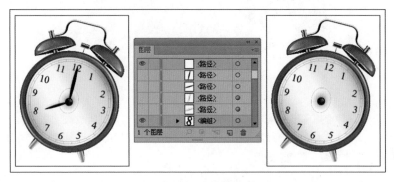

图 6-29　隐藏图层

4. 锁定图层

当锁定图层后，该图层中的对象不能再被选择或编辑，利用【图层】调板所提供的锁定父图层命令能够快速锁定多个路径、群组或子图层。

下面是几个锁定图层的具体方法：

- 在调板中需要锁定的图层或项目前单击眼睛图标右边的方框，即可锁定该图层项目，单击锁定标志会解除锁定。图 6-30 是锁定"图层 1"后的显示状态。

- 如果要锁定多个图层或项目时，可拖动鼠标经过眼睛图标右边的方框。

- 在调板中双击图层或项目名称，在打开的【图层选项】对话框中取消【锁定】复选框的选择，单击【确定】按钮。

- 当在调板中锁定所有未选择的图层时，可执行调板菜单中的【锁定其他】命令。

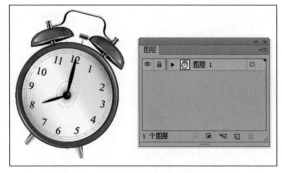

图 6-30　锁定图层

执行调板菜单中的【解除】命令可解除所有锁定的图层。

提示： 在调板中通过对图层的锁定来锁定其中的对象，与执行【对象】菜单中的命令的作用是相同的。

5. 释放和收集图层

执行【释放到图层】命令，可为选定的图层或群组创建子图层，并使其中的对象分配到创建的子图层中去。而执行【收集到新建图层】命令，可以新建一个图层，并将选定的子图层或其他选项都放到该图层中去。

下面以一个例子来说明具体的操作步骤：

（1）在调板中选择一个图层或者群组，如图6-31所示。

图 6-31　选中图层组

（2）执行调板菜单中的【释放到图层（顺序）】命令，可将该选项图层或群组内的选项按创建的顺序分离成多个子图层。而执行调板菜单中的【释放到图层（累积）】命令时，则将以数目递增的顺序释放各选项到多个子图层，图6-32是执行这两个命令后创建的效果。

（3）这时可对子图层重新组合，按住 Shift 键或者 Ctrl 键，连续或不连续选择需要收集的子图层或其他选项，然后执行调板菜单中的【收集到新建图层中】命令，即可将所选择的内容放置到一个新建的图层中，图 6-33 左图是选择的两个子图层，右图是执行命令后新建的图层。

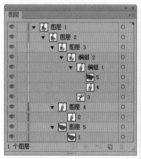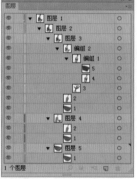

图 6-32　释放到图层

图 6-33　对子图层重新组合

6. 合并图层

当用户编辑好各个图层后，可将这些图层进行合并，或者合并图层中的路径、群组或子图层，当执行【合并所选图层】命令时，用户可以选择所要合并的选项；而执行【拼合图稿】命令，会将所有可见图层合并为单一的父图层，合并图层时，不会改变对象在页面上的层序。

如果需要将对象合并到一个单独的图层或群组中，可先在调板中选择需要合并的项目，然后执行调板菜单中的【合并图层】命令，则选择的项目会合并到最后一个选择的图层或群组中。

当合并所有图层时，先选择任意一个图层，然后执行调板菜单中的【链接图层】命令即可。

需要注意的是，该命令不能合并隐藏、锁定的图层，或者是图层模板。当存在有隐藏图层时，会出现一个提示框，询问用户是否删除隐藏的图层，用户可根据实际需要进行选择。

7. 设置面板选项

当使用【图层】调板时，可对调板进行一些设置，来更改默认情况下调板的外观，执行调板菜单中的【面板选项】命令，即可打开【图层面板选项】对话框，如图 6-34 所示。

该对话框中的选项可更改调板的外观,下面分别对它们做一下介绍:

- **【仅显示图层】** 当选择该复选框后,在调板中将只显示父图层和子图层,而隐藏路径、群组或者其他对象。

- **【行大小】** 在该选项组中,用户可以指定缩略图的尺寸,只要单击相应的单选按钮即可,当选择【其他】选项时,可自定义它的大小,默认值为 20 像素,可设置的范围为 12~100 像素。

- **【缩览图】** 在该选项中可设置缩略图中所包含的内容,选择需要显示的复选框,在调板中的缩略图中就会显示在该项目中存在的对象,如图层、群组或对象等。

图 6-34 【图层面板选项】对话框

注意: 在【图层】调板中通过缩略图可很方便地查看、定位对象,但是它会占用一些系统内存,进而影响计算机的工作速度,所以如果不必要时,可适当取消一些选项,以提高工作性能。

6.9.3 使用【图层】调板

在使用【图层】调板时不但可设置图层和其他项目,而且可以直接作用于页面上存在的对象,如前面所提到的复制、删除、隐藏或锁定图层等,这些操作会直接影响页面中的对象。另外利用该调板还可快速选择绘图页面上的对象、切换对象的显示模式、更改对象的外观属性等。

1. 选择对象

在调板中选择图层或其他项目与利用调板选择对象是不同的,当选定图层或其他项目时,在调板中它们会呈高亮度显示,并且会出现一个当前图层指示器;当选择图层或其他项目中的对象时,在调板上相应的名称后会出现图层色块,而在页面上的对象周围会出现选择框。

当使用图层调板选择对象时,可在调板的图层或其他项目名称后单击,这时在该名称后会出现图层色块,表明当前项目中的对象处于被选状态;而按下 Shift 键,连续单击其他项目,可选择多个图层或项目中的对象。

当需要选择一个图层或项目中的全部对象时,可采用下面几种方式:

- 在【图层】调板中的图层或项目名称后单击,这时将出现图层色块,指示当前图层中的所有对象被选中。

- 按下 Alt 键,在【图层】调板中单击图层或项目的名称或缩略图。

- 如果一个图层中某对象处于被选择状态,要选择在该图层中所有的对象,可执行【选择】|【对象】|【同一图层上的所有对象】命令。图 6-35(1)表示的是选定的图层,而(2)则表示选择的是图层中的对象。

图 6-35 选中对象

2. 更改对象的显示模式

在【图层】调板中,用户可以设置在【预览】或【线框】两种不同的视图模式下显示对象,当页面上存在多个对象,并且每个对象处于不同的图层时,用户可以将某个图层切换到线框模式,以显示对象的轮廓线,而另一些对象则正常显示。

当在【图层】调板中切换图形对象在页面上的显示模式时,可按下 Ctrl 键,然后单击图层前的眼睛图标,当为预览模式时,眼睛图标为实心 ⊙;当切换到线框模式后,眼睛图标会显示空心状态 ◯;按下 Alt+Ctrl 键,再单击某个图层的眼睛图标会切换调板中除该图层之外的图层到线框模式。

在调板中双击某图层，在打开的【图层选项】对话框中取消【预览】复选框的选择，也可以将该图层切换

到线框模式。图 6-36 是图形中部分对象处于线框模式下的效果。

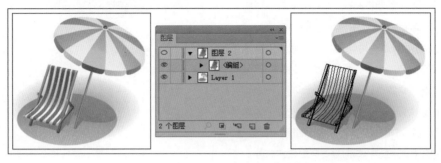

图 6-36　将图层上的图像切换到线框模式

先选择一个或多个图层，执行调板菜单中的【轮廓化所有图层】命令，它会使所有未选择的图层切换到线框模式下显示。

而从调板菜单中选择【显示所有图层】命令，可使所有的图层或项目都在预览模式下显示。

如果图层中对象是导入的位图，在默认情况下，它

在线框模式下是不显示的，如果需要显示它的线框，可执行【文件】|【文档设置】命令，打开【文件设置】对话框，在【视图】选项组中选择【在线框模式中显示位图】复选框，单击【确定】按钮关闭对话框，这时该图层将切换到线框模式，就会显示其轮廓，但是效果不是太清晰，如图 6-37 所示。

图 6-37　将位图图像切换到线框模式

3. 更改对象的外观属性

利用【图层】调板可以很容易地更改图形的外观，例如执行【效果】菜单中的命令而获得的外观属性等。如果对一个图层应用一种特殊效果，则在该图层中的所有对象都将应用这种效果，但是如果将其中的对象移动到该图层之外，它将不再具有这种效果，因为效果仅仅作用于图层，而不是图层中的对象。

在为某图形对象设置外观属性之前，如为图层、群组或其他的项目添加特殊效果时，用户必须在调板中先选中该项目，而图层或项目名称后的目标图标将会显示一个对象在图层中是否有外观属性，是否处于被选状态。下面是几种可能的情况：

- 当目标图标显示为 ○ 时，表示当前的图层或项目在页面上没有被选择对象，并且没有外观属性。

- 当目标图标显示为 ◎ 时，表示在页面上有选定的对象，但该对象没有外观属性。

- 当目标图标显示为 ◎ 时，表示在页面上的对象没有被选择，但存在于该项目中的对象有外观属性。

- 当目标图标显示为 ◎ 时，表示选择了该项目中的对象，并且对象有外观属性。

在不同的图层或项目之间，能够移动或复制某个对象的外观属性，这样可以起到统一风格的作用，而在不需要时，可以将其删除。

如果要移动对象的外观属性，先选定图层或项目，然后拖动其目标图标到需要应用的图层或项目上即可；在拖动的同时，按下 Alt 键，会起到复制对象外观属性的作用。图 6-38 左图是处于不同图层中的两个对象，其中一个具有外观属性，右图则是移动其外观对象后的效果。

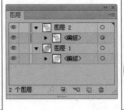

图 6-38 移动对象的外观属性

如果要删除对象的外观属性，可拖动该图层或项目的目标按钮到调板底部的删除图层按钮上再松开鼠标按键，这时图层或项目将失去所有的外观属性，如果该对象为路径，它将会只保留填充和轮廓线填充。

4. 移动对象

在利用图层创建作品时，可能需要调整各图层之间的顺序，如果改变图层的顺序，则图层中对象的位置相对于其他对象就会发生改变。在操作时，只要在图层调板中选择需要移动的图层，并按下鼠标左键进行拖动，然后放置到所需要的位置即可，则页面上对象的排列次序也会发生相应的改变，如图 6-39 所示。

采用这种拖动的方式，不但可以更改图层或项目的顺序，而且也可以改变它们之间的关系，如可以将子图层转换为父图层，或将父图层转换成子图层。

如果需要整体调整图层之间的顺序，或者是一个父图层中所有子图层中的顺序，可选中所要更改的项目，然后执行调板中的【反向顺序】命令，它们的顺序就会发生整体的改变，而页面上的对象也会随之改变。

当使用图层时，可以先创建所需要的图层，然后从【图层】调板中逐个选择图层，并在页面上创建对象，也可以在创建作品的过程中随时创建图层，还可以在一个图层中创建完成各个对象后，再把它们分配到相应的图层中。

当指定一个对象到图层时，可用选择工具先选择该对象，并从调板中选择所要放置到的图层，然后执行【移到当前图层】命令，即可将该对象放到选定的图层中。

图 6-39 移动对象

另外，也可以执行复制或粘贴命令，完成在图层之间对象的移动，在调板菜单中的【粘贴存储图层】命令可以设置对象粘贴的位置，默认状态下，该项处于未选择状态，这时可将复制的对象粘贴到当前活动的图层中；而选择该命令后，对象将粘贴到原来复制对象的图层中，不管当前活动的是哪一个图层。

5. 图层模板

如果用户要在一个现有对象的基础上绘制新的图形，例如对导入的位图进行描摹时，可在【图层】调板中创建一个特殊的图层，即模板图层，存于这种图层中的对象不能被选择或编辑，并且不会被打印或导出。

当将一个图层设置为模板图层时，可双击该图层的名称，在打开的【图层选项】对话框选择【模板】复选框，单击【确定】按钮。或者先选择该图层，然后执行调板菜单中的【模板】命令，这时眼睛图标变成模板图标 ，并且图层的名称用斜体字表示，以和普通的图层区分，而在页面上的图形也会发生颜色的改变，并且被自动锁定，如图 6-40 所示。

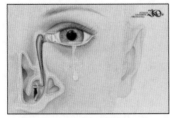

图 6-40 图层模板

另外，当用户在绘图页面上用选取工具选中对象后，能在调板中准确地定位对象，尤其是当所有的图层都折叠起来时。如果选择多个对象，然后从调板菜单中选择【定位对象】命令，它将定位处于最前面的对象。

6.10 使用蒙版

蒙版是一种高级的图形选择和处理技术，当用户需要改变图形对象某个区域的颜色，或者要对该区域单独应用滤镜或其他效果时，可以使用蒙版来分离或保护其余的部分。当选择某个图形的部分区域时，未选中区域将"被蒙版"或受保护以免被编辑。当然，用户也可以在进行复杂的图形编辑时使用蒙版。

通常在页面上绘制的路径都可生成蒙版，它可以是各种形状的开放或闭合路径、复合路径，或者文本对象，或者是经过各种变换后的图形对象。

而被蒙版的对象可以是在 Illustrator 中直接绘制的，也可以是从其他应用程序中导入的矢量图或位图文件，在"预览"视图模式下，在蒙版以外的部分不会显示，并且不会打印出来，而在"线框"视图模式下，所有对象的轮廓线就会显示出来。

在创建蒙版时，可以使用【对象】菜单中的命令或者【图层】调板来创建透明的蒙版，用户也能够使用【透明】调板创建半透明的蒙版。当一个对象被定义成蒙版后，就会在被蒙版的图形或位图图像上修剪出该对象的形状，并且可以进行各种变换，如旋转、扭曲等，这样就可控制被蒙版对象的显示情况。

6.10.1 透明蒙版

将一个对象创建为透明的蒙版后，该对象的内部将变得完全透明，这样就可以显示下面的被蒙版对象，同时可以挡住不需要显示或打印的部分。在创建蒙版时，可以使用【对象】菜单中的创建蒙版命令，也可以在【图层】调板中进行。

1. 创建与释放蒙版

执行【对象】|【剪切蒙版】|【建立】命令，可以将一个单一的路径或复合路径创建为透明的蒙版，它将修剪被蒙版图形的一部分，并只显示蒙版区域内的内容。

用户可以直接在绘制的图形上创建蒙版，或者在导入的位图上创建。下面以一个例子来说明具体的操作步骤：

⬇（1）在创建蒙版前，确保要创建为蒙版的对象处于所有图形对象的最上方，必要时可执行【排列】|【置于顶层】命令，将对象放置到最上方。

图 6–41 是一张导入的位图和要创建为蒙版的对象。

⬇（2）用选取工具同时选中需要作为蒙版的对象和被蒙版的图形，然后执行【对象】|【剪切蒙版】|【建立】命令，或者单击【图层】调板底部的【创建 / 释放蒙版】按钮 ▣ ，也可以执行调板菜单中的【创建蒙版】命令。

这时作为蒙版的对象将失去原来的着色属性，而成为一个无填充或轮廓线填充的对象，如图 6–42 所示。

图6-41 创建蒙版对象

图6-42 创建蒙版后效果

⬇（3）当完成蒙版的创建后，还可为它应用填充或轮廓线填充，操作时使用【直接选择工具】▶选中蒙版对象，这时可利用工具箱中的填充或轮廓线填充工具，或使用【颜色】调板对蒙版进行填充，但是只有轮廓线填充是可见的，而对象的内部填充会被隐藏到被蒙版对象的下方。图6-43是经过移动被蒙版对象后显示的填充效果。

⬇（4）这时还可以对蒙版进行变换，操作时只要用【直接选择工具】▶选中蒙版，然后再使用各种变换工具对其进行适当的变形即可，如图6-44所示。

图6-43 移动被蒙版对象

图6-44 变形蒙版

创建透明蒙版的对象除了普通的路径、复合路径和群组外，还可以是文本对象，其方法与上面所说的步骤是一样的，即先用文本工具输入所需要的文字，并使其处于最前面，然后同时选中文本对象和被蒙版的图形，执行【对象】|【剪切蒙版】|【建立】命令，或右击所选对象，在弹出的快捷菜单中执行【建立】命令，或者按Ctrl+7组合键，都可将文本对象创建为一个透明的蒙版，如图6-45所示。

在【图层】调板中创建蒙版时，要注意下面的几个问题：

● 蒙版和被蒙版的图形对象必须处于相同的图层或群组中。

● 在调板中处于最高层级的父图层不能应用蒙版，但是可以在其包含的子图层或其他项目中应用。

● 无论当前所选定对象的填充或轮廓线属性如何，当定义为蒙版后，它都会转换为无填充或轮廓线填充的

图6-45 创建透明蒙版

对象。

当撤销蒙版效果，恢复对象原来的属性时，可使用直接选择工具或拖动产生一个选择框选中蒙版对象，然后执行【对象】|【剪切蒙版】|【释放】命令即可。

如果是在【图层】调板中操作，可先选择包含蒙版的图层或群组，并执行调板菜单中的【释放蒙版】命令，或者单击调板底部的【创建/释放蒙版】按钮。

另外，选择蒙版对象右击，在弹出的快捷菜单中执行【释放蒙版】命令，或者按Alt+Ctrl+7组合键也可撤销蒙版效果。

2. 编辑蒙版

当完成蒙版的创建，或者打开一个已应用蒙版的文件后，还可以对其进行一些编辑，如查看、选择蒙版或增加、减少蒙版区域等。

当查看一个对象是否为蒙版时，可在页面上选择该对象，然后执行【窗口】|【图层】命令，打开【图层】调板，并单击右上角的三角按钮，执行调板菜单中的【定位对象】命令，当蒙版为一个路径时，它的名称下会出现一条下划线；而蒙版为一个群组时，其名称下会出现呈虚线的分隔符。

蒙版和被蒙版图形能像普通对象一样被选择或修改，由于被蒙版图形在默认情况下是未锁定的，用户可以先将蒙版锁定，然后再进行编辑，这样就不会影响被蒙版的图形，操作时用【直接选择工具】 选中需要锁定的蒙版，然后执行【对象】|【锁定】|【所选对象】命令，这时不能再用直接选择工具移动被蒙版图形中单独的对象。

当选择蒙版时，可执行【选择】|【对象】|【剪切蒙版】命令，它可以查找和选择文件中应用的所有蒙版，如果页面上有非蒙版对象处于选定状态时，它会取消其选择；如果要选择被蒙版图形中的对象时，可使用编组选择工

具，单击选择的单个对象，连续单击可相应地选择被蒙版图形中的其他对象。

当向被蒙版图形中添加一个对象时，可先将其选中，并拖动到蒙版的前面，然后执行【编辑】|【粘贴】命令，再使用直接选择工具选中被蒙版图形中的对象，这时执行【编辑】|【贴在前面】或者【编辑】|【贴在后面】命令，该对象就会被相应地粘贴到被蒙版图形的前面或后面，并成为图形的一部分。如图 6-46 所示。

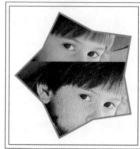 

图 6-46　向蒙版中添加一个对象

如果要在被蒙版图形中删除一个对象，可使用直接选择工具选中该对象，然后执行【编辑】|【粘贴】命令即可；如果是在【图层】调板中，可选中该项目，再单击调板底部的删除选项按钮，这时就会全部显示被蒙版的图形。

提示：由于位图图像文件颜色丰富，生动自然，用户可根据需要导入位图文件来作为被蒙版的对象，这样可以创建各种特殊的效果。

6.10.2　创建不透明蒙版

除了完全透明的蒙版，用户也可在【透明度】调板中创建不透明的蒙版，如果一个对象应用了图案或渐变填充，当它作为蒙版后，其填充依然是可见的，利用它的这种特性，可以隐藏被蒙版图形的部分亮度。

当创建一个不透明的蒙版时，可参照下面的步骤进行：

⬇（1）选择至少两个对象或群组，由于Illustrator会将选定的最上面的对象作为蒙版，所以在创建之前，要调整好各对象之间的顺序。

⬇（2）执行【窗口】|【透明度】命令，启用【透明度】调板，并单击调板右上角的三角按钮，在弹出的调板菜单中选择【创建不透明蒙版】命令。或者直接在页面上选择一个对象或群组，这时在【透明度】调板中会出现该对象的缩略图，双击其右侧的空白处就会创建一个空白的蒙版，并自动进入蒙版编辑模式，这时再使用绘制工具创建要作为蒙版的对象，图6-47是用两个对象创建的不透明蒙版。

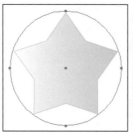

图 6-47　创建不透明蒙版

（3）这时在该调板中将显示蒙版对象的缩略图，默认状态下，蒙版和被蒙版图形是链接在一起的，它们可作为一个整体移动，单击两个缩略图之间的链接标志，或者执行调板菜单中的【解除不透明蒙版的链接】命令，将会解除链接，这时它们就可以通过直接选择工具进行移动，并可编辑被蒙版的图形。再次单击该标志，或者执行调板菜单中的【链接不透明蒙版】命令，它们又会重新链接。

（4）如果用户需要对蒙版进行一些编辑，可以在【透明度】调板上单击蒙版缩略图，此时可以进入蒙版编辑模式，用户可使用各种工具对其进行修改，改变后的外观会显示在调板的缩略图中，当编辑好之后，单击左侧的被蒙版图形的缩略图退出编辑模式，图6-48是对蒙版进行修改之后的效果。

图 6-48　修改图层蒙版

（5）这时调板中的【修剪】和【反转蒙版】复选框将变得可用，当选择第一个复选框后，它使蒙版不透明，而使被蒙版图形完全透明；而第二个复选框则反转蒙版区域内的亮度值，例如它的不透明度原来是80%，而反转后将是20%；同时选择这两个将创建一个剪切和反转亮度的效果，图6-49分别为选择不同的复选框时的显示效果。

未选择复选框　　　选择【剪切】复选框　　　选择【反相蒙版】复选框　　　两个复选框全选

图 6-49　【透明度】调板中复选框的作用

当释放不透明蒙版时，可执行调板菜单中的【释放不透明蒙版】命令，这时被蒙版的图形将会显示。

执行调板菜单中【停用不透明蒙版】命令，这样可取消蒙版效果，但不删除该对象，这时一个红色的 X 标志将出现在右侧的缩略图上，而选择【启用不透明蒙版】命令项即可恢复。

技巧：在创建不透明调板的过程中，如果需要对蒙版的对象进行编辑，可按下 Alt 键，再单击【透明度】调板中的蒙版图形缩略图，这时只有蒙版对象在文档窗口中显示。

6.11 动作

动作就是对单个文件或一批文件回放一系列命令，大多数命令和工具的操作都可以记录在动作中，动作是快捷批处理的基础，快捷批处理就是自动处理默认的或已录制好的动作。

用户可进行下列有关动作的编辑：如重新排列动作、在一个动作内重新整理命令及其运行顺序，添加命令到动作中、使用对话框为动作录制新的命令或参数，更改动作选项等。

6.11.1 认识【动作】调板

通过在【动作】调板进行操作，可以录制、播放、编辑和删除动作，或者保存、加载或替换动作组。

执行【窗口】|【动作】命令，即可打开【动作】调板。单击调板右上角的三角按钮，在弹出的调板菜单中选择【按钮模式】命令，即可切换到按钮模式下，这时它不能展开或折叠命令集和名项命令，图 6-50 是默认显示模式下的【动作】调板。

在【动作】调板中包括下面几个组件：

- **动作集名称** 它指默认情况下的动作集名称，在该默认文件夹下包含了多个可执行的动作组，单击名称前的三角按钮，就可显示其下面的动作集合。

- **切换对话框开/关** 该标志用于指定在录制或播放动作的过程中是否显示该动作设置参数的对话框，默认情况下会显示这个标志，它会在录制或播放的过程中打开相应的动作设置对话框，如果取消该标志，它会以各动作的默认值来播放动作，而不会出现其对话框。

- **切换项目开/关** 在动作集名称及展开的动作名称前都有一个"√"标志，单击该标志，可以控制动作的执行与否。其中，在文件夹名称前的标志会影响其中包含的所有动作的执行情况；如果是动作之前，则只有该动作不能执行，这时在文件夹名称前的标志呈红色

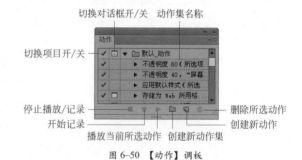

图 6-50 【动作】调板

显示。

- **【停止播放/录制】按钮** ■ 单击该按钮可以停止正在播放或记录的动作。

- **【开始记录】按钮** ● 单击该按钮就可以开始记录新的动作。

- **【播放当前所选动作】按钮** ▶ 单击该按钮可从当前所选择的动作向下播放动作组中所有命令。

- **【创建新动作集】按钮** ▢ 单击该按钮可以创建一个新的动作集合。

- **【创建新动作】按钮** ▢ 该按钮用来创建新的动作。

- **【删除所选动作】按钮** 🗑 当选择需要删除的动作或集合后，单击该按钮可将该项从调板中删除。

6.11.2 编辑动作

在使用动作时，用户可以直接利用默认的动作，而

且可根据需要创建动作，当创建或者对动作进行各种编

辑时，可以利用调板菜单中所提供的命令来实现，单击调板右上角的三角按钮，即可弹出该调板的选项菜单，执行这些命令，可以完成对动作的编辑工作。

当用户创建一个动作时，Illustrator CS6 会记录所使用的命令（包括指定的参数）、调板和工具等内容。

> ⬇（1）打开一个文件，在【动作】调板中单击【创建新动作集】按钮 📁，或执行调板菜单中的【新建动作集】命令，还可单击一个现有的动作集，以添加一个新的动作到此集。
>
> ⬇（2）在调板中单击【创建新动作】按钮 ⬚，或者从调板菜单中选择【新建动作】命令，即可打开【新建动作】对话框，如图6-51所示。

在该对话框中可设置新动作的有关选项，在【名称】文本框内可为新创建的动作命名，而在【动作集】项显示了当前集的名称，用户在【功能键】项中可以设置执

不能录制的命令包括更改视图的命令、显示或隐藏调板的命令、【效果】菜单中的命令、【渐变工具】 🔲、【网格工具】 🔳、【吸管工具】 🖉 等。

具体的操作步骤如下：

图 6-51 【新建动作】对话框

行该命令的快捷键，【颜色】项则用来指定在【动作】调板中显示的颜色。

> ⬇（3）当完成设置后，单击【确定】按钮，这时调板中的【开始记录】按钮 ⬤ 会变为红色。
>
> ⬇（4）用户这时可执行所要记录的各个动作，当完成后，单击【停止播放／记录】按钮 ⬛，如在记录未完成时，单击该按钮，执行调板菜单中【再次记录】命令即可重新开始记录动作。
>
> ⬇（5）如果要保存所创建的动作，可执行调板菜单中的【存储动作】命令，即可打开【保存】对话框，在其中指定该动作的名称和位置后，单击【保存】按钮。默认情况下，该动作集会保存在 Illustrator 的 Actions Sets 文件夹下。
>
> ⬇（6）如果要替换所有的动作，可执行调板菜单中的【替换动作】命令，在打开的【替换动作】对话框中查找和选择一个文件的名称，然后单击【打开】按钮。由于执行该命令，将替换当前文件中所有的动作，所以最好先做好一个备份，然后再进行替换。

技巧：在创建动作时，按下 Alt 键，并单击调板底部的【创建新动作】按钮 ⬚，即可创建一个动作并进入记录状态。

在记录动作的过程中，可以利用调板菜单中的命令并根据需要插入一些项目，其中包括：

● **【插入菜单项】** 当选择一个动作后，执行调板菜单中的【插入菜单项】命令，即可打开该对话框，如图6-52所示。

用户可以在选定的动作名称前插入一个新的动作集，也可在【查找】文本框内输入所要使用的动作名称，

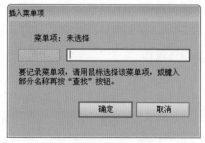

图 6-52 【插入菜单项】对话框

Illustrator 就会自动开始查找。

- ●【记录停止】 在动作的记录或播放过程中，可根据需要在记录过程中加入一些人为的停顿，以更好地控制动作的记录与播放，选择在其下面插入的动作或命令，然后执行调板菜单中的【记录停止】命令，即可打开【记录停止】对话框，如图 6-53 所示。

  在【信息】文本框内输入停止时所要显示的信息，当选择【允许继续】复选框后，就可暂时停止录制，而执行【允许继续】命令可继续进行，完成设置后，单击【确定】按钮。

- ●【插入选择路径】 在记录动作时，也可以记录一个路径来作为动作的一部分，操作时可选择一个路径，然后执行面板菜单中的【插入选择路径】命令即可。

- ●【选择对象】 执行【选择对象】命令可打开【设置选择对象】对话框，如图 6-54 所示。

  在该对话框中用户可为对象添加一些说明性的信息，在文本框内输入合适的提示内容，当使用双字节语言时，选择【全字匹配】和【区分大小写】两个复选框会严格按照所输入的内容进行确认。

  在播放一个动作时，可选中该动作，单击调板底部的【播放当前所选动作】按钮 ▶，或者从调板菜单中选择【播放】命令，即可播放该动作。

  如果要调整动作的位置，如移动一个动作到不同的动作集，可在调板中直接拖动，这时会出现一条高亮显示的线，到合适位置时，再松开鼠标按键，也可以在同一个动作内更改各命令的位置。

  当需要复制一个动作集或单独的动作时，可执行调板菜单中的【复制】命令，也可按下鼠标左键拖动一个

图 6-53 【记录停止】对话框

图 6-54 【设置选择对象】对话框

动作或命令到【创建新动作集】按钮 📁 或【创建新动作】按钮 🖬 上，即可复制相应的内容。

如果需要删除某个动作时，可先进行选择，然后执行调板菜单中的【删除】命令，而【清除动作】命令则可删除当前文件中所有的动作。

如果要为一个动作集或动作重新命名，或者更改其他设置，可在调板中双击该项目的名称，即可打开相应的对话框，在其中重新设置后，单击【确定】按钮即可。

6.12 上机操作 1——绘制闹钟图形

下面绘制烟灰缸图形，对绘制基础图形和编辑基础图形等知识进行练习。

1. 练习目标

掌握【椭圆工具】 ⬭ 、【钢笔工具】 🖊 及【路径查找器】调板等功能在实际绘图中的使用方法。

2. 具体操作

⬇（1）执行【文件】|【新建】命令，打开【新建文档】对话框，创建一个宽度为210mm、高度为210mm的新文档，并设置文档名称为"烟灰缸"，其中颜色模式为CMYK，单击【确定】按钮完成设置。

（2）选择工具箱中的【椭圆工具】 ⬭ ，配合键盘上的Alt键在视图中绘制同心圆，如图6-55所示。选中绘制的同心圆图形，单击【路径查找器】调板中【减去顶层】按钮 ⬒ ，修剪图形为镂空效果，并为图形填充黄色（C：11、M：13、Y：83、K：0）。

（3）分别使用工具箱中的【椭圆工具】 ⬭ 和【钢笔工具】 ✎ 在视图中绘制烟灰缸图形，参照图6-56所示，在【渐变】调板中为图形设置渐变色，得到烟灰缸的基本结构。

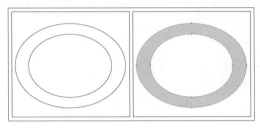

图 6-55 创建圆环图形

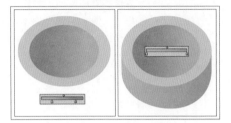

图 6-56 设置渐变色

（4）参照图6-57所示，使用【钢笔工具】 ✎ 在烟灰缸边缘绘制曲线图形。选择刚刚绘制的曲线和烟灰缸边缘图形，单击【路径查找器】调板中【减去顶层】 ⬒ 按钮，修剪图形。

（5）使用【钢笔工具】 ✎ 在烟灰缸缺口位置绘制曲线图形，在【渐变】调板中为图形设置渐变色并取消轮廓线的填充，得到图6-58所示的凹面效果。

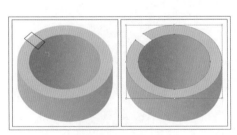

图 6-57 修剪图形

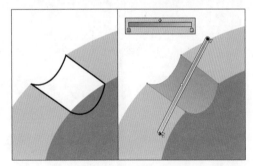

图 6-58 设置渐变色

（6）使用相同的方法，继续在烟灰缸边缘绘制凹面图形，分别设置图形的渐变色，得到图6-59所示的立体效果。

（7）使用工具箱中的【钢笔工具】 ✎ 继续在烟灰缸内侧绘制图6-60所示的立体效果。

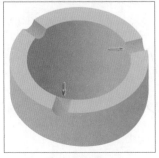

图 6-59 绘制立体效果

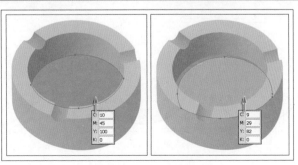

图 6-60 绘制细节图形

（8）分别使用工具箱中【钢笔工具】 🖊 和【椭圆工具】 ⬭ 在视图中绘制香烟图形，为图形设置颜色并取消轮廓线的填充，如图6-61所示。

（9）参照图6-62所示，为香烟绘制细节图形。然后选择烟嘴位置的装饰图形，在【透明度】调板中为图形设置【不透明度】为70%。

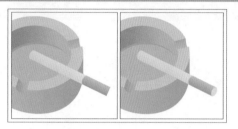

图 6-61 绘制香烟图形

图 6-62 为香烟绘制细节图形

（10）接下来使用【钢笔工具】 🖊 在视图中绘制橘黄色（C：8、M：51、Y：88、K：0）图形。然后调整该图形到香烟的下方位置，并在【透明度】调板中为图形设置【不透明度】参数为45%，得到图6-63所示的投影效果。

（11）参照图6-64所示，使用【钢笔工具】 🖊 在香烟上方绘制烟熏效果。

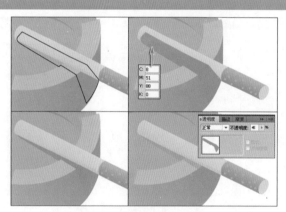

图 6-63 为香烟绘制投影效果

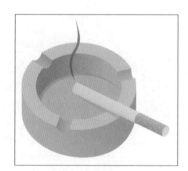

图 6-64 绘制烟熏

（12）参照图6-65所示，在视图中为烟灰缸和香烟图形底部绘制黑色投影图形。

（13）选择绘制的黑色投影图形，执行【效果】|【风格化】|【羽化】命令，打开【羽化】对话框，参照图6-66所示，在对话框中设置【羽化半径】参数为5mm，单击【确定】按钮完成设置，为图形添加羽化效果。

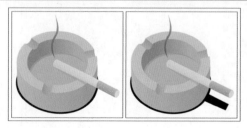

图 6-65 绘制投影效果

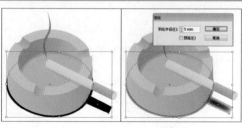

图 6-66 添加羽化效果

（14）参照图6-67所示，在【透明度】调板中分别为投影图形设置透明度。

（15）至此完成该实例的制作，效果如图6-68所示。

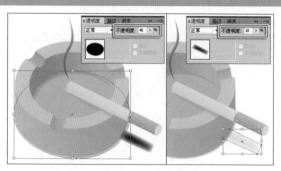

图 6-67　设置透明度

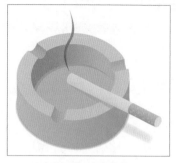

图 6-68　完成效果

6.13　上机操作 2——绘制装饰图形

下面绘制卡通娃娃图形，对如何编辑路径形状进行练习。

1. 练习目标

掌握【钢笔工具】绘制较为复杂图形的方法。

2. 具体操作

（1）执行【文件】|【新建】命令，打开【新建文档】对话框，参照图6-69所示在对话框中设置页面大小，单击【确定】按钮，即可创建一个新文档。

（2）选择工具箱中的【矩形工具】，贴齐视图绘制同等大小的矩形。然后参照图6-70所示，在【渐变】调板中为矩形设置渐变色。

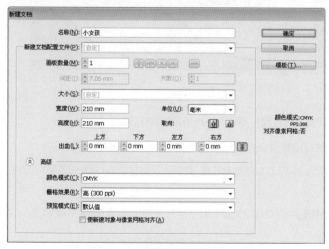

图 6-69　【新建文档】对话框

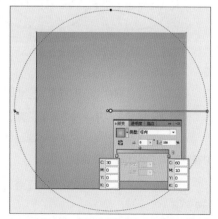

图 6-70　为矩形添加渐变填充

（3）选择工具箱中的【钢笔工具】，在视图中为女孩绘制脸部和头发图形，分别为图形设置填色和描边效果，如图6-71所示。

（4）使用工具箱中的【钢笔工具】为女孩绘制眼睛图形。参照图6-72所示，在【渐变】调板中为图形设置渐变色。

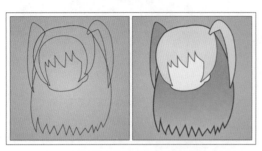

图 6-71　绘制女孩轮廓图形

图 6-72　设置渐变色

（5）参照图6-73所示，使用【钢笔工具】继续为女孩绘制眼睛、眉和嘴巴图形。按快捷键Ctrl+G将绘制的五官图形编组。

（6）选择工具箱中的【椭圆工具】，在脸部绘制粉红色（C：0%、M：24%、Y：13%、K：0%）椭圆形。执行【效果】|【风格化】|【羽化】命令，打开【羽化】对话框，参照图6-74所示在对话框中设置【羽化半径】参数为2.74mm，单击【确定】按钮完成设置。

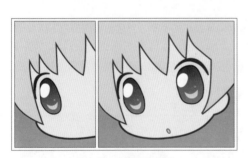

图 6-73　绘制五官图形

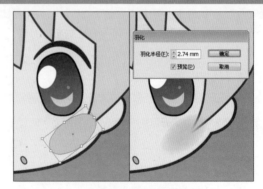

图 6-74　应用羽化效果

（7）配合键盘上的Alt键复制羽化图形，调整图形位置，得到图6-75所示的腮红效果。

（8）使用工具箱中的【钢笔工具】为女孩绘制图6-76所示的细节图形，并分别设置图形的颜色。

（9）参照图6-77所示，继续使用【钢笔工具】为女孩绘制衣服、蝴蝶结及胳膊图形，分别设置图形颜色，并按快捷键 Ctrl+G 将图形编组。

（10）选择工具箱中的【钢笔工具】，在视图中为女孩绘制腿和鞋子图形，分别设置图形颜色，得到图 6-78 所示效果。

图 6-75 添加腮红效果

图 6-76 为头发绘制细节图形

图 6-77 绘制衣服图形

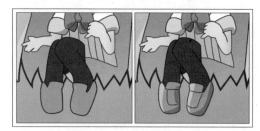

图 6-78 绘制鞋

⬇（11）使用工具箱中的【钢笔工具】 ✒，为女孩绘制图 6-79 所示的短裙图形，并设置图形颜色与位置。

⬇（12）参照图 6-80 所示，使用【钢笔工具】 ✒，继续在视图中绘制钱包、手提袋和小鸡图形，分别将绘制的装饰图形编组，完成本实例的制作，效果如图 6-81 所示。

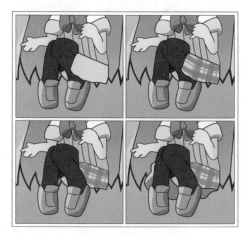

图 6-79 绘制裙子图形

图 6-80 绘制装饰图形

图 6-81 完成效果

第7章

为矢量图和位图添加特殊效果

在 Illustrator CS6 中，可以使用滤镜效果对图形或图像做进一步的处理。使用滤镜可以使图形或图像产生色彩或形状上的变化，从而得到一些绚丽的效果，如为图形添加投影、模糊效果，还可以为图形添加各种位图图像的效果，如彩色铅笔、蜡笔、炭笔等特殊效果。本章将讲述如何为图形和位图添加特殊效果。

知识导读

1. 使用 3D 效果
2. 为矢量图添加特殊效果
3. 为位图添加特殊效果

本章重点

1. 如何使用 3D 立体效果
2. 为位图添加特殊效果

7.1 使用 3D 效果

在 Illustrator 中,可以将所有二维形状、文字转换为 3D 形状。在 3D 选项对话框中,可以改变 3D 形状的透视、旋转,并添加光亮和表面属性。另外,3D 效果也可以在任何时候编辑源对象,并可即时观察到 3D 形状随之而来的变化,如图 7-1 所示。

图 7-1　3D 效果

添加 3D 效果后,该效果会在【外观】调板上显示出来,和其他外观属性相同,用户也可以编辑 3D 效果,并可以在调板叠放顺序中改变该效果的位置、复制或删除该效果。用户还可以将 3D 效果存储为可重复使用的图形样式,以便在以后可以对许多对象应用此效果,如图 7-2 所示。

图 7-2　改变效果

7.1.1 凸出和斜角

创建 3D 效果时,首先创建一个封闭路径,该路径可以包括一个描边、一个填充或两者都有。选中对象后执行【效果】|3D|【凸出和斜角】命令,打开【3D 凸出和斜角选项】对话框。对话框上半部分包含旋转和透视选项,现在主要看一下【凸出和斜角】选项组中的内容。

图 7-3　【3D 凸出和斜角选项】对话框

● **【凸出厚度】** 可设置 2D 对象需要被挤压的厚度，如图 7-4 所示。

图 7-4　不同的厚度效果

● **【端点】** 单击选中【开启端点以建立实心外观】按钮 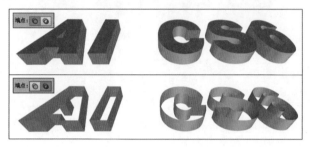 后，可以创建实心的 3D 效果，单击【关闭端点以建立空心外观】按钮 后，可创建空心外观，效果如图 7-5 所示。

图 7-5　创建实心或空心效果

● **【斜角】** Illustrator 提供了十种不同的斜角样式供用户选择，还可以在后面的参数栏中输入数值，来定义倾斜的高度值，如图 7-6 所示。

图 7-6　不同斜角效果

7.1.2　绕转

　　通过绕 Y 轴旋转对象，可以创建 3D 绕转对象，和填充对象相同，实心描边也可以实现。旋转路径后，执行【效果】|3D|【绕转】命令，在【3D 绕转选项】对话框，如图 7-7 所示，用户可以在【角度】参数栏中输入 1°~360° 的数值来设置想要将对象旋转的角度，或通过滑块来设置角度。一个被旋转了 360° 的对象看起来是实心的，而一个旋转角度低于 360° 的对象会呈现出被分割开的效果。

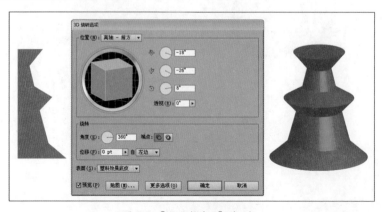

图 7-7　【3D 绕转选项】对话框

7.1.3　旋转

　　执行【效果】|3D|【旋转】命令,打开【3D旋转选项】对话框,该对话框可用于旋转 2D 和 3D 的形状。可以从【位置】下拉列表框中选取预设的旋转角度,或在 X、Y、Z 参数栏中输入 -180° ～ 180° 之间的数值,控制旋转的角度,如图 7-8 所示。

　　如果想手动旋转对象,单击立方体一个表面的边缘同时拖动即可,每一个平面的边缘都以对应的颜色高光,这样用户就可以知道是通过对象 3 个平面的哪个平面进行旋转的,红颜色代表对象的 Z 轴,对象的旋转限制在某一特殊轴的平面里。记住,必须拖动立方体的边缘才能束缚旋转,在拖动时注意相应的参数栏里的数值变化。如果想相对 3 个轴旋转对象,直接单击立方体的一个表面并拖动,或单击立方体后的黑色区域并拖动,3 个参数栏的数值都会改变。如果用户只是想旋转对象,在圆内、立方体外单击并拖动即可。

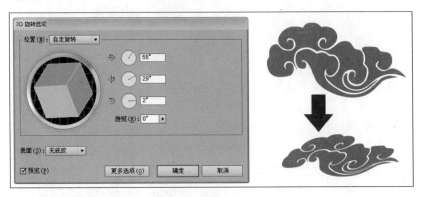

图 7-8　旋转对象

7.1.4　增加透视变化

　　在 3D 选项对话框中,可以通过更改【透视】参数栏的数值,为添加 3D 效果的对象增加透视变化,效果如图 7-9 所示。小一点的数值,模拟相机远景的效果,大一点的数值模拟相机广角的效果。

图 7-9　不同的透视效果

7.1.5　表面纹理

　　Illustrator 提供了很多选项来对 3D 对象添加底纹,还可选择给对象加上灯光效果,增加更多的变化效果。

　　【表面】选项组包含 4 个选项,下面分别介绍。

● 【线框】 对象将会产生透明效果,该对象的轮廓与描述对象几何特征的轮廓重叠,效果如图 7-10 所示。

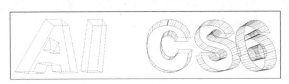

图 7-10　线框效果

123

●【无底纹】 选中该选项后，将产生无差别化的表面平面效果，如图 7-11 所示。

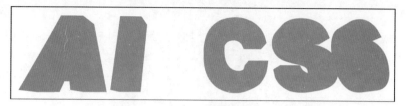

图 7-11　无底纹效果

●【扩散底纹】 选中该选项后，产生的视觉效果是有柔和的光线投射到对象表面，效果如图 7-12 所示。

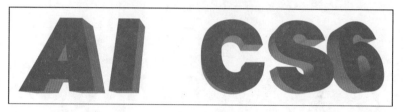

图 7-12　扩散底纹效果

●【塑料效果底纹】 该选项会使添加 3D 效果的对象产生模拟发光、反光的塑料效果，如图 7-13 所示，该效果与【扩散底纹】效果相似。

图 7-13　塑料效果底纹

当选择了【扩散底纹】或是【塑料效果底纹】选项后，用户可以通过调整照亮对象的光源方向和强度，来进一步完善对象的视觉效果。单击【更多选项】按钮，将完全展开对话框，然后用户可以改变【光源强度】、【环境光】、【高光强度】等参数设置，创建出无数个变化方案，效果如图 7-14 所示。

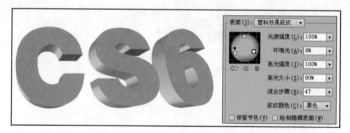

图 7-14　不同的表面纹理效果

7.1.6　添加贴图

Illustrator 可以将艺术对象映射到 2D 或是 3D 形状的表面。单击【3D 凸出和斜角选项】或是【3D 绕转选项】对话框中的【贴图】按钮，可打开【贴图】对话框，如图 7-15 左图所示。

图 7-15　添加贴图

在具体操作时，首先通过单击【表面】右侧的箭头按钮，选择需要添加贴图的面，然后在【符号】下拉列表中选择一个选项，将其应用到所选的面上，通过在预览框中拖动控制柄调整贴图的大小、位置和旋转方向。用户可自定一个贴图，将其添加到【符号】调板中，然后通过【贴图】对话框应用到对象的表面上。

7.2　为矢量图添加特殊效果

要为绘制的矢量图形应用效果，需要选择对应的矢量滤镜组，包括 3D、【路径】、【风格化】等 10 组滤镜，每个滤镜组又包括若干个滤镜。只要用户选择的对象符合执行命令的要求，在弹出的对话框中设置其参数，即可应用相应的效果。下面将对一些常用的矢量图特殊效果进行讲述。

7.2.1　变形

使用【变形】效果菜单中的命令，可以为对象添加变形效果，它可以应用到对象、组合和图层中。首先选中对象、组合或是图层，然后执行【变形】菜单中的任意子菜单即可。该菜单下有 15 种不同的变形效果，它们拥有一个相同的设置对话框——【变形选项】对话框，如图 7-16 所示。用户可以在【样式】下拉列表中选择不同的变形效果，其选项与 15 种变形效果相同，然后改变相关设置即可得到所需的变形效果。

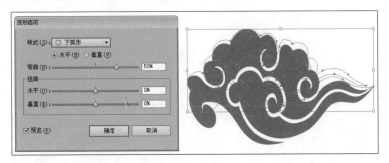

图 7-16　变形图形

7.2.2　扭曲和变换

【扭曲和变换】滤镜组包括【变换】、【扭拧】、【扭转】、【收缩和膨胀】、【波纹效果】、【粗糙化】、【自由扭曲】滤镜，可以使图形产生各种扭曲变形的效果。

- **【变换】** 该滤镜可使对象产生水平缩放、垂直缩放、

水平移动、垂直移动、旋转、反转等效果。

- **【扭拧】** 随机地向内或向外弯曲和扭曲路径段，使用绝对量或相对量设置垂直和水平扭曲，指定是否修改锚点、移动"导入"控制点和"导出"控制点。

- 【扭转】 旋转一个对象，中心的旋转程度比边缘的旋转程度大。输入一个正值将顺时针扭转；输入一个负值将逆时针扭转。

- 【收缩和膨胀】 在将线段向内弯曲（收缩）时，向外拉出矢量对象的锚点；或在将线段向外弯曲（膨胀）时，向内拉入矢量对象的锚点。这两个选项都可相对于对象的中心点来拉出锚点。

- 【波纹效果】 大小的尖峰和凹谷形成的锯齿和波形数组。使用绝对大小或相对大小设置尖峰与凹谷之间的长度。设置每个路径段的脊状数量，并在波形边缘（平

滑）和锯齿边缘（尖锐）之间选择其一。

- 【粗糙化】 可将矢量对象的路径段变形为各种大小的尖峰和凹谷的锯齿数组。使用绝对大小或相对大小设置路径段的最大长度。设置每英寸锯齿边缘的密度（细节），并在波形边缘（平滑）和锯齿边缘（尖锐）之间选择其一。

- 【自由扭曲】 可以通过拖动 4 个角落任意控制点的方式来改变矢量对象的形状。

文字创建外廓后应用【扭曲和变换】滤镜组中的滤镜后的效果如图 7-17 所示。

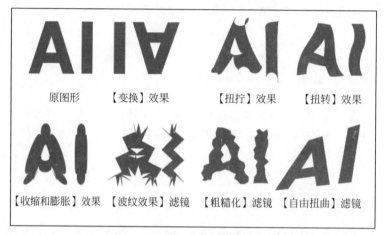

图 7-17 【扭曲和变换】滤镜组滤镜效果

7.2.3 栅格化

【栅格化】效果是将矢量图形转换为位图图形的过程。在栅格化过程中，Illustrator 会将图形路径转换为像素，设置的栅格化选项将决定图像像素的大小及特征。

选择【效果】|【栅格化】命令，弹出【栅格化】对话框，如图 7-18 左图所示。设置完成后单击【确定】按钮，将矢量图形转变为位图，如图 7-18 右图所示。

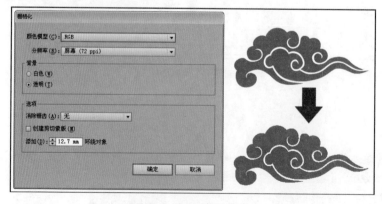

图 7-18 栅格化矢量图形

7.2.4　风格化

【风格化】滤镜组包括【内发光】、【圆角】、【投影】、【外发光】、【投影】、【涂抹】和【羽化】7个滤镜。

1.【内发光】滤镜

创建模拟内部发光的效果，如图7-19所示。用户可以通过【模式】下拉列表控制叠加模式，并可以在【不透明度】参数栏中设置发光的透明度，在【模糊】参数栏中控制发光效果的模糊程度。

图7-19　设置内发光效果

2.【圆角】滤镜

可以将选定图形的所有类型的角改变为平滑角。选中图形，如图7-20左图所示。选择【滤镜】|【风格化】|【圆角】命令，弹出【圆角】对话框，如图7-20中图所示。设置完成后单击【确定】按钮，添加滤镜后的效果如图7-20右图所示。

图7-20　【圆角】滤镜效果

3.【外发光】滤境

同【内发光】效果相似，该效果可以创建出模拟外发光的效果，如图7-21所示，用户可在【外发光】对话框中设置发光的颜色和效果。

图7-21　外发光效果

4.【投影】滤境

可以为选定的对象添加阴影。选择【滤镜】|【风格化】|【投影】命令，弹出【投影】对话框，如图7-22左图所示。设置完成后单击【确定】按钮，添加滤镜后的效果如图7-22右下图所示。

5.【涂抹】滤境

使用【涂抹】效果可以创建出类似彩笔涂画的视觉效果。执行【效果】|【风格化】|【涂抹】命令，打开【涂抹选项】对话框，如图7-23所示。在【设置】下拉列表中预设了多种不同的效果可供选择，用户也可以通过【设置】下面众多的选项进行调整，创建出自己所喜欢的涂抹效果。

图 7-22 【投影】滤镜效果

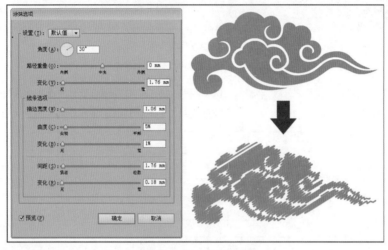

图 7-23 添加【涂抹】效果

6. 【羽化】滤镜

【羽化】滤镜可以为选定的路径添加箭头。选中路径,如图 7-24 左图所示。选择【滤镜】|【风格化】|【羽化】命令,弹出【羽化】对话框,如图 7-24 中图所示。设置完成后单击【确定】按钮,添加滤镜后的效果如图 7-24 右图所示。

图 7-24 【羽化】滤镜效果

7.3 为位图添加特殊效果

位图滤镜是应用于位图图形的滤镜,包括 10 个滤镜组,每个滤镜组又包括若干个滤镜。下面将讲述【滤镜库】及常用的位图滤镜效果。

7.3.1　滤镜库

通过【滤镜库】对话框,可以同时应用多个滤镜,并预览到滤镜效果,而且可以删除不需要的滤镜。选择【滤镜】|【效果画廊】命令,弹出如图 7-25 所示的对话框,如果要同时使用多个滤镜,可以在对话框的右下角单击【新建效果图层】按钮 🖫 ,对图形继续应用一次滤镜效果,单击相应的效果图层后便可以应用其他滤镜效果,从而实现多滤镜的堆叠。

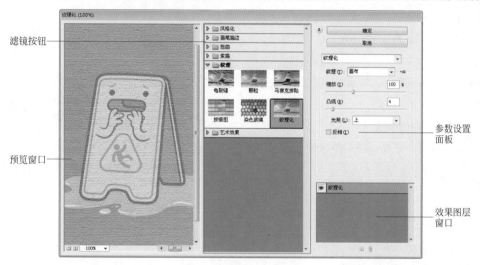

图 7-25　【滤镜库】对话框

7.3.2　【像素化】滤镜组

【像素化】滤镜组包括【彩色半调】、【晶格化】、【点状化】、【铜版雕刻】4 个滤镜,可以将图形分块,就像由许多小块组成。

- 【彩色半调】　模拟在图形的每个通道上使用放大的半调网屏的效果。对于每个通道,滤镜将图形划分为许多矩形,然后用圆形替换每个矩形。圆形的大小与矩形的亮度成比例。输入一个以像素为单位的最大半径值(介于 4 ~ 127),再为通道输入一个网屏角度值(网点与实际水平线的夹角)。对于灰度图形,只能使用通道 1;对于 RGB 图形,可以使用通道 1、2 和 3,这 3 个通道分别对应红色通道、绿色通道与蓝色通道;对于 CMYK 图形,可以使用所有 4 个通道,这 4 个通道分别对应青色通道、洋红色通道、黄色通道及黑色通道。

- 【晶格化】　将颜色集结成块,形成多边形。

- 【点状化】　将图形中的颜色分解为随机分布的网点,如同点状化绘画一样,并使用背景色作为网点之间的画布区域。

- 【铜版雕刻】　将图形转换为黑白区域的随机图案或彩色图形中完全饱和颜色的随机图案。

应用【像素化】滤镜组中的滤镜后的效果如图 7-26 所示。

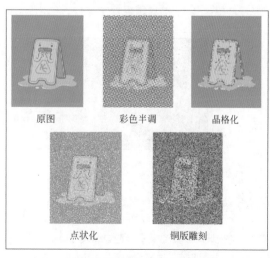

图 7-26　【像素化】滤镜组滤镜效果

7.3.3 【扭曲】滤镜组

【扭曲】滤镜组包括【扩散亮光】、【海洋波纹】、【玻璃】3 个滤镜，可以将图形进行几何扭曲。应用【扭曲】滤镜组中的滤镜效果如图 7-27 所示。

- ● 【扩散亮光】 透过一个柔和的扩散滤镜将图形渲染成像。滤镜将透明的白色颗粒添加到图形上，并从选区的中心向外渐隐亮光。

- ● 【海洋波纹】 将随机分隔的波纹添加到图形上，使图形看上去像在水中。

- ● 【玻璃】 透过不同类型的玻璃来观看图形。可以选择一种预设的玻璃效果，也可以使用 Photoshop 文件创建自己的玻璃面。可以调整缩放、扭曲和平滑度设置及纹理选项。

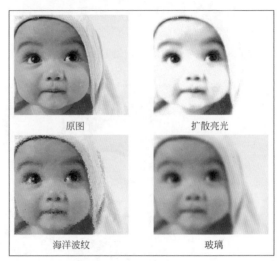

图 7-27 【扭曲】滤镜组滤镜效果

7.3.4 【模糊】滤镜组

【模糊】滤镜组包括【径向模糊】、【特殊模糊】、【高斯模糊】3 个滤镜，【模糊】滤镜用于平滑边缘过于清晰和对比度过于强烈的区域，通过降低对比度柔化图形边缘。【模糊】滤镜通常用于模糊图形背景，突出前景对象，或创建柔和的阴影效果。

1. 径向模糊

【径向模糊】滤镜可以将图形旋转成圆形，或使图形从中心辐射出去，效果如图 7-28 所示。要沿同心圆环线模糊，选择【旋转】选项，然后指定一个旋转角度；要沿径向线模糊，选择【缩放】选项，模糊的图形线条就会从图形中心点向外逐渐放大，然后指定介于 1 ～ 100 之间的缩放值。模糊的品质包括【草图】、【好】和【最好】，【草图】的速度最快，但结果往往会颗粒化，【好】和【最好】都可以产生较为平滑的结果，但如果选择的不是一个较大的图像，后两者之间的效果差别并不明显。通过拖移【中心模糊】框中的图案，指定模糊的原点。

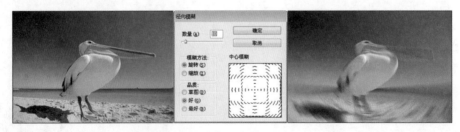

图 7-28 【旋转】模糊方法

2. 特殊模糊

【特殊模糊】滤镜可以创建多种模糊效果，可以将图形中的褶皱模糊掉，或将重叠的边缘模糊掉。选中图形，如图 7-29 左图所示。选择【滤镜】|【模糊】|【特殊模糊】命令，弹出【特殊模糊】对话框，如图 7-29 中图所示。设置完成后单击【确定】按钮，添加滤镜后的效果如图 7-29 右图所示。

图 7–29 【特殊模糊】滤镜效果

3. 高斯模糊

【高斯模糊】滤镜可以快速模糊选区，将移去高频出现的细节，并产生一种朦胧的效果。选中图形，如图 7–30 左图所示。选择【滤镜】|【模糊】|【高斯模糊】

命令，弹出【高斯模糊】对话框，如图 7–30 中图所示。设置完成后单击【确定】按钮，添加滤镜后的效果如图 7–30 右图所示。

图 7–30 【高斯模糊】滤镜效果

7.3.5 【素描】滤镜组

【素描】滤镜组可以模拟现实生活中的素描、速写等美术方法对图形进行处理。

- **便条纸** 创建类似于手工制作的纸张构建的图形。

- **半调图案** 在保持连续的色调范围的同时，模拟半调网屏的效果。

- **图章** 可简化图形，使之呈现用橡皮或木制图章盖印的样子，用于黑白图形时效果最佳。

- **基底凸现** 变换图形，使之呈现浮雕的雕刻状和突出光照下变化各异的表面。图形中的深色区域将被处理为黑色，而较亮区域则被处理为白色。

- **影印** 模拟影印图形的效果。大的暗区趋向于只复制边缘四周，而中间色调可以为纯黑色，也可以为纯白色。

- **撕边** 将图形重新组织为粗糙的撕碎纸片的效果，然后使用黑色和白色为图形上色。对于由文字或对比度高的对象所组成的图形效果更明显。

- **水彩画纸** 利用有污渍的、像画在湿润而有纹的纸上的涂抹方式，使颜色渗出并混合。

- **炭笔** 重绘图形，产生色调分离的、涂抹的效果。主要边缘以粗线条绘制，而中间色调用对角描边进行素描。炭笔被处理为黑色，纸张被处理为白色。

- **炭精笔** 在图形上模拟浓黑和纯白的炭精笔纹理。炭精笔滤镜对暗色区域使用黑色，对亮色区域使用白色。

- **石膏效果** 对图形进行类似石膏的塑模成像，然后使用黑色和白色为结果图形上色。暗区凸起，亮区凹陷。

- **粉笔和炭笔** 重绘图形的高光和中间调，其背景为粗糙粉笔绘制的纯中间调。阴影区域用对角炭笔线条替换。炭笔用黑色绘制，粉笔用白色绘制。

- **绘图笔** 使用纤细的线性油墨线条捕获原始图形的细节，使用黑色代表油墨、白色代表纸张来替换原始图形中的颜色。在处理扫描图时的效果十分出色。

- **网状** 模拟胶片乳胶的可控收缩和扭曲来创建图形，使之在暗调区域呈结块状，在高光区域呈轻微颗粒化。

- **铬黄** 将图形处理成类似擦亮的铬黄表面。高光在反射表面上是高点，暗调是低点。

图 7-31 是应用部分【素描】滤镜组中滤镜后的效果。

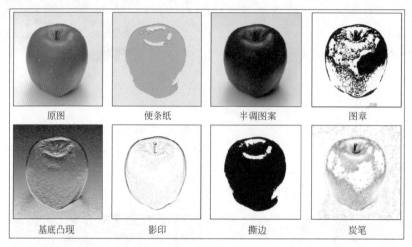

<table>
<tr><td>原图</td><td>便条纸</td><td>半调图案</td><td>图章</td></tr>
<tr><td>基底凸现</td><td>影印</td><td>撕边</td><td>炭笔</td></tr>
</table>

图 7-31 【画笔描边】滤镜组滤镜效果

7.3.6 【纹理】滤镜组

【纹理】滤镜组可以在图形中加入各种纹理效果，赋予图形一种深度或物质的外观。

- **拼缀图** 将图形分解为由若干方形图块组成的效果，图块的颜色由该区域的主色决定，随机减小或增大拼贴的深度，以复现高光和暗调。

- **染色玻璃** 将图形重新绘制成许多相邻的单色单元格效果，边框由填充色填充。

- **纹理化** 将所选择或创建的纹理应用于图形。

- **颗粒** 通过模拟不同种类的颗粒对图形添加纹理。

- **马赛克拼贴** 绘制图形，看起来像是由小的碎片或拼贴组成，然后在拼贴之间添加缝隙。

- **龟裂纹** 根据图形的等高线生成精细的纹理，应用此纹理使图形产生浮雕的效果。

应用【纹理】滤镜组中的滤镜后的效果如图 7-32 所示。

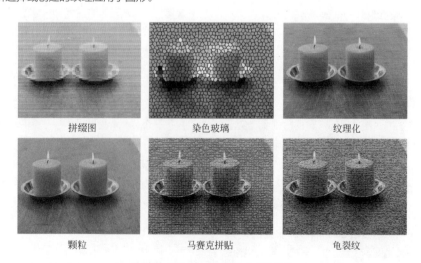

<table>
<tr><td>拼缀图</td><td>染色玻璃</td><td>纹理化</td></tr>
<tr><td>颗粒</td><td>马赛克拼贴</td><td>龟裂纹</td></tr>
</table>

图 7-32 【纹理】滤镜组中的滤镜效果

7.3.7 【艺术效果】滤镜组

【艺术效果】滤镜组可以为照片添加画派效果，为精美艺术品或商业项目制作绘画效果或特殊效果。

- **塑料包装** 使图形好像罩了一层光亮塑料，以强调表面细节。

- **壁画** 以一种粗糙的方式，使用短而圆的描边绘制图形，使图形看上去像是草草绘制的。

- **干画笔** 使用干画笔技巧（介于油彩和水彩之间）绘制图形边缘。通过降低其颜色范围来简化图形。

- **底纹效果** 在带纹理的背景上绘制图形，然后将最终图形绘制在该图形上。

- **彩色铅笔** 使用彩色铅笔在纯色背景上绘制图形。保留重要边缘，外观呈粗糙阴影线，纯色背景色透过比较平滑的区域显示出来。

- **木刻** 将图形描绘成好像是由从彩纸上剪下的边缘粗糙的剪纸片组成的。高对比度的图形看起来呈剪影状，而彩色图形看上去是由几层彩纸组成的。

- **水彩** 以水彩风格绘制图形，简化图形细节，使用蘸了水和颜色的中号画笔绘制。当边缘有显著的色调变化时，此滤镜会使颜色更饱满。

- **海报边缘** 根据设置的海报化选项值减少图形中的颜色数，然后找到图形的边缘，并在边缘上绘制黑色线条。图形中较宽的区域将带有简单的阴影，而细小的深色细节则遍布图形。

- **海绵** 使用颜色对比强烈、纹理较重的区域创建图形，使图形看上去好像是用海绵绘制的。

- **涂抹棒** 使用短的对角描边涂抹图形的暗区以柔化图形。亮区变得更亮，并失去细节。

- **粗糙蜡笔** 使图形看上去好像是用彩色蜡笔在带纹理的背景上描出的。在亮色区域，蜡笔看上去很厚，几乎看不见纹理；在深色区域，蜡笔似乎被擦去了，使纹理显露出来。

- **绘画涂抹** 可以选择各种大小和类型的画笔来创建绘画效果。画笔类型包括简单、未处理光照、暗光、宽锐化、宽模糊和火花。

- **胶片颗粒** 将平滑图案应用于图形的暗调色调和中间色调。将一种更平滑、饱和度更高的图案添加到图形的较亮区域。通常备用于消除混合中的条带及将各种来源的元素在视觉上进行统一时。

- **调色刀** 减少图形中的细节以生成描绘得很淡的画布效果，可以显示出其下面的纹理。

- **霓虹灯光** 为图形中的对象添加各种不同类型的灯光效果。在为图形着色并柔化其外观时，此滤镜非常有用。若要选择一种发光颜色，单击发光框，并从拾色器中选择一种颜色。

应用【艺术效果】滤镜组中的滤镜后的效果如图7-33所示。

原图	塑料包装	壁画
干画笔	底纹效果	彩色铅笔

图 7-33 【艺术效果】滤镜组中的滤镜效果

7.4 制作变形文字特效

下面制作变形文字特效设计，对创建变形文字、添加特殊效果等知识进行练习。

1. 练习目标

掌握【渐变】调板、内发光、波纹效果和投影、高斯模糊效果及自由扭曲命令等功能在实际绘图中的方法。

2. 具体操作

1）创建背景效果

（1）执行【文件】|【新建】命令，打开【新建文档】对话框，参照图 7-34 所示设置页面大小，单击【确定】按钮，即可创建一个新文档。

（2）使用工具箱中的【矩形工具】 贴齐视图绘制同等大小的矩形。参照图 7-35 所示，在【渐变】调板中设置渐变色，为矩形添加渐变填充效果。

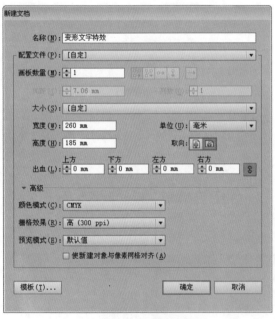

图 7-34 【新建文档】对话框

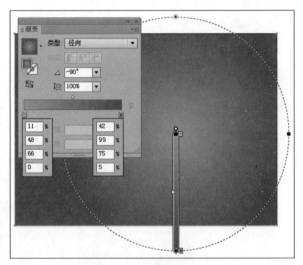

图 7-35 为矩形设置渐变色

（3）继续使用工具箱中的【矩形工具】 贴齐视图绘制矩形。参照图 7-36 所示，在【渐变】调板中设置渐变色，为矩形添加渐变填充效果。

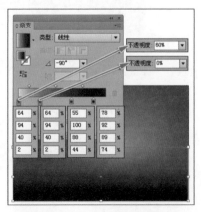

图 7-36 为矩形设置渐变颜色

2）创建变形文字

（1）选择工具箱中的【文字工具】，分别在视图中创建字母"S"、"A"、"W"，如图7-37所示。

（2）调整字母的旋转角度和先后顺序，并分别设置字体颜色为黄色（C：4%、M：24%、Y：89%、K：0%）、绿色（C：62%、M：2%、Y：100%、K：0%），和蓝色（C：62%、M：0%、Y：20%、K：0%），如图7-38所示。

图7-37　创建字母

图7-38　设置字体颜色

（3）选择字母"S"和"W"，执行【效果】|【风格化】|【内发光】命令，参照图7-39所示，在弹出的【内发光】对话框中进行设置。

（4）继续上一步的操作，单击对话框中的【确定】按钮，得到图7-40所示效果。

图7-39　【内发光】对话框

图7-40　添加内发光效果

（5）选中字母"A"，继续执行【效果】|【风格化】|【内发光】命令，参照图7-41所示，在弹出的【内发光】对话框中进行设置。

（6）继续上一步的操作，单击对话框中的【确定】按钮，得到图7-42所示效果。

（7）将字母"S"所在图层拖至【图层】调板底部的【创建新图层】按钮 位置，复制图形，调整字体大小为380pt，然后执行【效果】|【扭曲和变换】|【波纹效果】命令，参照图7-43所示，在弹出的【波纹效果】对话框中进行设置。

（8）继续上一步的操作，单击对话框中的【确定】按钮，创建变形文字，如图7-44所示。

图 7-41 【内发光】对话框

图 7-42 添加内发光效果

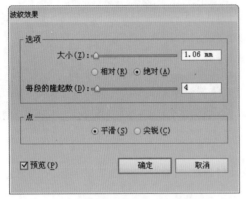

图 7-43 【波纹效果】对话框

图 7-44 创建变形文字

（9）使用前面介绍的方法，复制字母"A"和"W"，分别调整字体大小为320pt和380pt，分别为其添加波纹效果，如图 7-45 所示。

（10）调整内发光文字到变形文字的上方，效果如图 7-46 所示。

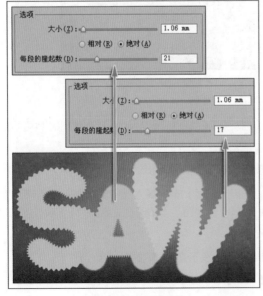

图 7-45 添加波纹效果

图 7-46 调整图层顺序

（11）参照图 7-47 所示，使用工具箱中的【椭圆工具】 在视图绘制装饰图形，分别为图形设置颜色并取消轮廓线的填充。

（12）执行【效果】|【扭曲和变换】|【自由扭曲】命令，参照图 7-48 所示，在弹出的【自由扭曲】对话框中调整锚点的位置。

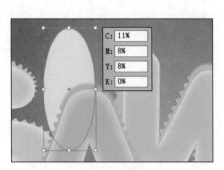

图 7-47 绘制椭圆形状

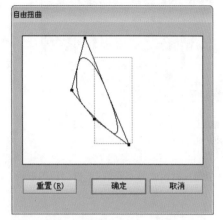

图 7-48 【自由扭曲】对话框

（13）单击【确定】按钮，完成图像的扭曲操作，效果如图 7-49 所示。

（14）复制上一步创建的图像，参照图 7-50 所示，调整图形的颜色为黄色。

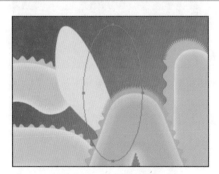

图 7-49 自由扭曲效果

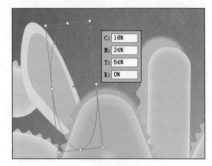

图 7-50 复制并调整图形的颜色

（15）继续复制并调整上一步创建图形的颜色，参照图 7-51 所示，缩小并调整图形的旋转角度，选中所有椭圆图形，按下快捷键 Ctrl+G 将图形进行编组。

（16）复制上一步创建的编组图形，然后执行【对象】|【栅格化】命令，参照图 7-52 所示，在弹出的【栅格化】对话框中选中【透明】选项，然后单击【确定】按钮，栅格化图形。

（17）继续上一步的操作，右击鼠标在弹出的菜单中选择【变换】|【对称】命令，参照图 7-53 所示，在弹出的【镜像】对话框中进行设置，然后单击【确定】按钮，变换形状。

（18）参照图 7-54 所示，使用【选择工具】 水平移动上一步创建的图像，制作出兔子耳朵。

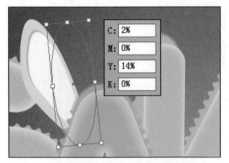

图 7-51 缩小并调整图形的旋转角度

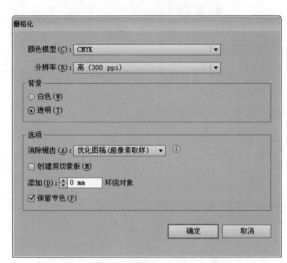

图 7-52 【栅格化】对话框

图 7-53 【镜像】对话框

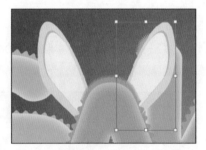

图 7-54 移动图像

（19）选中变形字母"S"，然后执行【效果】|【风格化】|【投影】命令，参照图 7-55 所示，在弹出的【投影】对话框中进行设置。

（20）单击对话框中的【确定】按钮，为字母添加投影效果，如图 7-56 所示。

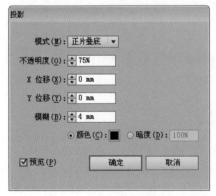

图 7-55 【投影】对话框

图 7-56 添加投影后的效果

（21）使用前面介绍的方法，分别为变形字母"A"和"W"添加投影效果。如图7-57和图7-58所示。

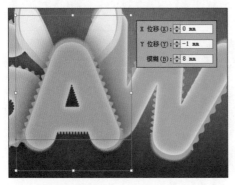

图7-57 为字母"A"添加投影效果

图7-58 为字母"W"添加投影效果

（22）使用工具箱中的【椭圆工具】 绘制椭圆形状，取消轮廓线的填充，并参照图7-59所示，使用【直接选择工具】 调整椭圆上的锚点。

（23）选中上一步创建的形状，然后执行【效果】|【模糊】|【高斯模糊】命令，参照图7-60所示，在弹出的【高斯模糊】对话框中进行设置，然后单击【确定】按钮，应用高斯模糊效果。

图7-59 绘制并调整椭圆形状

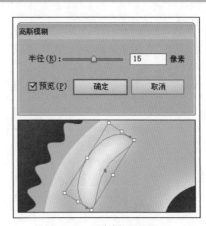

图7-60 创建高斯模糊效果

（24）复制并旋转上一步创建的图形，参照图7-61所示，调整图形的位置，创建高光效果。

（25）使用【文字工具】在视图中添加"糖果小屋"文字信息，并参照图7-62所示，在其选项栏中进行设置。

图7-61 添加高光

图7-62 添加文字

（26）选中上一步创建的文字，执行【效果】|【变形】|【凸壳】命令，参照图 7-63 左图所示，在弹出的【变形选项】对话框中进行设置，然后单击【确定】按钮，应用文字的变形，效果如图 7-63 右图所示。

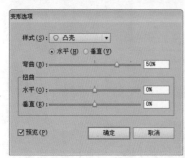

图 7-63　字体变形效果

（27）使用【矩形工具】在"糖果小屋"文字的下方绘制矩形，并取消轮廓色的填充，同时选中矩形和文字，然后单击【透明度】调板中的【制作蒙版】按钮，创建图层蒙版，隐藏文字的部分图形，效果如图 7-64 所示。

（28）选中上一步创建的文字，然后指定【效果】|【风格化】|【投影】命令，参照图 7-65 所示，在弹出的【投影】对话框中进行设置，然后单击【确定】按钮，应用投影效果。

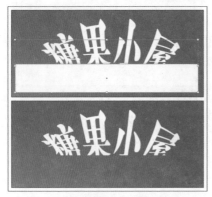

图 7-64　添加图层蒙版

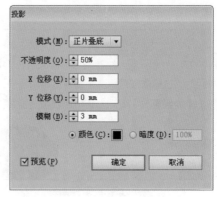

图 7-65　【投影】对话框

（29）选择工具箱中的【椭圆工具】，参照图 7-66 所示，在视图中绘制椭圆形状。

（30）执行【效果】|【模糊】|【高斯模糊】命令，参照图 7-67 所示，在弹出的【高斯模糊】对话框中进行设置，然后单击【确定】按钮，应用高斯模糊效果。

（31）使用【矩形工具】在视图中绘制矩形，并取消轮廓色的填充，同时选中矩形和椭圆形，然后单击【透明度】调板中的【制作蒙版】按钮，创建图层蒙版，效果如图 7-68 所示。

（32）使用【文字工具】在视图中创建文字，得到图 7-69 所示效果。

（33）至此完成本实例的制作，效果如图 7-70 所示效果。

图 7-66 绘制椭圆

图 7-67 【高斯模糊】对话框

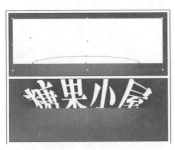

图 7-68 添加图层蒙版

图 7-69 创建文字

图 7-70 完成效果图

7.5 制作立体文字特效

下面制作立体文字特效,对如何创建 3D 文字和为 3D 文字上色的操作进行练习。

1. 练习目标

掌握运用 3D|【凸出和斜角】命令创建 3D 文字,运用【高斯模糊】命令模糊图形,创建颜色丰富的立体文字效果,学会运用【混合工具】 创建透明云彩效果。

2. 具体操作

1)创建背景效果

（1）执行【文件】|【新建】命令,打开【新建文档】对话框,参照图 7-71 所示设置页面大小,单击【确定】按钮,即可创建一个新文档。

（2）选择工具箱中的【矩形工具】 ,然后在视图中单击,参照图 7-72 所示,在弹出的【矩形】对话框中设置矩形大小,然后单击【确定】按钮,创建矩形形状,单击其选项栏中的【水平居中对齐】按钮 和【垂直居中对齐】按钮 ,使矩形对齐画布。

（3）参照图 7-73 所示,在【渐变】调板中设置渐变色,为图形添加渐变填充效果,并选择工具箱中的【渐变工具】 ,在视图中调整渐变填充的效果。

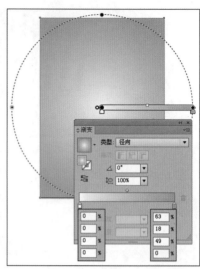

图 7-71　【新建文档】对话框　　　　图 7-72　绘制矩形　　　　图 7-73　添加渐变填充

2）创建 3D 文字

（1）参照图 7-74 所示，使用工具箱中的【文字工具】在视图中输入文字，并在【字符】调板中调整字体颜色及大小。

（2）执行【效果】|3D|【凸出和斜角】命令，参照图 7-75 所示，在弹出的【3D 凸出和斜角选项】对话框中进行设置。

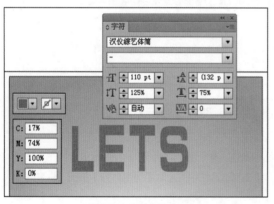

图 7-74　绘制装饰图形　　　　　　　图 7-75　【3D 凸出和斜角选项】对话框

（3）单击对话框中的【确定】按钮，创建 3D 文字，如图 7-76 所示。

（4）参照图 7-77 所示，按下键盘上的 Shift+Alt 键，水平向下复制上一步创建的 3D 文字。

（5）使用【文字工具】 T 更改文字的内容信息，并调整颜色为绿色，效果如图 7-78 所示。

（6）参照图 7-79 所示，继续复制并更改文字内容，并调整其颜色。

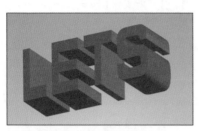

图 7-76 创建 3D 文字

图 7-77 复制 3D 文字

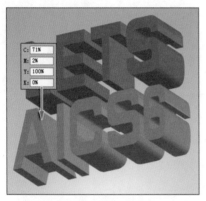

图 7-78 调整字体颜色

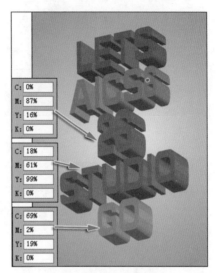

图 7-79 复制 3D 文字

（7）选中第一次创建的文字所在图层，将其拖至【图层】调板底部的【创建新图层】按钮 位置，复制图形，然后参照图 7-80 所示，单击【外观】调板中的效果。

（8）参照图 7-81 所示，在弹出的【3D 凸出和斜角选项】对话框中进行设置，然后单击【确定】按钮，关闭对话框。

图 7-80 【外观】调板

图 7-81 【3D 凸出和斜角选项】对话框

（9）参照图 7-82 所示，调整上一步创建的字体颜色。

（10）复制上一步创建的文字，执行【效果】|【模糊】|【高斯模糊】命令，参照图 7-83 所示，在弹出的【高斯模糊】对话框中进行设置，然后单击【确定】按钮，添加模糊效果。

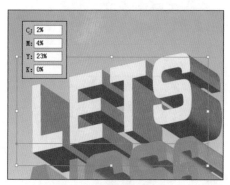

图 7-82　调整字体颜色

图 7-83　复制文字并添加高斯模糊效果

（11）使用快捷键 Ctrl+[调整图层顺序，在【透明度】调板中调整图层混合模式为【叠加】，效果如图 7-84 所示。

（12）使用前面介绍的方法，继续复制并调整绿色文字，效果如图 7-85 所示。

图 7-84　调整图层混合模式

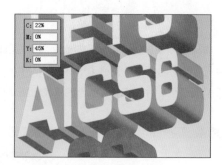

图 7-85　复制并调整文字颜色

（13）复制上一步创建的绿色文字，调整文字颜色，执行【效果】|【模糊】|【高斯模糊】命令，参照图 7-86 所示，为文字添加高斯模糊效果。

（14）参照图 7-87 所示，在【透明度】调板中调整图层的混合模式为【叠加】。

（15）复制并调整红色文字，效果如图 7-88 所示。

（16）复制上一步创建的红色文字，调整文字颜色，执行【效果】|【模糊】|【高斯模糊】命令，参照图 7-89 所示，为文字添加高斯模糊效果。

图 7-86　添加高斯模糊效果

图 7-87　调整图层混合模式

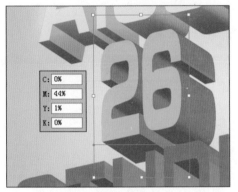

图 7-88　复制并调整红色文字

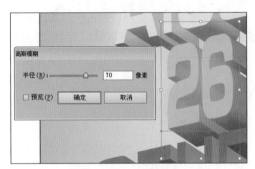

图 7-89　添加高斯模糊效果

（17）参照图 7-90 所示，在【透明度】调板中调整图层的混合模式为【叠加】。

（18）复制并调整褐色文字，效果如图 7-91 所示。

图 7-90　调整图层混合模式

图 7-91　复制并调整褐色文字

（19）复制上一步创建的褐色文字，调整文字颜色，执行【效果】|【模糊】|【高斯模糊】命令，参照图 7-92 所示，为文字添加高斯模糊效果。

（20）参照图 7-93 所示，在【透明度】调板中调整图层的混合模式为【叠加】。

（21）参照图 7-94 所示，复制并调整蓝色文字，然后选中所有文字，按快捷键 Ctrl+G 将三角形图形编组。

图 7-92　添加高斯模糊效果　　　　图 7-93　调整图层混合模式　　　　图 7-94　复制并调整蓝色文字

3）创建装饰图形

⬇（1）选择工具箱中的【多边形工具】◯，在视图中单击，参照图 7-95 所示，在弹出的【多边形】对话框中进行设置，然后单击【确定】按钮，创建三角形。

⬇（2）选择工具箱中的【选择工具】▶，参照图 7-96 所示，调整三角形形状。

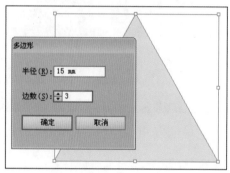

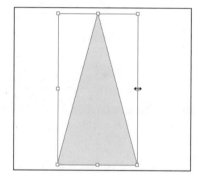

图 7-95　绘制三角形　　　　　　　　　　　图 7-96　调整三角形形状

⬇（3）选择工具箱中的【渐变工具】▨，参照图 7-97 所示，在【渐变】调板中调整渐变颜色，为三角形添加渐变填充效果。

⬇（4）复制上一步创建的图形，右击图形，在弹出的菜单中选择【变换】|【对称】命令，参照图 7-98 所示，在弹出的【镜像】对话框中进行设置，然后单击【确定】按钮，使对象镜像。

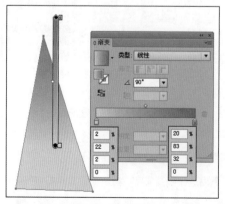

图 7-97　添加渐变色　　　　　　　　　　图 7-98　【镜像】对话框

（5）参照图 7-99 所示，继续调整图形的渐变填充效果。

（6）继续复制三角形，并使用【直接选择工具】 调整各个锚点的位置，参照图 7-100 所示，调整渐变效果。

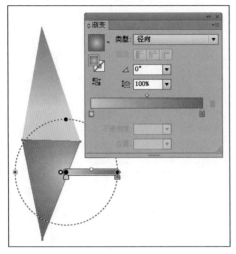

图 7-99　调整渐变

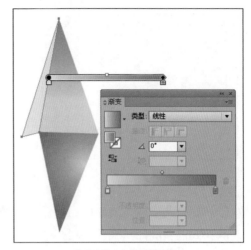

图 7-100　复制并调整渐变

（7）使用前面介绍的方法，继续复制并调整三角形，得到图 7-101 所示效果，按快捷键 Ctrl+G 将三角形图形编组。

（8）参照图 7-102 所示，复制并调整编组三角形的位置。

（9）更改编组三角形的渐变填充色为绿色，参照图 7-103 所示，复制并调整编组三角形的位置，选择所有三角形编组图形，按快捷键 Ctrl+G 将其编组。

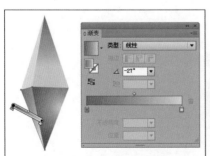

图 7-101　将图形进行编组

图 7-102　复制编组图形

图 7-103　复制并调整编组图形

4）创建混合形状

（1）隐藏除渐变填充矩形以外的所有图层，使用【钢笔工具】 在视图中绘制云彩路径，设置填充色为白色，描边颜色为无，得到图 7-104 所示效果。

（2）复制并缩小白云形状，参照图 7-105 所示，在【透明度】调板中调整【不透明度】参数为 0%。

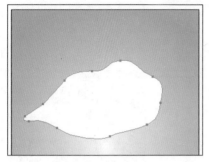

图 7-104　绘制云彩图形

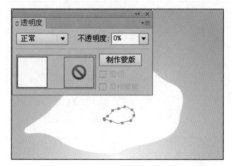

图 7-105　调整图形透明度

（3）选择工具箱中的【混合工具】 在两个图形之间拖动，创建混合效果，如图 7-106 所示。

（4）双击工具箱中的【混合工具】 ，参照图 7-107 所示，在弹出的【混合选项】对话框中进行设置。

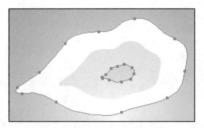

图 7-106　创建混合图形

图 7-107　【混合选项】对话框

（5）单击【确定】按钮，调整混合效果，如图 7-108 所示。

（6）参照图 7-109 所示，复制并调整上一步创建的云彩图形。

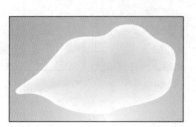

图 7-108　调整混合间距后的效果

图 7-109　复制并调整云彩图形

（7）单击【画笔】调板底部的【画笔库菜单】按钮 ，然后在弹出的菜单中选择【装饰】|【装饰_散布】命令，打开【装饰_散布】调板，在调板中单击【气泡】图案，将其放置在【画笔】调板中，效果如图 7-110 所示。

（8）单击【画笔】调板中的 按钮，在弹出的菜单中选择【画笔选项】命令，参照图 7-111 所示，在弹出的【散点画笔选项】对话框中进行设置，然后单击【确定】按钮，关闭对话框。

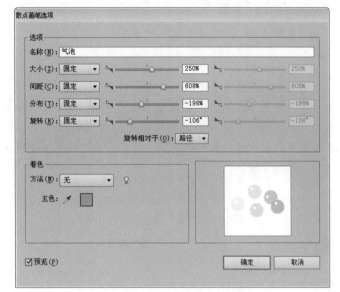

图 7-110 【画笔】调板　　　　　　　　　　图 7-111 【散点画笔选项】对话框

（9）参照图 7-112 所示，使用【画笔工具】 在视图中进行绘制。

（10）参照图 7-113 所示，使用【椭圆工具】在视图中绘制正圆图形，然后执行【效果】|【模糊】|【高斯模糊】命令，在弹出的【高斯模糊】对话框中设置【半径】参数为 60%，模糊图形。

（11）使用【矩形工具】 绘制矩形，然后单击【图层】调板中的 按钮，在弹出的菜单中选择【建立剪切蒙版】命令，创建剪切蒙版，效果如图 7-114 所示，完成本实例的制作。

图 7-112 绘制路径

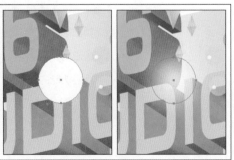

图 7-113 绘制正圆

图 7-114 完成效果

第 **8** 章
海报设计

海报是一种信息传递艺术，是一种大众化的宣传工具。必须有相当的号召力与艺术感染力，要调动形象、色彩、构图、形式感等因素形成强烈的视觉效果；它的画面应有较强的视觉中心，应力求新颖、单纯，还必须具有独特的艺术风格和设计特点。本章将详细讲解在 Illustrator 中进行海报设计的制作。

知识导读

1. 音乐晚会的海报设计
2. 青花瓷艺术展海报设计
3. 健康饮料海报设计

本章重点

1. 使用【钢笔工具】、【椭圆工具】、【矩形工具】绘制图形
2. 使用【渐变】调板、【图案选项】调板、【路径查找器】调板编辑图形
3. 封套的应用
4. 偏移路径功能的应用

8.1 音乐晚会的海报设计

下面进行音乐晚会的海报设计，对绘制图形和创建蒙版等知识进行练习。

1. 练习目标

掌握【椭圆工具】 ⬭ 、【钢笔工具】 ✐ 、【渐变】调板和【偏移路径】等功能在实际绘图中的方法。

2. 具体操作

1）绘制背景和装饰图形

> ⬇（1）执行【文件】|【新建】命令，打开【新建文档】对话框，参照图 8-1 所示，设置页面大小，单击【确定】按钮完成设置，即可创建一个新文档。
>
> ⬇（2）单击工具箱中的【矩形工具】 ▢ ，贴齐视图绘制同等大小的矩形。参照图 8-2 所示，在【渐变】调板中设置渐变色，为矩形添加渐变填充效果。然后使用工具箱中的【渐变工具】 ▢ 在视图中设置渐变滑杆，调整渐变填充效果。

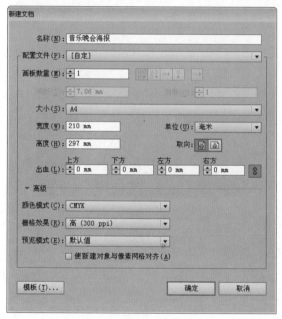

图 8-1 【新建文档】对话框

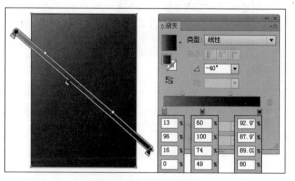

图 8-2 为矩形设置渐变色

> ⬇（3）使用工具箱中的【钢笔工具】 ✐ 在视图中绘制条状图形，参照图 8-3 所示，为图形设置渐变色，并取消轮廓线的填充。
>
> ⬇（4）参照图 8-4 所示，继续在视图中绘制条状图形，并为图形设置颜色。然后按快捷键 Ctrl+G 将绘制的彩条图形编组。
>
> ⬇（5）使用工具箱中的【钢笔工具】 ✐ 在视图中绘制花纹图形，参照图 8-5 所示，为图形添加渐变填充效果。
>
> ⬇（6）继续在视图中绘制图 8-6 所示的装饰图形。

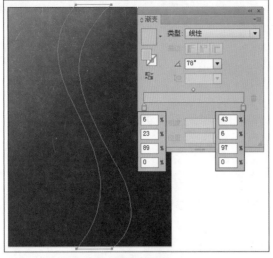

图 8-3 绘制装饰图形并设置渐变色

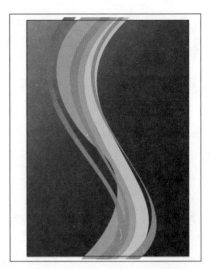

图 8-4 为绘制的图形设置颜色

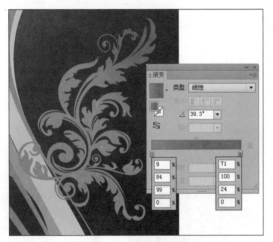

图 8-5 绘制装饰图形

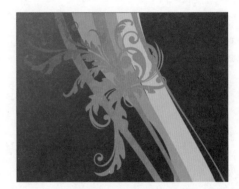

图 8-6 继续绘制装饰图形

（7）选择工具箱中的【椭圆工具】，按住键盘上 Alt+Shift 键在视图中绘制粉红色（C:13%、M:96%、Y:16%、K:0%）正圆，如图 8-7 所示。

（8）配合键盘上的 Alt+Shift 键在视图中绘制同心圆，分别设置图形颜色，并取消轮廓线的填充，如图 8-8 所示。

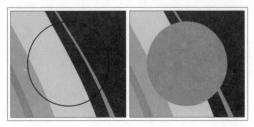

图 8-7 绘制正圆

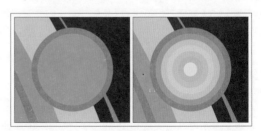

图 8-8 绘制同心圆

（9）使用以上相同的方法，继续在视图中绘制同心圆，调整图形大小、位置和颜色，得到图 8-9 所示效果。选择绘制的所有同心圆图形，按快捷键 Ctrl+G 将其编组。

（10）参照图 8-10 所示，使用工具箱中的【钢笔工具】 在视图中绘制喷溅效果，为图形设置黄色（C：6%、M：23%、Y：89%、K：0%）。

图 8-9　继续绘制正圆

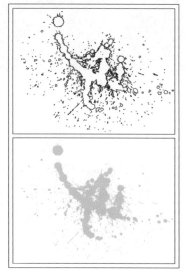

图 8-10　绘制喷溅图形

（11）按住键盘上的 Alt 键拖动刚刚绘制的喷溅图形，释放鼠标后，将该图形复制多个副本，调整图形大小与位置，如图 8-11 所示。

（12）使用工具箱中的【钢笔工具】 分别在视图中绘制图 8-12 所示的装饰图形。

图 8-11　复制图形

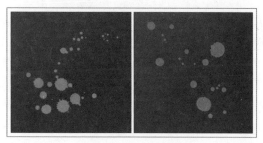

图 8-12　绘制装饰图形

（13）参照图 8-13 所示，配合键盘上的 Alt 键复制刚刚绘制的装饰图形，分别调整图形大小、位置和颜色。为方便读者查看，暂时将其他图形隐藏。

（14）单击工具箱中的【矩形工具】 ，贴齐视图绘制矩形。单击【图层】调板右上角的 按钮，在弹出的快捷菜单中选择【创建剪切蒙版】命令，为图形创建剪切蒙版，效果如图 8-14 所示。

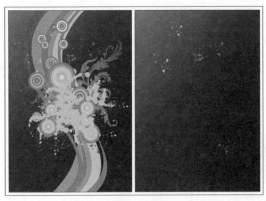

图 8-13　复制图形

图 8-14　创建剪切蒙版

2）绘制吉他图形

⬇（1）新建"图层 2"。使用工具箱中的【钢笔工具】 🖊 在视图中绘制吉他图形，为图形填充紫色（C:76%、M: 100%、Y：55%、K：25%），如图 8-15 所示。

⬇（2）选择绘制的吉他图形，执行【对象】|【路径】|【偏移路径】命令，打开【偏移路径】对话框，设置【位移】参数为 -1.5mm，单击【确定】按钮，关闭对话框。然后为偏移的路径设置颜色为紫色（C：72%、M：100%、Y：25%、K：0%），如图 8-16 所示。

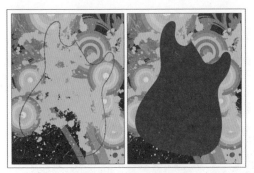

图 8-15　绘制吉他图形

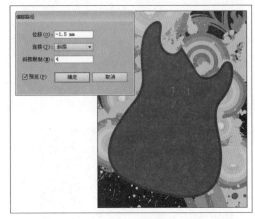

图 8-16　偏移图形

⬇（3）参照图 8-17 所示，使用工具箱中的【钢笔工具】 🖊 为吉他绘制手柄图形。

⬇（4）使用【钢笔工具】 🖊 继续为吉他绘制细节图形，为图形设置颜色，得到图 8-18 所示效果，增强图形的立体效果。

⬇（5）参照图 8-19 所示，使用【钢笔工具】 🖊 在视图中绘制紫色（C：76%、M：100%、Y：55%、K：25%）装饰图形。

⬇（6）继续使用【钢笔工具】 🖊 在视图中绘制图 8-20 所示的装饰图形，增强图形立体效果。

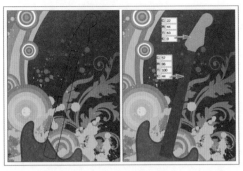

图 8-17　绘制图形

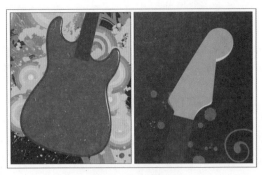

图 8-18　绘制立体效果

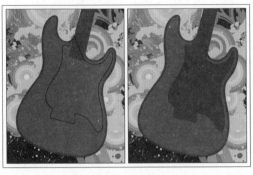

图 8-19　绘制图形

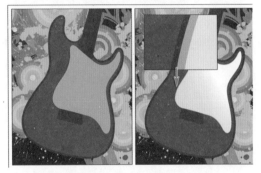

图 8-20　绘制装饰图形

（7）参照图 8-21 所示，配合键盘上的 Alt 键将视图中的花纹图形复制后，调整图形大小与位置，并为图形填充紫色（C：72%、M：100%、Y：25%、K：0%）。然后在【透明度】调板中为图形设置【不透明度】参数为 80%。

（8）选择步骤（5）~（7）绘制的所有图形，按快捷键 Ctrl+[调整图形的排列顺序，得到图 8-22 所示效果。

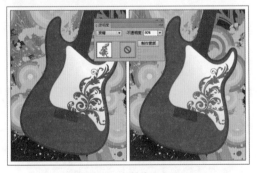

图 8-21　复制花纹图形

图 8-22　调整图形排列顺序

（9）接下来为吉他绘制螺丝钉图形，选择工具箱中的【椭圆工具】 ，按住键盘上的 Alt+Shift 键在视图中绘制正圆。参照图 8-23 所示，使用【渐变工具】 为图形添加渐变填充效果。

（10）参照图 8-24 所示，使用【钢笔工具】 为螺丝钉绘制十字图形。

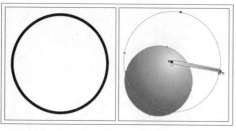

图 8-23　绘制正圆

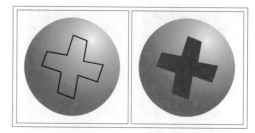

图 8-24　绘制十字图形

（11）配合键盘上的 Alt 键复制多个螺丝钉图形，分别调整图形的位置，得到图 8-25 所示效果。选择复制的所有螺丝钉图形，按快捷键 Ctrl+G 将其编组。

（12）使用工具箱中的【圆角矩形工具】，在视图中绘制图 8-26 所示的两个圆角矩形。

图 8-25　复制图形

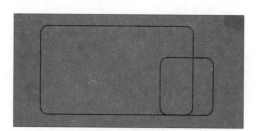

图 8-26　绘制圆角矩形

（13）选择绘制的圆角矩形，单击【路径查找器】调板中的【联集】按钮，将图形焊接在一起，如图 8-27 所示。

（14）参照图 8-28 所示，使用【渐变工具】为焊接后的图形添加渐变填充效果。

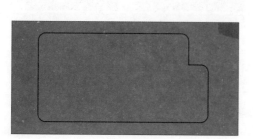

图 8-27　焊接图形

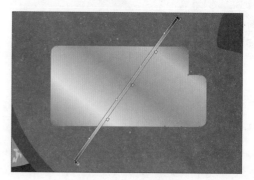

图 8-28　为图形设置渐变色

（15）参照图8-29所示，使用【选择工具】▶调整图形的旋转角度与位置。保持图形的选择状态，执行【对象】|【路径】|【偏移路径】命令，打开【位移路径】对话框，设置【位移】参数为-0.3mm，单击【确定】按钮完成设置。

（16）使用【渐变工具】▦为偏移的路径调整渐变填充效果，如图8-30所示。

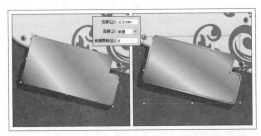

图 8-29 偏移路径

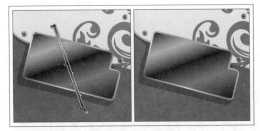

图 8-30 设置渐变色

（17）选择【椭圆工具】◉，配合键盘上的 Alt+Shift 键绘制正圆，参照图8-31所示，使用工具箱中的【渐变工具】▦为图形设置渐变色。

（18）使用工具箱中的【钢笔工具】✎在视图中绘制图8-32所示的装饰图形，分别为图形设置颜色并取消轮廓线的填充。

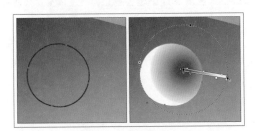

图 8-31 为正圆设置渐变色

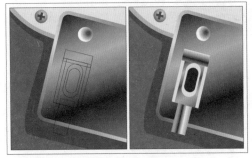

图 8-32 绘制装饰图形

（19）选择以上步骤（16）和（17）绘制的装饰图形，配合键盘上的 Alt 键复制装饰图形为多个副本，调整图形位置，并继续绘制白色圆角矩形，得到图8-33所示效果。选择绘制的所有装饰图形，按快捷键 Ctrl+G 将其编组。

（20）分别使用工具箱中的【圆角矩形工具】▣和【椭圆工具】◉，在视图中绘制图8-34所示的装饰图形，分别为图形设置颜色并将其编组。

（21）使用工具箱中的【钢笔工具】✎在装饰图形底部绘制曲线图形，参照图8-35所示，为图形设置渐变色，制作投影效果。

（22）保持投影图形的选择状态，按快捷键 Ctrl+[调整图形的排列顺序，得到图8-36所示效果。

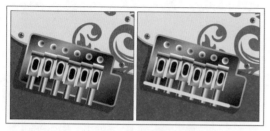

图 8-33 复制图形

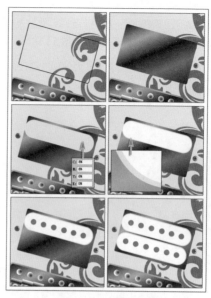

图 8-34 绘制图形

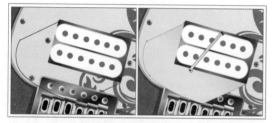

图 8-35 绘制投影图形

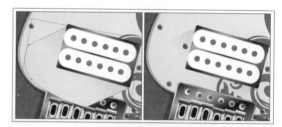

图 8-36 调整图形排列顺序

（23）使用以上相同的方法，继续为吉他绘制装饰图形及投影效果，并调整投影图形的排列顺序，如图 8-37 所示。

（24）参照图 8-38 所示，使用工具箱中的【钢笔工具】和【椭圆工具】为吉他绘制细节图形，分别为图形设置颜色并将其编组。

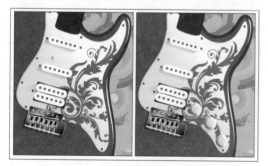

图 8-37 继续绘制装饰图形

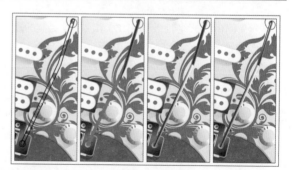

图 8-38 绘制其他图形

（25）使用工具箱中的【钢笔工具】继续在视图中绘制图 8-39 所示的装饰图形。

（26）继续使用【钢笔工具】在视图中绘制图 8-40 所示的装饰图形。

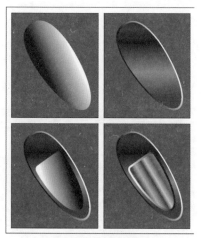

图 8-39 绘制装饰图形

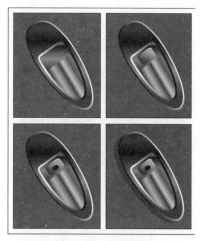

图 8-40 绘制装饰图形

（27）参照图 8-41 所示，配合键盘上的 Alt 键复制螺丝钉图形，并调整图形的大小与位置。

（28）分别使用工具箱中的【钢笔工具】 和【椭圆工具】 在视图中为吉他绘制图 8-42 所示装饰图形，并为图形设置颜色。

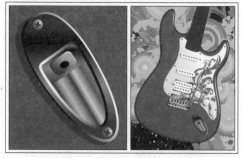

图 8-41 调整图形位置

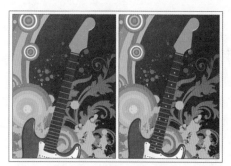

图 8-42 绘制装饰图形

（29）参照图 8-43 所示，使用工具箱中的【钢笔工具】 为吉他绘制装饰图形，为图形设置颜色后，取消轮廓线的填充。

（30）配合键盘上的 Alt 键复制多个装饰图形，调整图形位置，如图 8-44 所示。选择复制的所有图形，按快捷键 Ctrl+G 将其编组。然后执行【对象】|【排列】|【置于底层】命令，调整图形的排列顺序。

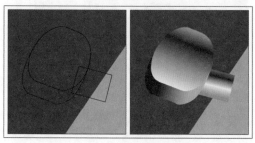

图 8-43 设置渐变色

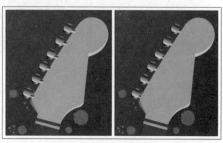

图 8-44 复制图形

159

（31）使用工具箱中的【钢笔工具】✍ 和【椭圆工具】◉ 继续为吉他绘制图 8–45 所示的装饰图形。

（32）参照图 8–46 所示，选择工具箱中的【钢笔工具】✍，在装饰图形底部绘制曲线图形。使用【渐变工具】▦ 为绘制的曲线图形设置渐变色，制作投影效果，使图形更为真实具有立体感。

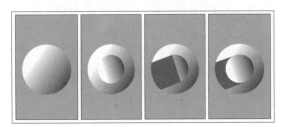

图 8–45　绘制装饰图形

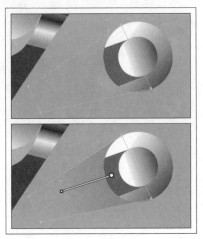

图 8–46　设置渐变色

（33）选择步骤（30）和（31）绘制的图形，配合键盘上的 Alt 键复制图形为多个副本，调整图形位置并将其编组，得到图 8–47 所示效果。

（34）使用【钢笔工具】✍ 为吉他图形绘制琴弦。选择绘制的所有琴弦图形，参照图 8–48 所示，为图形添加渐变填充效果。

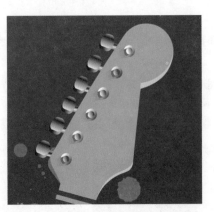

图 8–47　复制图形

图 8–48　绘制琴弦

3）添加文字信息

（1）选择工具箱中的【文字工具】T，在视图中输入文本"音乐晚会"，设置文本格式，如图 8–49 所示。

（2）在【图层】调板中拖动文本"音乐晚会"到【创建新图层】![按钮]按钮位置，释放鼠标后，将文本复制。执行【效果】|【路径】|【位移路径】命令，打开【位移路径】对话框，参照图 8-50 所示,设置【位移】参数为 0.3mm,单击【确定】按钮，为复制的文本位移路径。

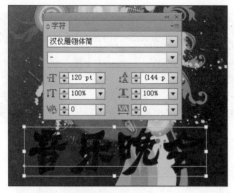

图 8-49　输入文字

图 8-50　【偏移路径】对话框

（3）参照图 8-51 所示，使用工具箱中的【渐变工具】![图标]为位移的路径添加渐变填充，效果如图 8-52 所示。

图 8-51　为路径设置渐变色

图 8-52　渐变填充后的效果

（4）选择原文本"音乐晚会"，在属性栏中设置描边颜色为深红色（C：50%、M：100%、Y：98%、K：28%），其中设置描边粗细参数为 12pt，如图 8-53 所示。

（5）保持文本的选择状态，单击【描边】调板中的【圆角连接】![图标]按钮，设置拐角效果为圆角连接，如图 8-54 所示。

图 8-53　设置描边效果

图 8-54　设置圆角连接

（6）在【图层】调板中拖动描边文本"音乐晚会"到【创建新图层】 按钮位置，将该文本复制。参照图 8-55 所示，在属性栏中为复制的文本设置描边效果。

（·7）按快捷键 Ctrl+[调整文本"音乐晚会"的排列顺序，得到图 8-56 所示效果。

图 8-55　设置描边效果

图 8-56　调整文本排列顺序

（8）使用以上步骤相同的方法，继续复制文本"音乐晚会"，依次为文本设置红色（C:12%、M:80%、Y:10%、K:0%）30 像素和紫色（C:79%、M:80%、Y:40%、K:3%）40 像素描边效果并调整其排列顺序，得到图 8-57 所示效果。

（9）使用工具箱中的【文字工具】 T 继续在视图中输入相关文字信息，设置文本格式，如图 8-58 所示。

（10）至此完成本实例的操作，效果如图 8-59 所示。

图 8-57　继续设置描边效果

图 8-58　添加相关文字信息

图 8-59　完成效果

8.2　青花瓷艺术展海报设计

下面进行青花瓷艺术展海报设计的制作，对如何创建图案和不透明蒙版、添加描边及旋转对象的操作进行练习。

1. 练习目标

掌握运用【图案选项】调板创建自定义图案作为背景的方法，学会为图形添加描边效果，使用【旋转工具】 调整图形角度，熟练为图形创建蒙版的方法。

2. 具体操作

1）创建背景效果

⬇（1）执行【文件】|【新建】命令，打开【新建文档】对话框，创建一个尺寸为 A4 的新文档，并设置文档名称为"青花瓷艺术展"，单击【确定】按钮完成设置。

⬇（2）使用工具箱中【钢笔工具】✎ 在视图中绘制图 8-60 所示的花朵图形。选择绘制的花朵图形，单击【路径查找器】调板中的【减去顶层】按钮 ⬒ ，修剪图形为镂空效果，并为图形填充蓝色（C：87%、M：56%、Y：20%、K：0%）。

⬇（3）使用相同的方法，继续在视图中绘制图 8-61 所示的装饰图形，为图形填充蓝色（C：87%、M：56%、Y：20%、K：0%）并取消轮廓线的填充。

图 8-60 绘制花朵图形

图 8-61 绘制装饰图形

⬇（4）选择绘制的装饰图形，按快捷键 Ctrl+G 将其编组。然后配合键盘上的 Alt 键复制装饰图形，调整图形排列位置。

⬇（5）参照图 8-62 所示，使用【矩形工具】▣ 在装饰图形底部绘制矩形，并取消图形的填色和描边效果。

图 8-62 复制装饰图形并绘制矩形

⬇（6）选择绘制的所有装饰图形和矩形，执行【窗口】|【图案选项】命令，打开【图案选项】调板，参照图 8-63 所示，设置参数，将选择的图形自定义图案，效果如图 8-64 所示。

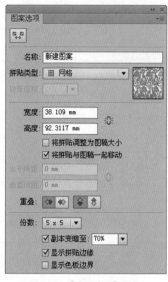

图 8-63 【图案选项】调板

图 8-64 定义图案后的效果

（7）使用工具箱中的【矩形工具】■，贴齐视图绘制矩形，单击【色板】调板中的【新建图案】图标，为矩形添加图案填充效果，如图 8-65 所示。然后在【透明度】调板中为图形设置【不透明度】参数为 20%。

（8）使用工具箱中的【矩形工具】■，贴齐视图绘制矩形，为矩形设置描边颜色为深蓝色（C：100%、M：96%、Y：23%、K：0%），参照图 8-66 所示，在【描边】调板中设置【粗细】参数为 2pt，单击【使描边内侧对齐】按钮 ，使描边与图形内侧对齐。

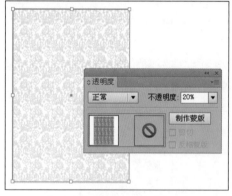

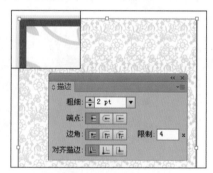

图 8-65 为图形添加图案填充效果

图 8-66 设置描边效果

（9）使用工具箱中的【矩形工具】■ 在视图顶部分别绘制深蓝色（C：100%、M：96%、Y：23%、K：0%）矩形，如图 8-67 所示。

（10）使用【钢笔工具】绘制图 8-68 所示的装饰图形。

（11）按住键盘上的 Alt 键水平向右拖动装饰图形，释放鼠标后，将该图形复制，如图 8-69 所示。

（12）连续按快捷键 Ctrl+D 重复上一次变换操作，使复制的装饰图形平铺视图，得到图 8-70 所示效果。

图 8-67　绘制矩形

图 8-68　绘制装饰图形

图 8-69　复制图形

图 8-70　重复上一次操作

图 8-71　复制图形

（13）选择刚刚在视图顶部绘制的矩形和装饰图形，双击工具箱中的【旋转工具】，打开【旋转】对话框，设置【角度】参数为 -180°，单击【复制】按钮，将该图形旋转并复制，调整复制图形的位置到视图底部，如图 8-71 所示。

2）创建青花瓷图形

（1）使用工具箱中的【钢笔工具】在视图中绘制图 8-72 所示的花纹图形。

（2）在视图中绘制青花瓷图形，首先使用【钢笔工具】绘制青花瓷轮廓图形，为图形填充颜色为白色，如图 8-73 所示。

（3）参照图 8-74 所示，为青花瓷绘制花纹图形，分别为图形设置颜色并取消轮廓线的填充。然后按快捷键 Ctrl+G 将绘制的青花瓷图形编组。

图 8-72　绘制装饰图形

图 8-73　绘制青花瓷

图 8-74　为青花瓷绘制花纹

3）添加其他装饰图形和文字信息

（1）参照图 8-75 所示，使用【钢笔工具】 在视图中绘制路径。然后在属性栏中为绘制的路径设置描边颜色为深蓝色（C：100%、M：96%、Y：23%、K：0%），其中设置描边粗细为 3pt。

（2）选择刚刚绘制的曲线图形，双击工具箱中的【旋转工具】 ，在打开的【旋转】对话框中设置【角度】参数为 -180°，单击【复制】按钮，将该图形旋转并复制，得到图 8-76 所示效果。

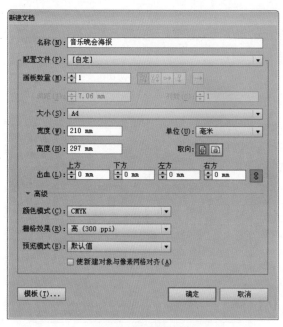

图 8-75　绘制装饰图形

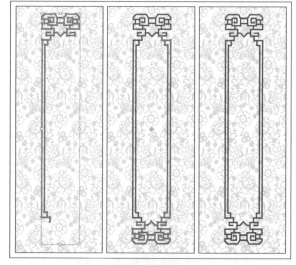

图 8-76　复制图形

（3）参照图 8-77 所示，使用【直排文字工具】 在视图中输入文本"青花瓷"。

（4）使用工具箱中的【直排文字工具】 在视图中输入文本"艺术展"，然后在【字符】调板中设置文本格式，如图 8-78 所示。

（5）使用【直排文字工具】 继续在视图中添加艺术展地址、时间等文字信息，如图 8-79 所示。

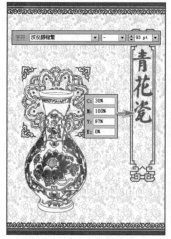

图 8-77　输入文本"青花瓷"

图 8-78　设置文本格式

图 8-79　添加相关文字信息

8.3 健康饮料海报设计

下面进行健康饮料海报设计,对如何为图形添加封套和创建剪切蒙版的操作进行练习。

1. 练习目标

掌握【混合工具】  创建较为复杂图形的方法,学会为图形添加封套和创建剪切蒙版的方法,通过【路径查找器】调板改变图形形状。

2. 具体操作

1) 绘制背景和主体物图形

⬇(1)执行【文件】|【新建】命令,打开【新建文档】对话框,参照图 8-80 所示,设置页面大小,单击【确定】按钮完成设置,即可创建一个新文档。

⬇(2)单击工具箱中的【矩形工具】▣,贴齐视图绘制同等大小的矩形。参照图 8-81 所示,在【渐变】调板中设置渐变色,为矩形添加渐变填充效果,单击工具箱中的【渐变工具】▣,在视图中设置渐变滑杆,调整渐变填充效果。

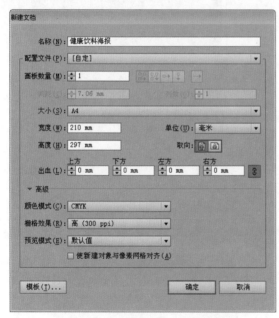

图 8-80 【新建文档】对话框

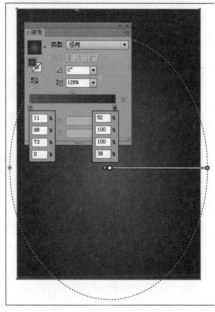

图 8-81 添加渐变填充效果

⬇(3)使用工具箱中的【钢笔工具】✐ 在视图中绘制饮料瓶的轮廓图形。参照图 8-82 所示,为图形添加渐变填充效果,使图形具有金属质感。

⬇(4)参照图 8-83 所示,使用工具箱中的【钢笔工具】✐在视图中绘制瓶盖图形。

⬇(5)继续绘制图形,分别为图形设置颜色,并取消轮廓线的填充,效果如图 8-84 所示。

⬇(6)使用工具箱中的【钢笔工具】✐为饮料瓶绘制瓶底图形,分别为图形设置颜色,如图 8-85 所示,增强图形立体效果。

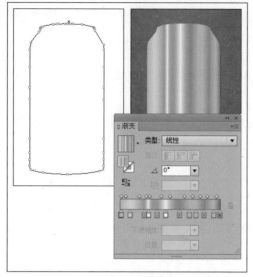

图 8-82　绘制饮料瓶

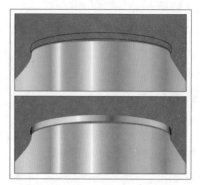

图 8-83　绘制瓶盖图形

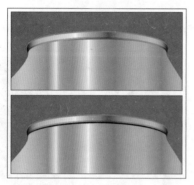

图 8-84　设置颜色

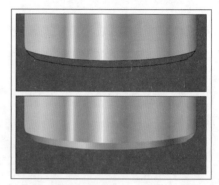

图 8-85　绘制瓶底图形

（7）继续使用【钢笔工具】 为饮料瓶绘制瓶底图形，效果如图 8-86 所示。

（8）继续在视图中绘制曲线图形，分别为图形设置渐变色，得到图 8-87 所示效果。

图 8-86　绘制瓶底图形

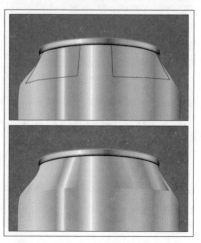

图 8-87　设置渐变色

（9）参照图 8-88 所示，使用【钢笔工具】 在视图中为饮料瓶绘制细节图形。

（10）参照图 8-89 所示，在视图中绘制曲线图形，分别为图形填充白色和灰色（C：24%、M：18%、Y：17%、K：0%）。

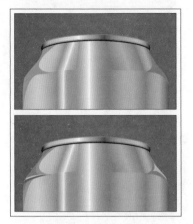

图 8-88 绘制立体效果

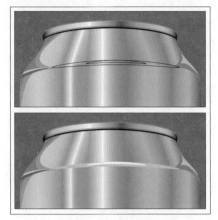

图 8-89 绘制图形

（11）选择刚刚绘制的两个曲线图形，执行【对象】|【混合】|【建立】命令，为图形创建混合效果。参照图 8-90 所示，配合键盘上的 Alt 键复制混合图形，并调整图形大小与位置。

（12）参照图 8-91 所示，首先在视图中绘制白色椭圆形，然后使用【钢笔工具】 绘制星形。

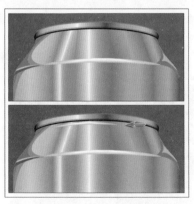

图 8-90 添加混合效果

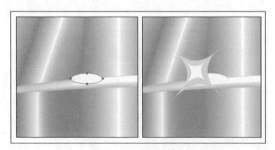

图 8-91 绘制星形图形

（13）选择绘制的星形，执行【对象】|【混合】|【建立】命令，为图形创建混合效果，如图 8-92 所示。

（14）保持星形图形的选择状态，双击工具箱中的【混合工具】 ，打开【混合选项】对话框，设置【指定的步数】参数为 1，单击【确定】按钮完成设置。然后配合键盘上的 Alt 键复制星形图形，调整图形大小与位置，如图 8-93 所示。

（15）参照图 8-94 所示，使用工具箱中的【钢笔工具】 为饮料瓶底部绘制细节图形，分别为图形设置颜色，并取消轮廓线的填充，增强图形的立体效果。

（16）选择为饮料瓶绘制的所有图形，按快捷键 Ctrl+G 将其编组，效果如图 8-95 所示。

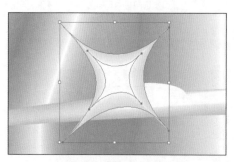

图 8-92　添加混合效果

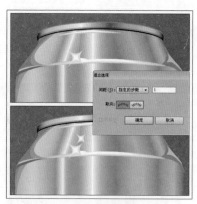

图 8-93　设置混合效果

图 8-94　绘制细节图形

图 8-95　绘制细节图形

⬇（17）单击工具箱中的【文字工具】 T ，依次在视图中输入文本"3"和"0"，设置文本格式，如图 8-96 所示。

⬇（18）继续使用工具箱中的【文字工具】 T ，依次在视图中输入文本"2"和"8"，设置文本格式，如图 8-97 所示。

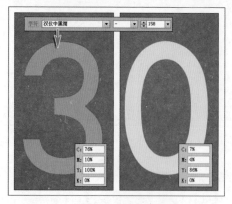

图 8-96　添加文字

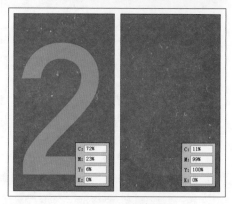

图 8-97　添加文字

⬇（19）参照图 8-98 所示，分别调整文本"3"、"0"、"2"和"8"的位置，然后使用【钢笔工具】 ✐ 在视图中绘制曲线图形。

⬇（20）选择刚刚绘制的曲线图形和文字，执行【对象】|【封套扭曲】|【用顶层对象建立】命令，创建封套效果，如图 8-99 所示。

图 8-98　调整文字位置

图 8-99　创建封套效果

（21）选择工具箱中的【矩形工具】▢，在视图中绘制矩形，参照图 8-100 所示，为矩形设置渐变色。

（22）选择矩形和封套效果，单击【图层】调板右上角的 按钮，在弹出的快捷菜单中选择【建立不透明蒙版】命令，为图形创建不透明蒙版。然后在【透明度】调板中取消【剪切】复选框的勾选，得到图 8-101 所示效果。

（23）参照图 8-102 所示，分别使用工具箱中的【文字工具】T 和【直排文字工具】IT 在视图中输入文本"HEALTHY"和"健康"。

图 8-100　为矩形设置渐变色

图 8-101　创建剪切蒙版

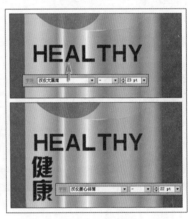

图 8-102　添加文字

（24）使用工具箱中的【文字工具】T 在视图中输入文本"CHINESE FOOD IS SO POPULAR IN THE WORLD"，设置文本格式，如图 8-103 所示。

（25）参照图 8-104 所示，使用【文字工具】T 继续在视图中输入产品相关文字信息。

图 8-103　添加文字信息

图 8-104　继续添加相关文字信息

171

（26）使用【钢笔工具】 在视图中绘制图 8-105 所示的曲线图形,选择绘制的曲线图形和所有文字信息,执行【对象】|【封套扭曲】|【用顶层对象建立】命令,为图形创建封套效果。

（27）参照图 8-106 所示,贴齐饮料瓶绘制矩形,选择绘制的矩形和为文字添加的封套效果,按快捷键 Ctrl+7,为选择的图形创建剪切蒙版效果。

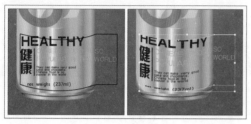

图 8-105　创建封套效果

图 8-106　创建剪切蒙版

（28）使用工具箱中的【椭圆工具】 在饮料瓶底部绘制椭圆形,参照图 8-107 所示,使用【渐变工具】 为椭圆形添加渐变填充。

（29）接下来在【透明度】调板中为椭圆形设置混合模式为【变暗】选项,得到图 8-108 所示的投影效果。

图 8-107　绘制椭圆形

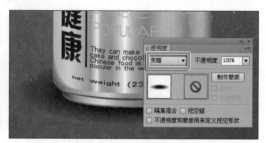

图 8-108　设置混合模式

2）绘制装饰图形

（1）使用工具箱中的【椭圆工具】 在视图右上角位置绘制图 8-109 所示大小不等的四个椭圆形,分别为图形设置颜色,并取消轮廓线的填充。

（2）参照图 8-110 所示,选择绘制的两个椭圆形,执行【对象】|【混合】|【建立】命令,为图形创建混合效果。

图 8-109　绘制椭圆形

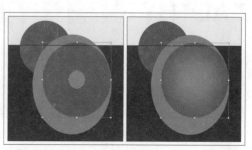

图 8-110　创建混合效果

（3）选择绘制的椭圆形，按住键盘上的 Alt 键拖动图形，释放鼠标后，将选择的图形复制，调整图形大小与位置，如图 8-111 所示。

（4）使用工具箱中的【钢笔工具】 ✎ 在视图中绘制图 8-112 所示的装饰图形，为图形填充浅蓝色（C：76%、M：59%、Y：8%、K：0%），并取消轮廓线的填充。

图 8-111　复制图形

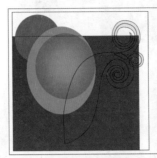

图 8-112　绘制装饰图形

（5）参照图 8-113 所示，在视图中绘制椭圆形，分别为图形填充浅蓝色（C：76%、M：59%、Y：8%、K：0%）和淡紫色（C：56%、M：39%、Y：5%、K：0%）。配合快捷键 Alt+Ctrl+B 为绘制的椭圆形创建混合效果。

（6）使用工具箱中的【钢笔工具】 ✎ 在视图中绘制图 8-114 所示的紫色（C:76%、M:98%、Y:57%、K:36%）装饰图形。

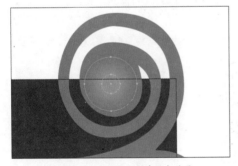

图 8-113　为椭圆形创建混合效果

图 8-114　绘制装饰图形

（7）使用工具箱中的【椭圆工具】 ⬭ 继续在视图中绘制椭圆形，参照图 8-115 所示，分别为椭圆形设置颜色，然后配合快捷键 Alt+Ctrl+B 为椭圆形创建混合效果。

（8）参照图 8-116 所示，使用【钢笔工具】 ✎ 在视图右上角位置绘制装饰图形，并为图形设置颜色。

（9）继续在视图中绘制图 8-117 所示的两个椭圆形，配合快捷键 Alt+Ctrl+B 为椭圆形创建混合效果。

（10）使用工具箱中的【椭圆工具】 ⬭ 和【钢笔工具】 ✎ 在视图中绘制图 8-118 所示的笑脸图形，分别为图形设置颜色，并取消轮廓线的填充。

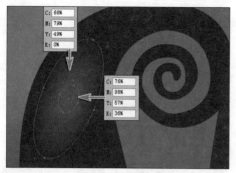

图 8-115　创建混合效果

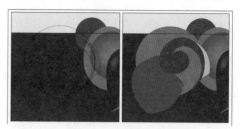

图 8-116　绘制装饰图形

图 8-117　继续绘制图形并创建混合效果

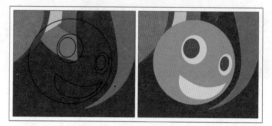

图 8-118　绘制装饰图形

（11）使用以上相同的方法，继续在视图中绘制笑脸和装饰图形，分别为图形设置颜色并取消轮廓线的填充，如图 8-119 所示。

（12）选择绘制的所有装饰图形，按快捷键 Ctrl+G 将其编组。配合快捷键 Ctrl+[调整装饰图形的排列顺序，如图 8-120 所示。

（13）选择工具箱中的【钢笔工具】，在视图中绘制图 8-121 所示的蓝色（C：72%、M：23%、Y：6%、K：0%）装饰图形。

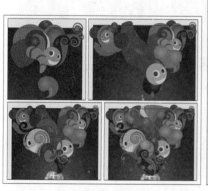

图 8-119　绘制图形

图 8-120　绘制的装饰

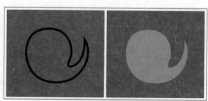

图 8-121　绘制图形

（14）按住键盘上的 Alt 键拖动刚刚绘制的装饰图形，释放鼠标后，将该图形复制多个副本，调整图形大小、位置和颜色，如图 8-122 所示。

（15）使用工具箱中的【钢笔工具】在视图中绘制图 8-123 所示紫色（C：47%、M：71%、Y：11%、K：0%）花瓣图形。

图 8-122　复制图形

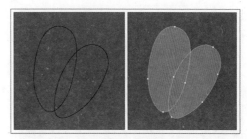

图 8-123　绘制花瓣图形

（16）保持花瓣图形的选择状态，选择工具箱中的【旋转工具】 🔄，在视图中单击设置中心点位置，这时按住键盘上的 Alt+Shift 键拖动图形，释放鼠标后，将图形旋转并复制，如图 8-124 所示。

（17）连续按快捷键 Ctrl+D，重复上一次操作，使复制的图形绕中心点旋转一周，如图 8-125 所示。选择复制的所有花瓣图形，单击【路径查找器】调板中的【联集】按钮 🔲，将图形焊接在一起。

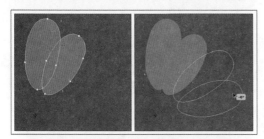

图 8-124　复制图形

图 8-125　焊接图形

（18）使用以上步骤相同的方法，继续绘制花朵图形，分别设置图形颜色，得到图 8-126 所示效果。

（19）参照图 8-127 所示，使用工具箱中的【椭圆工具】 🔵 为花朵图形绘制花蕊，并设置颜色为红色（C：16%、M：95%、Y：90%、K：0%）。然后选择绘制的花朵图形，按快捷键 Ctrl+G 将其编组。

图 8-126　绘制花朵图形

图 8-127　绘制正圆

（20）配合键盘上的 Alt 键复制刚刚绘制的花朵图形，调整图形大小与位置，如图 8-128 所示。

（21）使用【矩形工具】■ 贴齐视图绘制矩形，单击【图层】调板右上角的 ▼≡ 按钮，在弹出的快捷菜单中选择【创建剪切蒙版】命令，为图形创建剪切蒙版，如图 8-129 所示。

图 8-128　复制图形

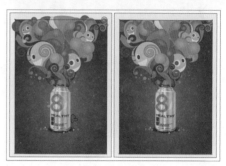

图 8-129　创建剪切蒙版

3）添加文字信息

（1）新建"图层 2"。参照图 8-130 所示，使用【矩形工具】■ 贴齐视图绘制橘黄色（C：10%、M：85%、Y：96%、K：0%）矩形。

（2）选择工具箱中的【文字工具】T，在视图中输入活动相关文字信息，设置文本格式，如图 8-131 和 8-132 所示。

（3）使用工具箱中的【文字工具】T 在视图顶部位置输入文本"HEALTHY DRINK"，如图 8-133 所示。

图 8-130　绘制矩形

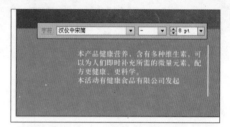

图 8-131　添加相关文字信息

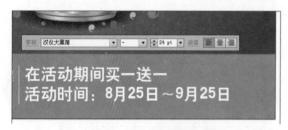

图 8-132　添加相关文字信息

图 8-133　添加文字

（4）选择文本"HEALTHY DRINK"，执行【文字】|【创建轮廓】命令，将文本转换为轮廓图形，如图 8-134 所示。

（5）选择工具箱中的【直接选择工具】▶，在视图中对"HEALTHY DRINK"字样图形进行编辑，得到图 8-135 所示效果。

图 8-134 创建轮廓图形

图 8-135 编辑图形

（6）在【图层】调板中拖动"HEALTHY DRINK"字样图形到【创建新图层】按钮 位置，释放鼠标后将该图形复制，调整图形位置，如图 8-136 所示。

（7）参照图 8-137 所示，使用工具箱中的【文字工具】 在视图中输入文本"新品上市"。

图 8-136 复制图形

图 8-137 输入文本

（8）使用【矩形工具】 在视图中绘制矩形，取消图形的颜色填充，并设置描边颜色为黄色，其中设置描边粗细为3pt，如图 8-138 所示。

（9）参照图 8-139 所示，使用【钢笔工具】 在视图中绘制斑点图形。

图 8-138 绘制矩形

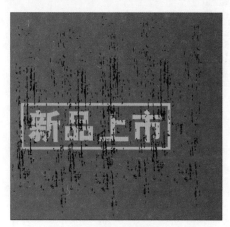

图 8-139 绘制图形

（10）选择刚刚绘制的斑点图形、矩形和文字"新品上市"，单击【透明度】调板右上角的按钮 ，参照图 8-140 所示，在弹出的快捷菜单中选择【建立不透明蒙版】命令，为图形创建不透明蒙版，并取消【剪切】复选框的勾选。

（11）选择刚刚绘制的"新品上市"印章图形，调整图形的旋转角度与位置，得到图 8-141 所示效果。

图 8-140　创建不透明蒙版

图 8-141　调整图形

第9章

户外广告设计

　　户外广告对地区和消费者的选择性强，可以较好地利用消费者在途中或散步游览，具有一定的强迫诉求性质，即使匆匆赶路的消费者也可能因对广告的随意一瞥而留下一定的印象，并通过多次反复而对某些商品留下较深印象。这些广告与市容浑然一体的效果，往往使消费者非常自然地接受了广告。

知识导读

1. 户外音响广告设计
2. 户外手机广告设计
3. 速赛摩托户外广告设计

本章重点

1. 使用【渐变】调板、【透明度】调板、【路径查找器】调板编辑图形
2. 创建 3D 图像
3. 【渐变工具】 的使用
4. 快速复制图像功能的应用

9.1 户外音响广告设计

下面进行户外音响广告设计，对绘制不规则形状图形和创建 3D 图像等知识进行练习。

1. 练习目标

掌握【渐变】调板、【路径查找器】调板、【透明度】调板、【符号】调板、创建 3D 图像等功能在实际绘图中的方法。

2. 具体操作

1）创建背景和装饰图形

⬇（1）执行【文件】|【新建】命令，打开【新建文档】对话框，参照图 9-1 所示，设置页面大小，单击【确定】按钮完成设置，即可创建一个新文档。

⬇（2）选择工具箱中的【矩形工具】■，贴齐视图绘制相同大小的矩形。保持矩形的选择状态，参照图 9-2 所示，在【渐变】调板中设置渐变色，为矩形添加渐变填充效果。

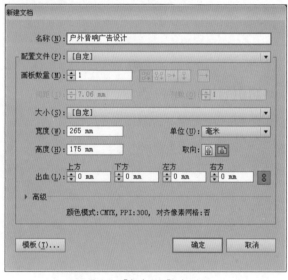

图 9-1 【新建文档】对话框

图 9-2 添加渐变效果

⬇（3）选择工具箱中的【渐变工具】■，这时在视图中出现渐变滑杆，设置渐变滑杆，调整渐变填充效果，如图 9-3 所示。

⬇（4）使用工具箱中的【渐变工具】■ 为视图中绘制不规则图形，并为其添加渐变填充效果，如图 9-4 所示。

⬇（5）选择工具箱中的【椭圆工具】●，配合键盘上的 Alt+Shift 键在视图中绘制多个正圆，分别为图形设置渐变色，并取消轮廓线的填充，如图 9-5 所示。

⬇（6）配合键盘上的 Alt+Shift 键绘制多个正圆，如图 9-6 所示，选择绘制的正圆，单击【路径查找器】调板中的【联集】按钮 ▣，将选择的图形焊接在一起。

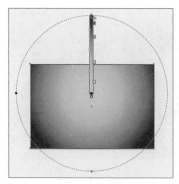

图9-3 设置渐变色

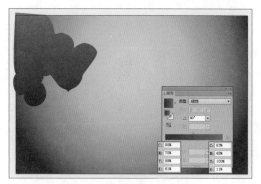

图9-4 为图形设置渐变色

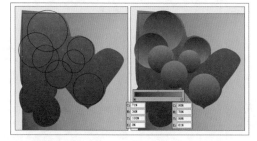

图9-5 绘制正圆

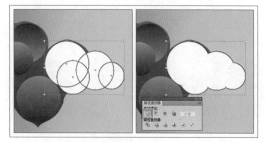

图9-6 焊接图形

⬇（7）参照图9-7所示，在【渐变】调板中设置渐变色，使用【渐变工具】▣为图形添加渐变填充效果。

⬇（8）在【图层】调板中拖动刚刚绘制的图形到【创建新图层】按钮 🔲 处，将该图形复制。单击【色板】调板中的【"色板库"菜单】按钮 🔈，在弹出的快捷菜单中选择【图案】|【基本图形】|【基本图形-点】命令，打开【基本图形-点】调板，单击"6 dpi 30%"图案图标，为图形添加图案填充效果，如图9-8所示。

图9-7 设置渐变色

图9-8 添加图案填充效果

⬇（9）双击工具箱中的【比例缩放工具】🔲，打开【比例缩放】对话框，参照图9-9所示，设置对话框参数，单击【确定】按钮，关闭对话框，缩放图案效果。

⬇（10）保持图形的选择状态，在【透明度】调板中设置混合模式为【混色】选项，得到图9-10所示效果。

⬇（11）参照图9-11所示，使用工具箱中的【钢笔工具】🖊 在视图中绘制绿色（C：91%、M：56%、Y：97%、K：31%）装饰图形。

⬇（12）使用工具箱中的【椭圆工具】⬤ 在视图中绘制椭圆形，分别为图形设置颜色，并取消轮廓线的填充，得到图9-12所示效果。

181

图9-9 缩放图案效果

图9-10 设置混合模式

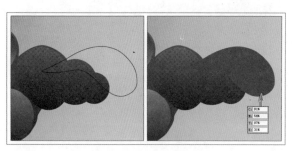

图9-11 绘制装饰图形

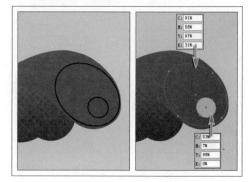

图9-12 绘制椭圆形

（13）选择刚刚绘制的两个椭圆形，执行【对象】|【混合】|【建立】命令，为图形创建混合效果，如图9-13所示。

（14）使用相同的方法，继续在视图中绘制装饰图形，如图9-14所示。选择绘制的装饰图形，按快捷键Ctrl+G将其编组。

图9-13 设置混合效果

图9-14 继续为图形添加混合效果

（15）使用工具箱中的【钢笔工具】 在视图中绘制图9-15所示的装饰图形。

（16）参照图9-16所示，在视图中绘制两条曲线。使用工具箱中的【混合工具】 为曲线添加混合效果。

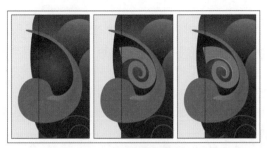
图 9-15 绘制装饰图形

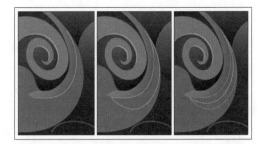
图 9-16 为曲线添加混合效果

⬇（17）保持图形的选择状态，双击工具箱中的【混合工具】，打开【混合选项】对话框，如图 9-17 所示，在【间距】选项中设置【指定的步数】参数为 5，单击【确定】按钮完成设置。

⬇（18）继续在视图中绘制椭圆形，参照图 9-18 所示，分别设置图形颜色并取消轮廓线的填充，然后使用工具箱中的【混合工具】 为图形添加混合效果。

图 9-17 【混合选项】对话框

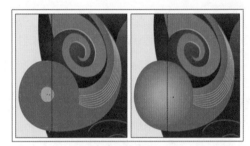
图 9-18 设置混合效果

⬇（19）使用工具箱中的【钢笔工具】 在视图中绘制图 9-19 所示的装饰图形，分别为图形设置颜色并将其编组。

⬇（20）配合键盘上的 Alt 键拖动刚刚绘制的装饰图形，将该图形复制，调整图形大小与位置，并设置其透明度，得到图 9-20 所示效果。

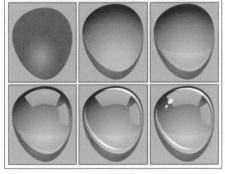
图 9-19 绘制装饰图形

图 9-20 复制装饰图形

2）为文字添加 3D 效果

（1）选择工具箱中的【文字工具】 T ，在视图中输入文本"M"、"U"、"S"、"I"和"C"，设置文本格式，如图 9-21 所示。

（2）参照图 9-22 所示，使用工具箱中的【渐变工具】 为绘制的矩形添加渐变填充效果。

图 9-21 输入文本

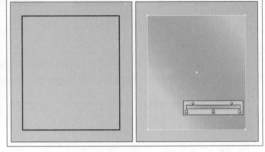

图 9-22 设置渐变色

（3）保持矩形的选择状态，单击【符号】调板右上角的 按钮，在弹出的快捷菜单中选择【新建符号】选项，打开【符号选项】对话框，如图 9-23 所示，单击【确定】按钮，关闭对话框，将选择的图形创建为符号。

（4）使用工具箱中的【矩形工具】 在视图绘制多个矩形，分别为图形设置渐变色，如图 9-24 所示。使用以上相同的方法，分别将绘制的矩形定义为符号。

图 9-23 创建符号图形

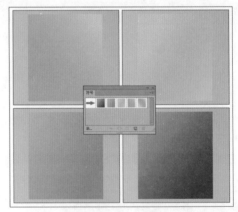

图 9-24 绘制矩形

（5）选择文本"U"，执行【效果】|3D|【凸出和斜角】命令，打开【3D 凸出和斜角选项】对话框，参照图 9-25 所示，为文本设置 3D 效果。

（6）单击【3D 凸出和斜角选项】对话框中的【贴图】按钮，打开【贴图】对话框，在【符号】下拉列表中选择【新建符号】选项，如图 9-26 所示。

（7）设置完成后，单击【贴图】对话框中的【确定】按钮，关闭对话框，回到【3D 凸出和斜角选项】对话框，单击【确定】按钮完成设置，为文本添加 3D 效果，如图 9-27 所示。

（8）使用以上相同的方法，依次为视图中的文本"U"、"S"、"I"和"C"添加 3D 效果，如图 9-28~ 图 9-35 所示。

（9）参照图 9-36 所示，使用工具箱中的【移动工具】 移动文本位置到视图左上方，配合快捷键 Ctrl+G 调整文本排列顺序。

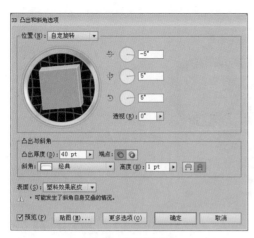

图 9-25 设置 3D 效果

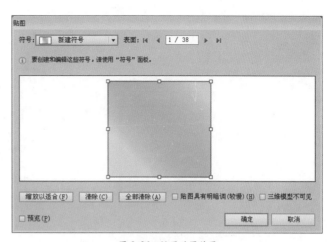

图 9-26 设置贴图效果

图 9-27 应用 3D 效果

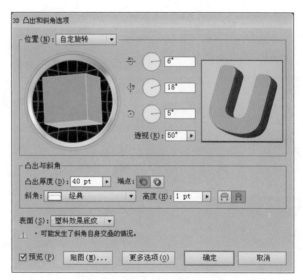

图 9-28 为文本"U"添加 3D 效果

图 9-29 为文本"U"设置贴图效果

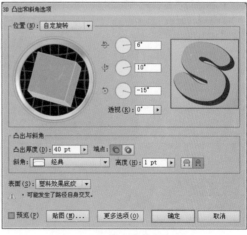

图 9-30 为文本"S"添加 3D 效果

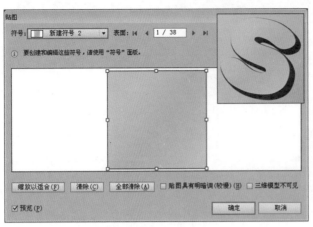

图 9-31　为文本"S"设置贴图效果

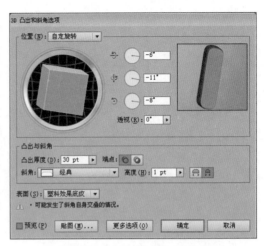

图 9-32　为文本"I"添加 3D 效果

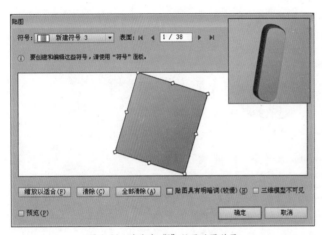

图 9-33　为文本"I"设置贴图效果

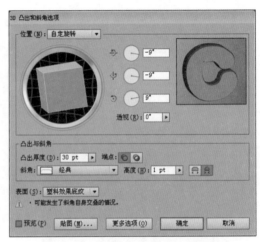

图 9-34　为文本"C"添加 3D 效果

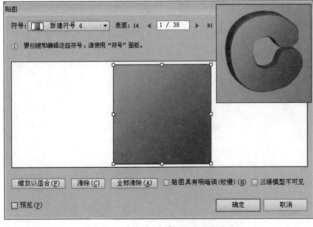

图 9-35　为文本"C"设置贴图效果

图 9-36　调整文本位置

⬇（10）参照图 9–37 所示，使用工具箱中的【钢笔工具】 🖊 在视图中绘制装饰图形。按快捷键 Ctrl+G 将其编组。

⬇（11）单击工具箱中的【椭圆工具】 ⬤ ，配合键盘上的 Alt+Shift 键绘制正圆，为图形填充浅绿色，并取消轮廓线的填充，如图 9–38 所示。

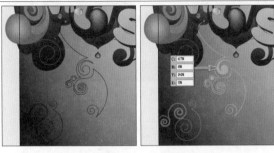
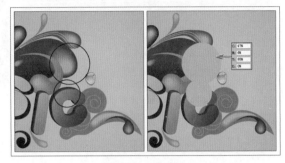

图 9–37　绘制装饰图形　　　　　　　　　　　　　图 9–38　绘制正圆

⬇（12）参照图 9–39 所示，使用【钢笔工具】 🖊 在视图中绘制螺旋线。然后选择刚刚绘制的正圆和螺旋线图形，按快捷键 Ctrl+G 将图形编组，并调整图形的排列顺序。

⬇（13）选择以上步骤绘制的所有装饰图形，按住键盘上的 Alt 键拖动图形，释放鼠标后，将选择的图形复制，调整图形大小与位置，得到图 9–40 所示效果。

⬇（14）使用【矩形工具】 ▣ 贴齐视图边缘绘制矩形。单击【图层】调板右上角的 ▼≡ 按钮，在弹出的快捷菜单中选择【创建剪切蒙版】命令，为图形创建剪切蒙版，如图 9–41 所示。

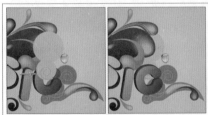

图 9–39　调整图形　　　　　　　　图 9–40　复制图形　　　　　　　图 9–41　创建剪切蒙版

3）添加相关文字信息

⬇（1）执行【文件】|【打开】命令，打开"附带光盘 /Chapter-09/ 音响 .ai"文件，如图 9–42 所示。

⬇（2）使用【移动工具】 ▶ 拖动音响图形到正在编辑的文档中，调整图形位置，如图 9–43 所示。

⬇（3）选择工具箱中的【文字工具】 Ｔ ，在视图中输入文本"瑞嘉音响"，设置文本格式，如图 9–44 所示。

⬇（4）选择文字"音响"，在【字符】调板中设置字体大小为 24pt，设置基线偏移为 -1pt，如图 9–45 所示。

图 9-42　素材图形

图 9-43　添加素材图形

图 9-44　添加文字

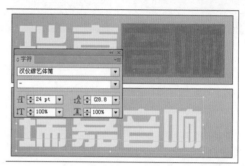

图 9-45　设置文字大小

（5）参照图 9-46 所示，使用【文字工具】 T 在视图中输入文本"YINXIANG"。

（6）选择文本"瑞嘉音响"和"YINXIANG"，拖动选择的文本到视图左上角位置，如图 9-47 所示。

图 9-46　添加文字

图 9-47　调整文本位置

（7）参照图 9-48 所示，使用【文字工具】 T 在视图中输入音响相关信息，并设置文本格式。

（8）使用工具箱中的【文字工具】 T 分别选择文字"传真订购"和"010-56487185"，设置文本颜色为黄色（C：10%、M：4%、Y：87%、K：0%），如图 9-49 所示。

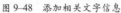

图 9-48 添加相关文字信息

图 9-49 设置文字颜色

⬇（9）参照图 9-50 所示，选择文字"传真订购"，在【字符】调板中设置字体大小为 10pt，为文字"010-56487185"设置字体大小为 21pt。

⬇（10）选择文字"售后服务热线：010-54568418（全国）服务监督热线：010-24151548（全国）"，在属性栏中设置字体为"汉仪粗黑简"，如图 9-51 所示。

图 9-50 设置字体大小

图 9-51 设置字体样式

⬇（11）参照图 9-52 所示，分别为文字"数码影音之王"、"24 小时全年无休"和"售后服务热线：010-54568418（全国）服务监督热线：010-24151548（全国）"设置字体大小为 7pt。

⬇（12）参照图 9-53 所示，使用【移动工具】 ▶ 移动刚刚添加的文本到视图左下角位置。

图 9-52 设置字体大小

图 9-53 调整文本位置

9.2 户外手机广告设计

下面进行户外手机广告设计，对绘制不规则形状图形和创建剪切蒙版及描摹图像等知识进行练习。

1. 练习目标

掌握【钢笔工具】 、【路径查找器】调板、【创建剪切蒙版】命令及描摹图像等功能在实际绘图中的方法。

2. 具体操作

1）制作背景效果

⬇（1）执行【文件】|【新建】命令，打开【新建文档】对话框，参照图 9-54 所示，设置页面大小，单击【确定】按钮，即可创建一个新文档。

⬇（2）使用工具箱中的【矩形工具】 ▣ 绘制同视图相同大小的橘黄色（C：14%、M：33%、Y：83%、K：0%）矩形，调整矩形与视图居中对齐，如图 9-55 所示。

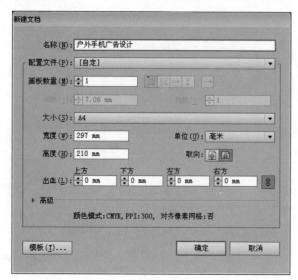

图 9-54 【新建文档】对话框

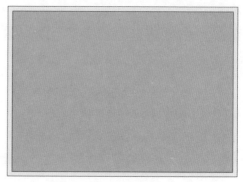

图 9-55 绘制矩形

⬇（3）使用工具箱中的【钢笔工具】 ✐ 在视图中绘制图 9-56 所示的"C"字样图形。

⬇（4）选择刚刚绘制的图形，单击【路径查找器】调板中的【减去顶层】按钮 🖻，修剪图形为镂空效果，设置图形颜色为橘红色（C：7%、M：58%、Y：91%、K：0%），如图 9-57 所示。

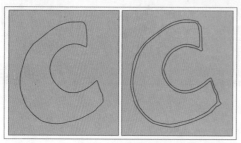

图 9-56 绘制图形

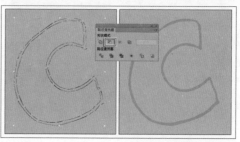

图 9-57 修剪图形

⬇（5）使用工具箱中的【钢笔工具】 📎 在"C"字样图形边缘绘制轮廓图形，为绘制的图形填充橘红色（C：7%、M：58%、Y：91%、K：0%），并取消轮廓线的填充，得到图 9–58 所示的立体效果。

⬇（6）使用以上步骤相同的方法，依次在视图中绘制"E"、"L"、"P"、"H"、"N"和"O"字样图形，配合快捷键 Ctrl+G 将每个字样图形编组，如图 9–59 所示。

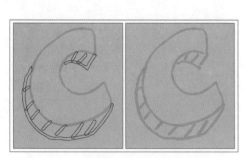

图 9–58　绘制立体效果

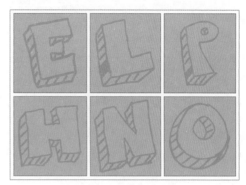

图 9–59　继续绘制字样图形

⬇（7）选择刚刚绘制的字样图形，配合键盘上的 Alt 键复制"E"和"L"字样图形，调整图形大小与位置，得到图 9–60 所示的"CELLPHONE"英文拼写。

⬇（8）选择工具箱中的【钢笔工具】 📎，在视图中绘制"MOBILE"字样图形，调整图形位置，得到图 9–61 所示效果。

图 9–60　调整字样图形

图 9–61　绘制图形

⬇（9）选择绘制的"O"字样图形，单击【路径查找器】调板中的【减去顶层】按钮 ⬜，修剪图形为镂空效果，设置图形颜色为橘红色（C：7%、M：58%、Y：91%、K：0%），如图 9–62 所示。

⬇（10）同样选择绘制的"B"字样图形，单击【路径查找器】调板中的【减去顶层】按钮 ⬜，修剪图形并设置图形颜色为橘红色（C：7%、M：58%、Y：91%、K：0%），如图 9–63 所示。

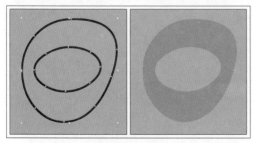

图 9–62　修剪图形

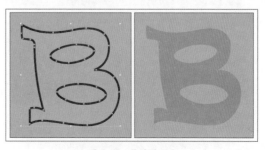

图 9–63　修剪图形 B

191

（11）选择视图中的"M"、"I"、"L"和"E"字样图形，设置图形颜色为橘红色（C：7%、M：58%、Y：91%、K：0%），如图 9-64 所示，按快捷键 Ctrl+G 将"MOBILE"字样图形编组。

（12）使用工具箱中的【钢笔工具】 在视图中绘制图 9-65 所示的手机图形。

图 9-64　设置图形颜色

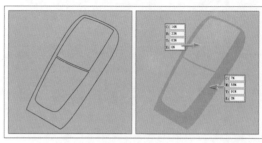

图 9-65　绘制手机轮廓

（13）使用工具箱中的【钢笔工具】 在视图中绘制手机屏图形。选择绘制两个图形，单击【路径查找器】调板中的【减去顶层】按钮 ，修剪图形并设置图形颜色为橘红色（C:7%、M:58%、Y:91%、K:0%），如图 9-66 所示。

（14）参照图 9-67 所示，在视图中为手机绘制按键图形，选择绘制的按键图形，单击【减去顶层】按钮 ，修剪图形，并设置图形颜色为橘红色（C：7%、M：58%、Y：91%、K：0%）。

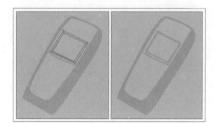

图 9-66　修剪图形

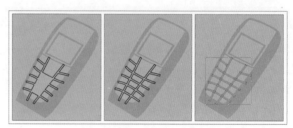

图 9-67　绘制按键图形

（15）继续使用【钢笔工具】 为手机绘制其他装饰图形，分别设置图形颜色，得到图 9-68 所示效果。选择绘制的手机图形，按快捷键 Ctrl+G 将其编组。

（16）参照图 9-69 所示，配合键盘上的 Alt 键复制字样图形，并调整图形大小与位置。

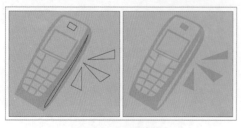

图 9-68　绘制装饰图形

图 9-69　复制图形

（17）使用【钢笔工具】 在视图中绘制图 6-70 所示的橘红色（C:7%、M:58%、Y:91%、K:0%）图形。

（18）配合键盘上的 Alt 键拖动"CELLPHONE"字样图形，将该图形复制，设置图形颜色为橘黄色（C：14%、M：33%、Y：83%、K：0%），调整其位置，得到图 9-71 所示效果。

图 9-70　绘制图形

图 9-71　复制图形并将其编组

（19）参照图 9-72 所示，配合键盘上的 Alt 键复制字样图形，调整图形大小与位置，然后按快捷键 Ctrl+G 将复制的所有图形编组。

（20）配合键盘上 Alt 键继续复制字样图形，使复制的字样图形铺满整个视图，得到图 9-73 所示的背景效果。

图 9-72　复制图形

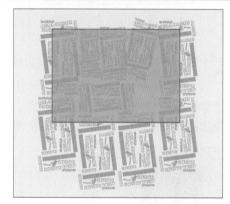

图 9-73　调整图形

（21）选择工具箱中的【矩形工具】 ，贴齐视图绘制同等大小的矩形。单击【图层】调板右上角的 按钮，在弹出的快捷菜单中选择【创建剪切蒙版】命令，创建剪切蒙版，如图 9-74 所示。

（22）参照图 9-75 所示，选择工具箱中的【矩形工具】 ，在视图底部分别绘制三个颜色为蓝色（C:79%、M:87%、Y:51%、K:19%）、粉红色（C：13%、M：86%、Y：52%、K：0%）和深紫色（C：72%、M：17%、Y：19%、K：0%）的矩形，并取消轮廓线的填充。

图 9-74　创建剪切蒙版

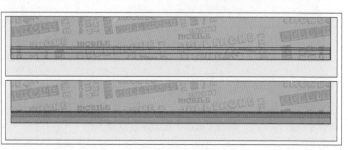

图 9-75　绘制矩形

2）添加主体物及文字信息

⬇（1）为方便接下来的绘制，将"图层 1"锁定并新建"图层 2"。执行【文件】|【置入】命令，打开【置入】对话框，选择"附带光盘 /Chapter-09/ 拿手机的手 .png"文件，单击【置入】按钮，将选择的图像置入，调整图像位置，得到图 9–76 所示效果。

⬇（2）执行【对象】|【图像描摹】|【建立】命令，打开【描摹选项】调板，参照图 9–77 所示，设置调板参数，单击【描摹】按钮，将选择的图像描摹。

图 9–76　置入图像

图 9–77　描摹图像

⬇（3）保持描摹图像的选择状态，执行【对象】|【实时描摹】|【扩展】命令，将描摹图像转换为矢量图形，如图 9–78 所示。

⬇（4）配合键盘上的 Delete 键删除视图中白色背景图形，得到图 9–79 所示效果。

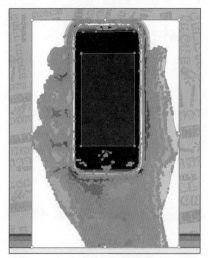

图 9–78　扩展图形

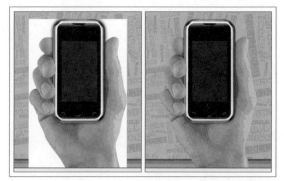

图 9–79　调整图形

⬇（5）选择工具箱中的【文字工具】T，在视图中输入文本"PayCall"，设置文本格式，如图 9–80 所示。

⬇（6）选择文本"PayCall"，双击工具箱中的【倾斜工具】，打开【倾斜】对话框，参照图 9–81 所示，设置【倾斜角度】参数为 15°，单击【确定】按钮完成设置。

图 9-80 添加标志

图 9-81 设置文本倾斜角度

（7）参照图 9-82 所示，使用【文字工具】 T 在视图中输入文本 "Everywhere you go," 在【字符】调板中设置字距参数为 -40。

（8）使用【文字工具】 T 继续在视图中输入文本 "there we are."，设置文本格式，如图 9-83 所示。

图 9-82 添加文字

图 9-83 继续添加文字

（9）配合键盘上的 Alt 键复制文本 "PayCall"，参照图 9-84 所示，在【字符】调板中设置文本格式，并调整其位置。

（10）选择工具箱中的【椭圆工具】 ，配合键盘上的 Alt+Shift 键绘制三个大小不等的正圆，分别为图形设置颜色，得到图 9-85 所示效果。

图 9-84 复制文本

图 9-85 绘制正圆

（11）参照图 9-86 所示，使用工具箱中的【文字工具】 T 在视图中输入产品相关文字信息，并设置文本格式。

（12）至此完成本实例的操作，效果如图 9-87 所示。

图 9-86 添加相关文字信息

图 9-87 完成效果图

9.3 速赛摩托户外广告设计

下面进行速赛摩托户外广告设计，对绘制图形和创建蒙版等知识进行练习。

1. 练习目标

掌握【渐变工具】██、【描边】调板和快速复制图形等功能在实际绘图中的方法。

2. 具体操作

⬇（1）执行【文件】|【新建】命令，打开【新建文档】对话框，参照图 9-88 所示，设置页面大小，单击【确定】按钮，即可创建一个新文档。

⬇（2）选择工具箱中的【矩形工具】██，贴齐视图绘制相同大小的矩形。保持矩形的选择状态，参照图 9-89 所示，在【渐变】调板中设置渐变色，为矩形添加渐变填充效果。

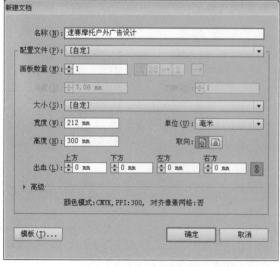

图 9-88 【新建文档】对话框

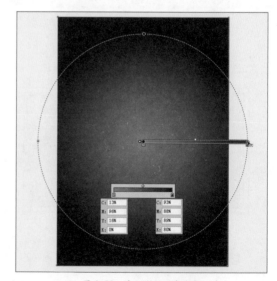

图 9-89 为矩形设置渐变色

（3）参照图 9-90 所示，使用工具箱中的【渐变工具】 为矩形调整渐变填充效果。为方便接下来的绘制，将该矩形锁定。

（4）执行【文件】|【打开】命令，打开"附带光盘 /Chapter-09/ 装饰图形 .ai"文件。使用工具箱中的【选择工具】 拖动装饰图形到正在编辑的文档中，调整图形位置，如图 9-91 所示。

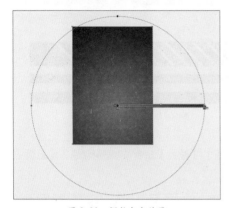

图 9-90 调整渐变效果

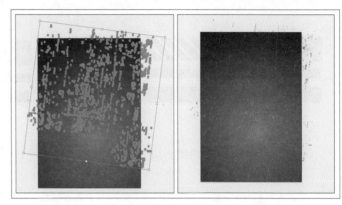

图 9-91 添加素材图形

（5）使用工具箱中的【矩形工具】 在视图中绘制图 9-92 所示的多个矩形。

（6）参照图 9-93 所示，分别为绘制的矩形设置颜色，并取消轮廓线的填充。按快捷键 Ctrl+G 将绘制的矩形编组。

图 9-92 绘制矩形

图 9-93 设置矩形颜色

（7）单击工具箱中的【钢笔工具】 ，在视图中绘制图 9-94 所示的白色图形。

（8）参照图 9-95 所示，首先选择工具箱中的【选择工具】 ，并配合键盘上的 Alt+Shift 键向右拖动刚刚绘制的曲线图形，释放鼠标后，即可将该图形复制。

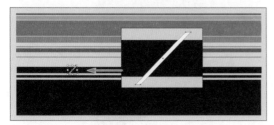

图 9-94 绘制图形

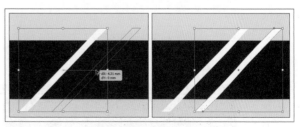

图 9-95 复制图形

（9）连续按快捷键 Ctrl+D 重复上一次操作，复制图形，得到图 9-96 所示效果。选择复制的所有图形，按快捷键 Ctrl+G 将图形编组。

（10）参照图 9-97 所示，使用【矩形工具】█ 在视图中绘制矩形，为方便读者查看，暂时设置轮廓线为红色。

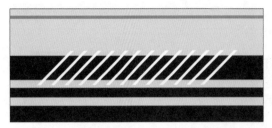

图 9-96　重复上一次操作

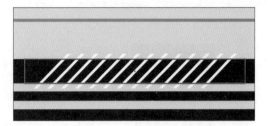

图 9-97　绘制矩形

（11）选择刚刚绘制的矩形和曲线图形，执行【对象】|【剪切蒙版】|【建立】命令，为图形创建剪切蒙版，得到图 9-98 所示效果。

（12）保持图形的选择状态，在【透明度】调板中为图形设置【不透明度】参数为 50%，如图 9-99 所示。

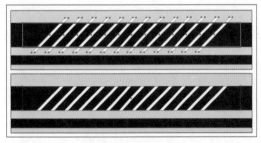

图 9-98　创建剪切蒙版

图 9-99　设置透明度

（13）使用以上步骤相同的方法，继续在视图中绘制图 9-100 所示的装饰图形。

（14）选择视图中绘制的所有矩形图形，单击工具箱中的【选择工具】，调整图形的旋转角度与位置，如图 9-101 所示。

图 9-100　继续绘制装饰图形

图 9-101　调整图形位置

（15）选择工具箱中的【椭圆工具】 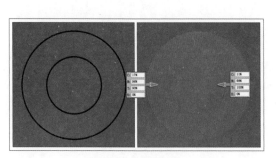，配合键盘上的 Alt+Shift 键绘制同心圆，分别为图形填充橘红色（C：17%、M：96%、Y：90%、K：0%）和红色（C：11%、M：99%、Y：100%、K：0%），并取消轮廓线的填充，如图 9-102 所示。

（16）选择同心圆内侧的正圆，在【描边】调板中设置【粗细】参数为 10pt，单击【使描边外侧对齐】按钮 ，使描边效果以图形外侧对齐，如图 9-103 所示。

图 9-102 绘制同心圆

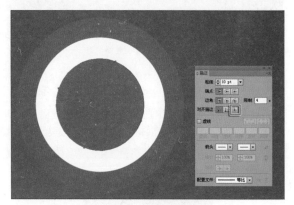

图 9-103 设置描边效果

（17）选择刚刚绘制的同心圆，按住键盘上的 Alt 键拖动图形，将选择的图形复制。继续复制同心圆图形，调整图形大小与位置，如图 9-104 所示。按快捷键 Ctrl+G 将复制的图形编组。

（18）参照图 9-105 所示，配合键盘上的 Alt 继续复制刚刚编组的同心圆图形，并调整图形位置。

图 9-104 复制图形并将其编组

图 9-105 复制图形

（19）单击工具箱中的【钢笔工具】 ，在视图中绘制图 9-106 所示的装饰图形，为图形填充粉红色（C：21%、M：94%、Y：17%、K：0%），并取消轮廓线的填充。

（20）参照图 9-107 所示，使用【钢笔工具】 继续在视图中绘制装饰图形，分别为图形设置颜色并取消轮廓线的填充。

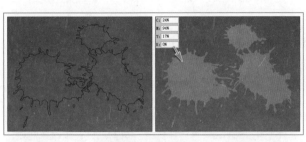

图 9-106　复制装饰图形

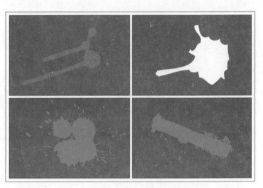

图 9-107　绘制图形

（21）参照图 9-108 所示，分别使用【选择工具】 调整图形在视图中的大小与位置。

（22）选择【椭圆工具】 ，配合键盘上的 Shift 键绘制正圆，为图形填充灰色（C：47%、M：38%、Y：33%、K：0%），并取消轮廓线的填充，效果如图 9-109 所示。

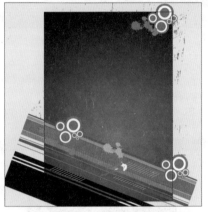

图 9-108　调整图形

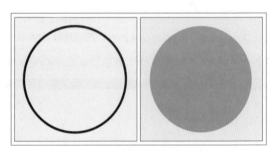

图 9-109　绘制正圆

（23）继续在视图中绘制正圆，取消图形的颜色填充，并设置描边颜色为灰色（C:47%、M:38%、Y:33%、K：0%），如图 9-110 所示。

（24）使用相同的方法，继续在视图中绘制图 9-111 所示的正圆图形，分别为图形设置填色和描边效果。选择绘制的所有正圆图形，按快捷键 Ctrl+G 将其编组。

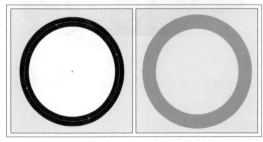

图 9-110　设置描边颜色

图 9-111　绘制装饰图形

（25）使用工具箱中的【矩形工具】 ■ 贴齐视图绘制矩形。单击【图层】调板右上角的 ≡ 按钮，在弹出的快捷菜单中选择【创建剪切蒙版】命令，创建剪切蒙版，效果如图9–112所示。然后单击【创建新图层】按钮 ⬚ ，新建"图层2"。

（26）执行【文件】|【打开】命令，打开"附带光盘/Chapter-09/摩托车.ai"文件，如图9–113所示。

图 9–112 创建剪切蒙版

图 9–113 素材图形

（27）使用工具箱中的【选择工具】 ▶ 拖动摩托车图形到正在编辑的文档，调整图形位置，得到图9–114所示效果。

（28）参照图9–115所示，使用【钢笔工具】 ✎ 在摩托车后车轮位置绘制细节图形，分别为图形填充橘黄色（C：6%、M：52%、Y：94%、K：0%）和深蓝色（C：95%、M：85%、Y：26%、K：0%）。

图 9–114 添加素材图形

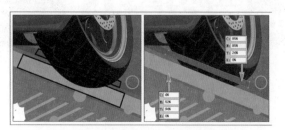

图 9–115 绘制细节图形

（29）使用工具箱中的【文字工具】 [T] 在视图中输入文本"速赛摩托"，并设置文本格式，如图9-116所示。

（30）参照图9-117所示，继续在视图中输入文本"SPEED"和"MOTORCYCLE"。

图9-116 添加主体文字

图9-117 添加文字

（31）使用【文字工具】 [T] 选择英文字母"CYCLE"，设置文字颜色为深红色（C：11%、M：99%、Y：100%、K：0%），如图9-118所示。

（32）参照图9-119所示，使用【文字工具】 [T] 在视图左下角位置输入文本"速度和品质的保障"。

（33）至此完成本实例的制作，效果如图9-120所示。

图9-118 设置字体颜色

图9-119 添加文字

图9-120 完成效果图

第**10**章

报纸与杂志广告设计

报纸与杂志中的广告，是一种价格低、流传快、涉及面较广、影响时间较长的一种广告形式。本章将带领读者一起制作报纸和杂志中所用到的广告。

知识导读

1. 杰嘉数码相机广告设计

2. 咖啡店报纸设计

3. 汽车广告设计

本章重点

1. 使用【钢笔工具】、【椭圆工具】、【矩形工具】绘制图形

2. 使用【渐变】调板、【路径查找器】调板编辑图形

3. 应用【混合工具】绘制图像

4. 封套的应用

10.1 杰嘉数码相机广告设计

下面进行杰嘉数码相机广告设计，对绘制图形和创建渐变填充、添加图层蒙版及偏移路径等知识进行练习。

1. 练习目标

掌握【钢笔工具】 、【渐变】调板、【透明度】调板和【偏移路径】等功能在实际绘图中的使用方法。

2. 具体操作

1）创建背景效果

（1）执行【文件】|【新建】命令，打开【新建文档】对话框，参照图10-1所示设置页面大小，单击【确定】按钮，即可创建一个新文档。

（2）使用工具箱中的【矩形工具】 貼齐视图绘制同等大小的矩形。参照图10-2所示，在【字符】调板中设置渐变色，为矩形添加渐变填充效果。

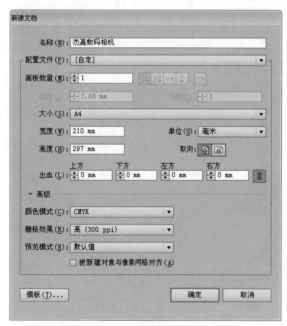

图 10-1 【新建文档】对话框

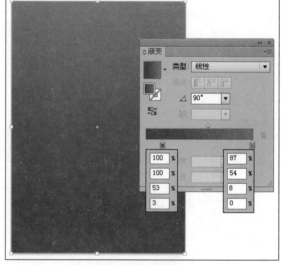

图 10-2 为矩形设置渐变色

（3）选择工具箱中的【椭圆工具】 ，配合键盘上的Alt+Shift键绘制蓝色（C：62%、M：16%、Y：5%、K：0%）正圆，如图10-3所示。

（4）选择绘制的蓝色正圆，执行【对象】|【路径】|【偏移路径】命令，打开【偏移路径】对话框，参照图10-4所示，设置【位移】参数为-4mm，单击【确定】按钮，将选择的图形偏移路径，并设置图形为白色。

图 10-3　绘制正圆

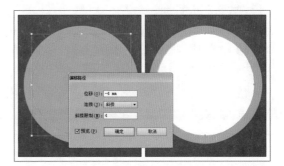

图 10-4　【偏移路径】对话框

（5）使用以上相同的方法，继续偏移路径，分别为图形设置颜色，得到图10-5所示效果。

（6）选择视图中所有的正圆，按快捷键 Ctrl+G 将其编组。然后在【透明度】调板中为图形设置【不透明度】为 80%，如图 10-6 所示。

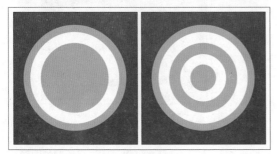

图 10-5　设置图形

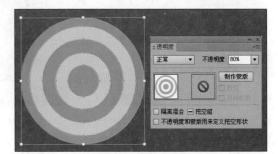

图 10-6　设置图形透明度

（7）按住键盘上的Alt键拖动编组的正圆，释放鼠标后，将图形复制多个副本，分别调整图形大小、位置和透明度，得到图10-7所示效果。

（8）使用工具箱中的【矩形工具】 贴齐视图绘制同等大小的矩形。单击【图层】调板右上角的 按钮，在弹出的快捷菜单中选择【创建剪切蒙版】命令，为图形创建剪切蒙版效果，如图10-8所示。

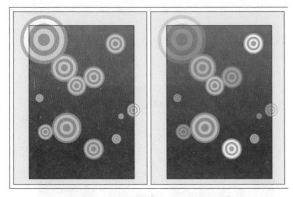

图 10-7　复制图形并设置图形的透明度

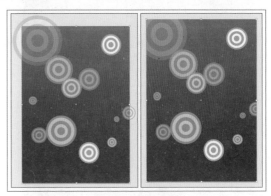

图 10-8　创建剪切蒙版

2）绘制数码相机图形

⬇（1）新建"图层 2"。使用工具箱中的【钢笔工具】⬚ 在视图中为相机绘制图10-9所示的轮廓图形，设置图形颜色为灰色（C：13%、M：10%、Y：10%、K：0%）。

⬇（2）参照图10-10所示，使用【钢笔工具】⬚ 在视图中为相机边缘绘制细节图形。

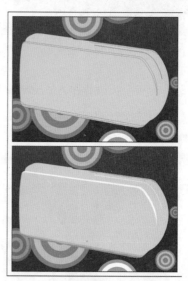

图 10-9　绘制相机轮廓图形

图 10-10　绘制细节图形

⬇（3）继续在相机右侧绘制灰色（C：17%、M：13%、Y：12%、K：0%）曲线图形，选择绘制的图形，在【透明度】调板中为图形设置混合模式为【正片叠底】选项，如图10-11所示。

⬇（4）使用工具箱中的【钢笔工具】⬚ 在相机右侧绘制图10-12所示的灰色（C：68%、M：60%、Y：57%、K：8%）图形。

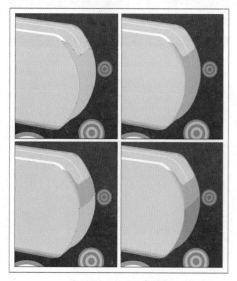

图 10-11　设置混合模式

图 10-12　绘制图形

（5）参照图10-13所示，使用工具箱中的【钢笔工具】 在视图中绘制装饰图形，分别为图形设置颜色并取消轮廓线的填充。

（6）选择刚刚绘制的灰色（C：32%、M：25%、Y：24%、K：0%）图形，如图10-14所示，在【图层】调板中拖动该图形到【创建新图层】按钮 位置，将其复制。

（7）单击【色板】调板底部的【显示"色板类型"菜单】按钮 ，在弹出的快捷菜单中选择【图案】|【基本图形】|【基本图形_纹理】命令，打开【基本图形_纹理】调板，单击【USGS 8 污水处理】图案图标，为图形添加图案填充效果，如图10-14所示。

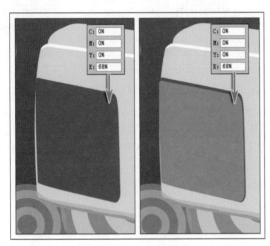

图 10-13　设置图形颜色

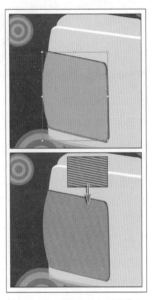

图 10-14　为图形添加图案填充

（8）使用工具箱中的【圆角矩形工具】 ，在视图中绘制黑色圆角矩形。保持圆角矩形的选择状态，选择工具箱中的【自由变换工具】 ，拖动选择框时按住键盘上的Ctrl键，这时可以对图形进行变形调整，如图10-15所示。

（9）在【图层】调板中拖动圆角矩形到【创建新图层】按钮 位置，将图形复制。为图形填充灰色（C：69%、M：62%、Y：59%、K：10%），并调整图形位置，如图10-16所示。

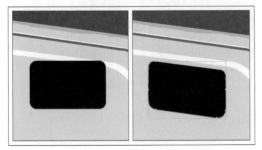

图 10-15　对圆角矩形进行变形调整

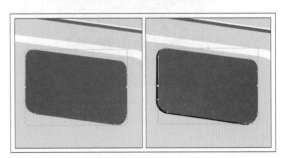

图 10-16　复制圆角矩形

（10）使用以上相同的方法，继续在视图中绘制圆角矩形，分别为图形设置颜色并对其进行变形调整，得到图10-17所示效果。

（11）选择最上层填充灰色（C：58%、M：49%、Y：46%、K：0%）的圆角矩形，单击【色板】调板底部的【显示"色板类型"菜单】按钮，在弹出的快捷菜单中选择【图案】|【基本图形】|【基本图形_纹理】命令，打开【基本图形_纹理】调板，单击【USGS 8 葡萄园】图案图标，为图形添加图案填充效果。然后在【透明度】调板中为图形设置【不透明度】参数为80%，如图10-18所示。

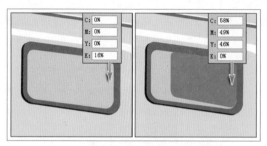 

图 10-17　继续绘制圆角矩形并进行变形调整　　　　图 10-18　为圆角矩形添加图案填充效果

（12）参照图10-19所示，选择填充灰色（C：0%、M：0%、Y：0%、K：16%）的圆角矩形，在【图层】调板中拖动圆角矩形到【创建新图层】按钮 位置，将图形复制。单击【色板】调板底部的【显示"色板类型"菜单】按钮，在弹出的快捷菜单中选择【图案】|【装饰】|【装饰_几何图形 2】命令，打开【装饰_几何图形 2】调板，单击【三角形箭头】图案图标，为图形添加图案填充效果。

（13）参照图10-20所示，在【透明度】调板中为图形设置【不透明度】参数为50%。选择绘制的所有圆角矩形，按快捷键Ctrl+G将其编组。

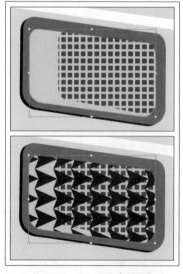 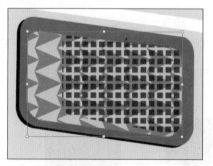

图 10-19　添加图案填充效果　　　　　　　图 10-20　设置透明度

（14）使用工具箱中的【钢笔工具】 在视图中为相机绘制图10-21所示的摄像头底部图形。

（15）使用工具箱中的【钢笔工具】 在视图中为相机绘制图10-22所示的摄像头变焦镜头图形。

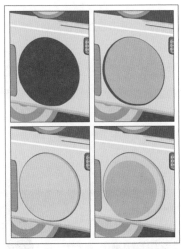

图 10-21 绘制摄像头底部

图 10-22 绘制变焦镜头

（16）使用工具箱中的【钢笔工具】 在视图中为相机绘制图10-23所示的摄像头镜头顶部图形。

（17）为增强摄像头图形的立体效果，参照图10-24所示，使用【钢笔工具】 为摄像头绘制细节图形，并为图形设置颜色。

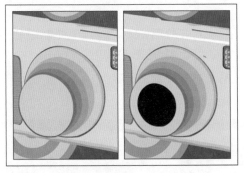

图 10-23 绘制摄像头顶部图形

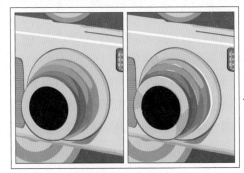

图 10-24 绘制立体效果

（18）参照图10-25所示，继续使用【钢笔工具】 为摄像头绘制细节图形，并按快捷键Ctrl+G将绘制的摄像头图形编组。

（19）使用工具箱中的【钢笔工具】 在相机左上角位置绘制图10-26所示的装饰图形。

图 10-25 绘制高光

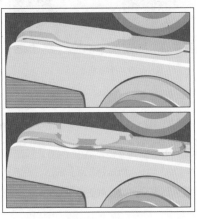

图 10-26 绘制图形

（20）使用以上相同的方法，继续为相机绘制细节图形，分别为图形设置颜色并将其编组，如图10-27所示。

（21）参照图10-28所示，使用工具箱中的【椭圆工具】 ⬤ 在相机右上角位置绘制装饰图形。

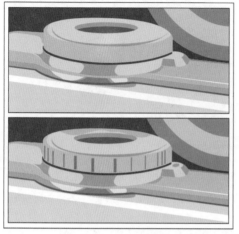

图 10-27　绘制装饰图形

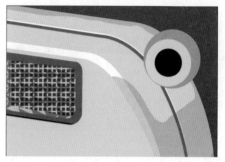

图 10-28　绘制椭圆形

（22）使用工具箱中的【钢笔工具】 ✒ 在视图中绘制图10-29所示的曲线图形，选择绘制的曲线图形，单击【路径查找器】调板中的【减去顶层】按钮 ⬚，修剪图形为镂空效果，并为图形填充黑色。

（23）参照图10-30所示，使用【文字工具】 T 在视图中输入文本"杰嘉"。

（24）参照图10-31所示，使用【文字工具】 T 在视图中输入文本"JIEJIA"。

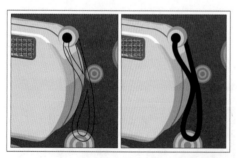

图 10-29　修剪图形

图 10-30　输入文本"杰嘉"

图 10-31　输入文本"JIEJIA"

（25）选择文本"杰嘉"和"JIEJIA"，双击工具箱中的【倾斜工具】 ⧄，打开【倾斜】对话框，设置【倾斜角度】参数为-10°，单击【确定】按钮完成设置，如图10-32所示。

（26）保持文本的选择状态，双击工具箱中的【旋转工具】 ↻，在打开的【旋转】对话框中设置【角度】参数为-10°，单击【确定】按钮，将选择的文本旋转，如图10-33所示。

图 10-32 倾斜文本　　　　　　　图 10-33 旋转文本

（27）按住键盘上的Alt键向左上角拖动文本"杰嘉JIEJIA"，释放鼠标后，将该文本复制，并设置文本颜色为灰色（C：33%、M：26%、Y：25%、K：0%），得到图10-34所示效果。

（28）使用以上步骤相同的方法，继续在视图中输入文本"24"和"x"，调整文本，得到图10-35所示效果。

图 10-34 复制文本　　　　　　　图 10-35 继续输入文本并设置其位置

3）添加文字信息

（1）新建"图层3"。使用工具箱中的【钢笔工具】 在视图中绘制图10-36所示的标识图形。

（2）选择视图中橘黄色图形，执行【效果】|【转换为形状】|【圆角矩形】命令，打开【形状选项】对话框，参照图10-37所示，设置对话框参数，单击【确定】按钮，将绘制的图形转换为圆角矩形。

（3）选择工具箱中的【文字工具】 ，在视图中输入文本"快捷轻巧 多多产品 无限功能"，如图10-38所示。使用【文字工具】 选择文本"快捷轻巧"，设置字体大小为30pt。

（4）在视图中输入文本"永远留念"，设置文本格式，如图10-39所示。

（5）选择文字"留念"，在属性栏中设置字体为【汉仪菱心体简】，其中设置字体大小为60pt，如图10-40所示。

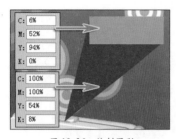

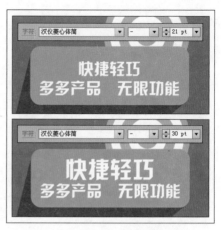

图 10-36　绘制图形　　　　　　图 10-37　转换为形状　　　　　　图 10-38　添加文字

图 10-39　为文本设置描边效果

图 10-40　设置文本格式

（6）选择文本"永远留念"，双击工具箱中的【旋转工具】 ，打开【旋转】对话框，设置【角度】参数为5°，单击【确定】按钮，得到图10-41所示效果。

（7）使用以上相同的方法，继续在视图中输入文本"记录人生"和"享受生活"，设置文本格式并调整文本的旋转角度，如图10-42所示。然后使用【钢笔工具】 在文本底部绘制黄色（C：7%、M：4%、Y：86%、K：0%）曲线图形。

图 10-41　调整文本旋转角度

图 10-42　继续添加文本

（8）参照图10-43所示，在视图左上角位置绘制标志图形，然后按快捷键Ctrl+G将绘制的标志图形编组。

（9）使用工具箱中的【矩形工具】 在视图底部分别绘制灰色（C：19%、M：15%、Y：14%、K：0%）和橘黄色（C：7%、M：4%、Y：86%、K：0%）色块图形，如图10-44所示。

图 10-43　绘制标志图形

图 10-44　绘制色块

⬇（10）参照图10-45所示，使用工具箱中的【文字工具】 T 在视图底部输入相关文字信息，如地址、联系电话等。

⬇（11）至此完成本实例的操作，效果如图10-46所示。

图 10-45　添加相关文字信息

图 10-46　完成效果图

10.2 咖啡店的报纸设计

下面进行咖啡店的报纸设计制作，对如何使用基本绘图工具绘制图形和添加描边的操作进行练习。

1. 练习目标

掌握运用【矩形工具】 ▣ 、【钢笔工具】 ✐ 、【椭圆工具】 ◉ 配合【路径查找器】调板创建图形的方法，学会为图形添加描边效果。

2. 具体操作

1）创建背景效果

⬇（1）执行【文件】|【新建】命令，打开【新建文档】对话框，创建一个尺寸为A4的新文档，并设置文档名称为"浓郁咖啡"，单击【确定】按钮完成设置。

（2）使用工具箱中的【矩形工具】▣ 贴齐视图绘制同等大小的矩形。参照图10-47所示，为矩形添加渐变填充效果，并取消轮廓线的填充。

（3）使用工具箱中的【钢笔工具】✎ 在视图中绘制图10-48所示的浅黄色（C：17%、M：17%、Y：31%、K：0%）曲线图形。

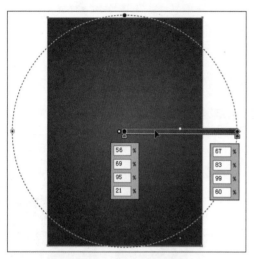

图 10-47　为矩形设置渐变色

图 10-48　绘制装饰图形

（4）选择工具箱中的【椭圆工具】◉，配合键盘上的Alt+Shift键绘制正圆，分别为图形设置颜色并取消轮廓线的填充，得到图10-49所示的装饰效果。

（5）参照图10-50所示，配合键盘上的Alt+Shift键在视图中绘制同心圆，选择绘制的同心圆图形，单击【路径查找器】调板中的【减去顶层】按钮 ▣，修剪图形为镂空效果，并填充颜色为浅黄色（C：17%、M：17%、Y：31%、K：0%）。

图 10-49　绘制正圆

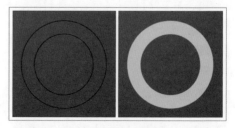

图 10-50　绘制圆环图形

（6）使用相同的方法，继续在视图中修剪同心圆为圆环图形，如图10-51所示。选择绘制的正圆和圆环图形，按快捷键Ctrl+G将其编组。

（7）使用【矩形工具】■ 贴齐视图绘制矩形，单击【图层】调板右上角的 按钮，在弹出的快捷菜单中选择【创建剪切蒙版】命令，为图形创建剪切蒙版效果，如图10-52所示。

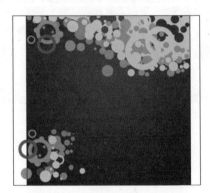

图 10-51 将绘制的装饰图形编组

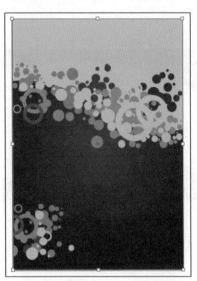

图 10-52 创建剪切蒙版

2）绘制咖啡杯图形

（1）为方便接下来的绘制，将"图层1"锁定，并新建"图层2"。参照图10-53所示，使用工具箱中的【椭圆工具】● 为咖啡杯绘制托盘图形。

（2）参照图10-54所示，继续使用工具箱中的【椭圆工具】● 为咖啡杯绘制托盘图形，分别为图形设置颜色并将其编组。

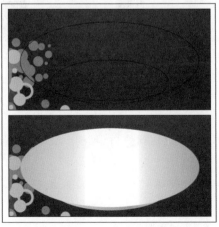

图 10-53 绘制托盘图形

图 10-54 将图形编组

（3）使用工具箱中的【钢笔工具】![pen] 为托盘绘制图10-55所示的细节图形。

（4）分别使用工具箱中的【钢笔工具】![pen] 和【椭圆工具】![ellipse] 在视图中绘制咖啡杯图形，设置图形颜色并将绘制的咖啡杯图形编组，如图10-56所示。

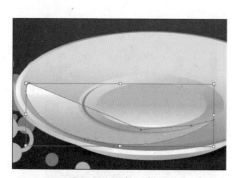

图 10-55　绘制细节图形

图 10-56　绘制咖啡杯图形

（5）参照图10-57所示，绘制咖啡上的高光。

（6）使用【钢笔工具】![pen] 在咖啡杯左侧绘制图10-58所示的曲线图形，选择绘制的曲线图形，单击【路径查找器】调板中【减去顶层】按钮 ![btn]，修剪图形为镂空效果。然后使用【渐变工具】![gradient] 为图形添加渐变填充效果。

图 10-57　绘制咖啡上的高光

图 10-58　修剪图形为镂空效果

（7）按住键盘上的Alt键拖动刚刚绘制的曲线图形，将该图形复制并设置颜色。然后使用【钢笔工具】![pen] 绘制图10-59所示的细节图形，增强图形的立体效果。

（8）选择绘制的装饰图形，按快捷键Ctrl+G将其编组，执行【对象】|【排列】|【后移一层】命令，调整图形排列顺序，如图10-60所示。

（9）参照图10-61所示，使用【钢笔工具】![pen] 为咖啡杯绘制投影效果，分别为图形设置颜色并调整其位置，按快捷键Ctrl+G将绘制的投影图形编组。

（10）使用工具箱中的【钢笔工具】![pen] 在视图中绘制图10-62所示的咖啡豆图形。

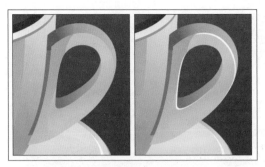

图 10-59 复制图形

图 10-60 调整图形排列顺序

图 10-61 绘制细节图形

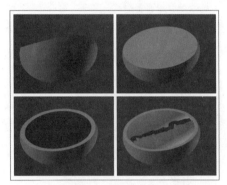

图 10-62 绘制咖啡豆图形

（11）继续使用【钢笔工具】 在视图中绘制图10-63所示的咖啡豆图形。

（12）参照图10-64所示，使用相同的方法，继续在视图中绘制咖啡豆图形，调整图形位置并将其编组。

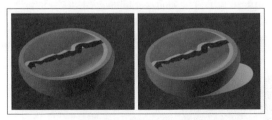

图 10-63 绘制咖啡豆图形

图 10-64 继续绘制咖啡豆

（13）使用工具箱中的【椭圆工具】 在托盘下方绘制椭圆形，参照图10-65所示，为椭圆形添加渐变填充效果，并取消轮廓线的填充。

（14）选择绘制的椭圆形，在【透明度】调板中设置混合模式为【变暗】选项，得到图10-66所示的投影效果。

图 10-65　绘制椭圆形

图 10-66　设置混合模式

3）绘制其他装饰图形

（1）参照图10-67所示，使用工具箱中的【钢笔工具】 在咖啡杯左上角位置绘制装饰图形，分别为图形设置颜色并取消轮廓线的填充。

（2）使用工具箱中的【文字工具】 在视图输入文本"喝出幸福的味道！"。参照图10-68所示，在【字符】调板中设置文本格式，其中设置所选字符的字距为-100。

图 10-67　绘制装饰图形

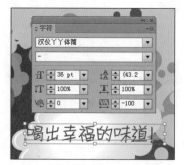

图 10-68　输入文字

（3）选择文本"喝出幸福的味道！"，调整该文本的旋转角度与位置，并在文本下方绘制深褐色（C：66%、M：82%、Y：98%、K：57%）曲线图形。然后将刚刚绘制的装饰图形和文本编组，按快捷键Ctrl+[调整图形的排列顺序，得到图10-69所示效果。

（4）新建"图层3"。选择工具箱中的【椭圆工具】 ，配合键盘上的Alt+Shift键在视图中绘制多个不同大小的同心圆，分别为图形设置颜色，得到图10-70所示效果。

图 10-69　调整图形

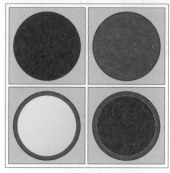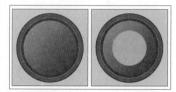

图 10-70　绘制同心圆图形

（5）使用【钢笔工具】 在视图中绘制图10-71所示的路径，选择工具箱中的【文字工具】 ，将鼠标移动到路径上时，鼠标指针变为 状态，这时单击路径即可插入光标。

（6）在光标位置输入文本"cigarettes"，输入的文本将按照路径排列。参照图10-72所示，在属性栏中为文本"cigarettes"设置文本格式，其中在【字符】调板中设置所选字符的字距为-20。

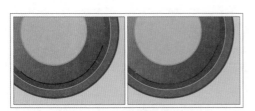

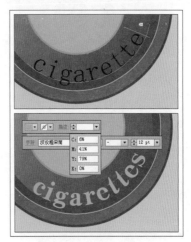

图 10-71 插入光标 　　　　　　　　　　　图 10-72 沿路径输入文本

（7）执行【文件】|【打开】命令，打开【打开】对话框，打开"附带光盘/Chapter-07/咖啡杯.ai"文件，如图10-73所示。

（8）使用【选择工具】 拖动咖啡杯图形到正在编辑的文档中，调整图形大小与位置，如图10-74所示。

图 10-73 素材图形 　　　　　　　　　　　图 10-74 调整图形

（9）参照图10-75所示，使用工具箱中的【钢笔工具】 为咖啡杯绘制装饰图形，分别为图形设置颜色并将其编组。

（10）使用【文字工具】 在视图中输入文本"Coffee"和"and"。然后配合键盘上的Alt键复制咖啡豆图形，调整图形大小与位置，得到图10-76所示效果。

图 10-75　绘制装饰图形

图 10-76　添加文字

（11）参照图10-77所示，继续在视图中输入文本"浓郁咖啡"。

（12）在【图层】调板中拖动文本"浓郁咖啡"到【创建新图层】按钮　　位置，释放鼠标后将该文本复制。参照图10-78所示，在属性栏中为复制的文本设置描边颜色为褐色（C：56%、M：78%、Y：100%、K：34%），其中设置描边粗细为5pt。

图 10-77　设置文本格式

图 10-78　设置描边效果

（13）保持文本的选择状态，配合快捷键Ctrl+[，调整复制的文本到原文本的下一层位置，得到图10-79所示效果。

（14）使用工具箱中的【矩形工具】　　在视图底部绘制灰色（C：17%、M：17%、Y：31%、K：0%）色块，如图10-80所示。

图 10-79　调整文本排列顺序

图 10-80　绘制矩形

（15）使用【文字工具】　　在视图底部输入相关文字信息，设置文本格式，如图10-81所示。

（16）至此完成本实例的制作，效果如图10-82所示。

图 10-81 添加相关文字信息 　　　　　　　　　　　图 10-82 完成效果图

10.3 汽车广告设计

下面进行汽车广告设计，对如何为图形添加封套和创建剪切蒙版的操作进行练习。

1. 练习目标

掌握运用【钢笔工具】 绘制图形，并使用【混合工具】 创建混合图像的效果，学会运用【渐变】调板创建渐变填充效果，掌握运用封套扭曲命令创建艺术文字等方法。

2. 具体操作

1）创建背景效果

（1）执行【文件】|【新建】命令，打开【新建文档】对话框，参照图10-83所示设置页面大小，单击【确定】按钮，即可创建一个新文档。

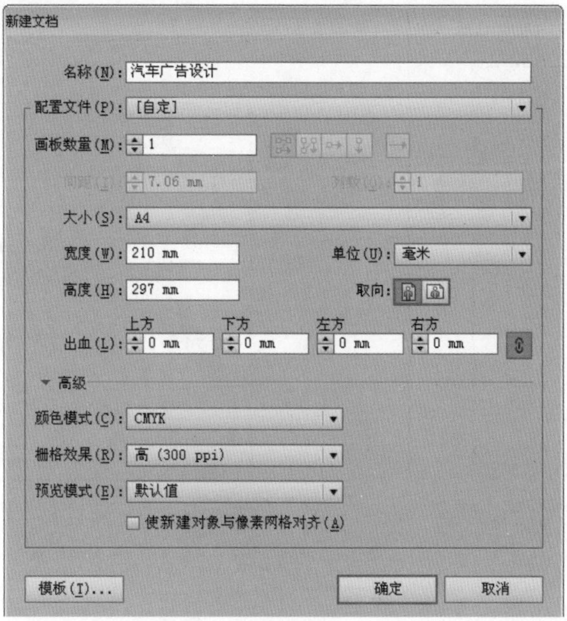

图 10-83 【新建文档】对话框

（2）更改"图层 1"名称为"背景"。使用【钢笔工具】 绘制图10-84所示的不规则图形。

（3）参照图10-85所示，在【渐变】调板中设置渐变色，为图形添加渐变填充效果。

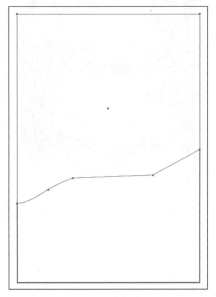

图 10-84　绘制图形

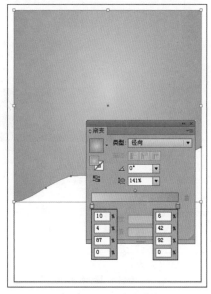

图 10-85　添加渐变填充

（4）选择工具箱中的【渐变工具】 ，在视图中调整渐变填充的效果，如图10-86所示。

（5）参照图10-87所示，使用工具箱中的【钢笔工具】 在视图中绘制装饰图形，为图形设置颜色并取消轮廓线的填充。

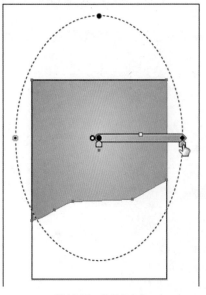

图 10-86　编辑渐变色

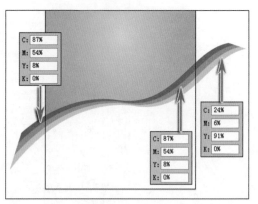

图 10-87　绘制装饰图形

（6）选择工具箱中的【矩形工具】■，贴齐画板绘制矩形，如图10-88所示。

（7）选择绘制的矩形，单击【图层】调板右上角的 ▼≣ 按钮，在弹出的快捷菜单中选择【创建剪切蒙版】命令，为图形创建剪切蒙版，如图10-89所示。

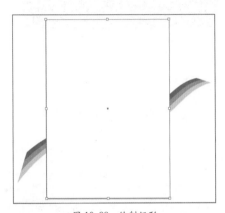

图 10-88 绘制矩形

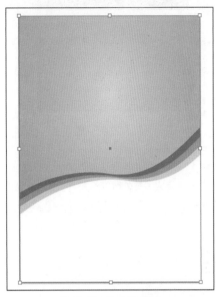

图 10-89 创建剪切蒙版

2）绘制汽车图形

（1）新建"汽车"图层。使用【钢笔工具】 ✎ 在视图中绘制图10-90所示的汽车轮廓。

（2）参照图10-91所示，为汽车图形设置颜色。选择绘制的汽车图形，按快捷键Ctrl+G将其编组。

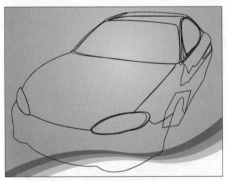

图 10-90 绘制汽车轮廓

图 10-91 设置基本颜色

（3）参照图10-92所示，使用工具箱中的【钢笔工具】 ✎ 在汽车前盖位置绘制不规则图形。

（4）为绘制的不规则图形填充灰色和黑色，并取消轮廓线的填充。选择工具箱中的【混合工具】 ▣，为图形创建混合效果，如图10-93所示。

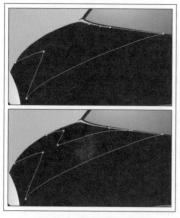

图 10-92　绘制不规则图形

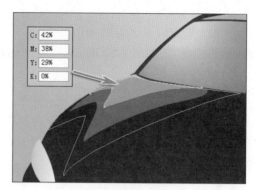

图 10-93　创建混合效果

（5）双击工具箱中的【混合工具】 ，打开【混合选项】对话框，如图10-94所示设置对话框参数，单击【确定】按钮完成设置，得到图10-95所示效果。

图 10-94　【混合选项】对话框

图 10-95　设置混合效果

（6）参照图10-96所示，使用【钢笔工具】 绘制细节图形。

（7）使用【钢笔工具】 绘制图10-97所示，分别为图形填充黑色和灰色（C：57%、M：50%、Y：43%、K：0%），然后使用【混合工具】 为图形添加混合效果。

图 10-96　绘制细节图形

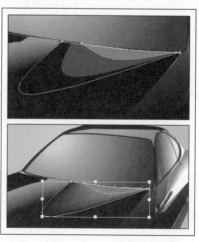

图 10-97　添加混合效果

（8）使用以上相同的方法，继续在汽车前盖位置绘制图形，分别为图形设置颜色并为其添加混合效果，如图10-98所示。

（9）选择工具箱中的【钢笔工具】 ，在汽车前盖位置绘制图10-99所示的浅黄色（C：9%、M：32%、Y：73%、K：0%）图形。

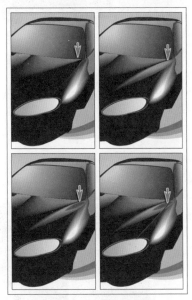

图 10-98 继续绘制细节图形

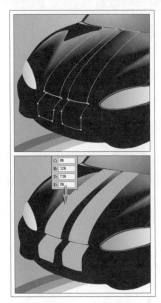

图 10-99 绘制装饰图形

（10）使用【钢笔工具】 在视图中绘制图10-100所示图形，分别为图形填充浅黄色和橙色，取消轮廓线的填充后，使用工具箱中的【混合工具】 为图形添加混合效果。

（11）使用以上相同的方法，使用【混合工具】 为图形添加混合效果，然后使用【钢笔工具】 继续绘制装饰图形，如图10-101所示效果。

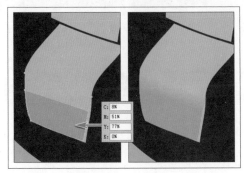

图 10-100 添加混合效果

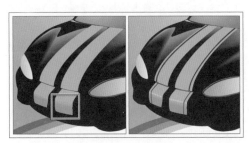

图 10-101 绘制图形

（12）使用【钢笔工具】 在车头位置绘制车牌图形，为图形设置颜色，并取消轮廓线的填充，得到图10-102所示效果，

（13）继续在车头位置绘制其他装饰图形，如图10-103所示，选择绘制的所有细节图形，按快捷键Ctrl+G将其编组。

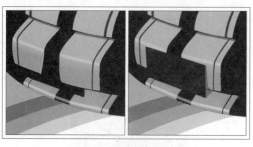

图 10-102　绘制车牌图形

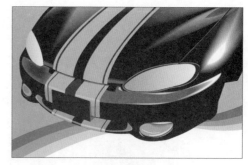

图 10-103　绘制车头部分

（14）参照图10-104所示，使用工具箱中的【钢笔工具】 为汽车绘制车灯图形。为车灯图形设置颜色并将其编组。

（15）分别使用工具箱中的【钢笔工具】 和【椭圆工具】 为汽车绘制车轮图形，得到图10-105所示效果。配合键盘上的Shift键选择绘制的车轮图形，按快捷键Ctrl+G将其编组。

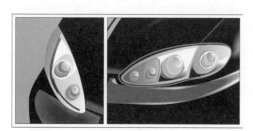

图 10-104　绘制车灯

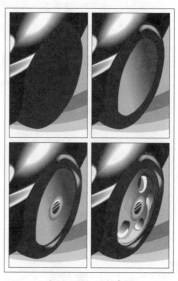

图 10-105　绘制车轮

（16）参照图10-106所示，调整车轮图形位置，然后使用【钢笔工具】 在车窗位置绘制装饰图形。

（17）使用【钢笔工具】 在汽车表面绘制装饰图形，继续绘制倒车镜、后车轮等图形，完成汽车图形的绘制，得到图10-107所示效果。

（18）接下来在汽车底部绘制黑色（C：86%、M：89%、Y：84%、K：76%）图形，在【透明度】调板中设置【不透明度】参数为58%，为该图形添加透明效果，如图10-108所示。

（19）参照图10-109所示，继续绘制黑色（C：82%、M：80%、Y：77%、K：62%）图形，然后使用【混合工具】 为图形添加混合效果。

（20）双击工具箱中的【混合工具】 ，打开【混合选项】对话框，参照图10-110所示，设置对话框参数，单击【确定】按钮完成设置，制作投影效果，如图10-111所示。

图 10-106 调整车轮位置并绘制图形

图 10-107 绘制装饰图形

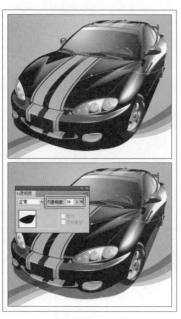

图 10-108 设置透明效果

图 10-109 继续绘制图形并为其添加混合效果

图 10-110 【混合选项】对话框

图 10-111 设置混合效果

227

3）添加文字信息

（1）选择工具箱中的【椭圆工具】 ，配合键盘上的Ctrl+Shift键绘制同心圆，选择绘制的同心圆，单击【路径查找器】调板中的【减去顶层】按钮 ，修剪同心圆为圆环图形，如图10-112所示。

（2）使用【钢笔工具】 绘制图10-113所示的标志图形。

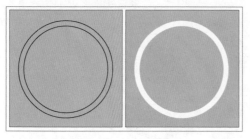

图 10-112　创建圆环图形

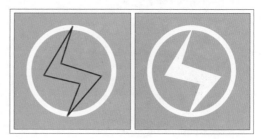

图 10-113　绘制标志图形

（3）选择工具箱中的【文字工具】 ，在视图中输入文本"速达汽车"，参照图10-114所示，在【字符】调板中设置文本格式。

（4）选择标志和文本"速达汽车"，配合键盘上的Alt键将该图形复制，调整图形颜色与位置，得到图10-115所示效果。按快捷键Ctrl+G将文本和标志图形编组。

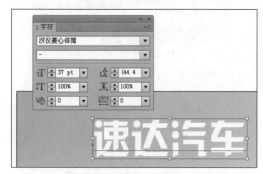

图 10-114　添加文字

图 10-115　复制图形

（5）参照图10-116所示，使用【文字工具】 在视图中输入文本"速达汽车，速度的先锋"。

（6）选择工具箱中的【旋转工具】 ，调整文本"速达汽车，速度的先锋"的旋转角度。然后使用【钢笔工具】 在视图中绘制图10-117所示紫色（C：56%、M：100%、Y：14%、K：0%）装饰图形。

图 10-116　添加文字

图 10-117　绘制图形

（7）选择工具箱中的【文字工具】 T ，在视图中输入文本"速达全系列促销月"，设置文本格式，得到图10-118所示效果。

（8）配合键盘上的Alt键，将文本"速达全系列促销月"复制，执行【文本】|【创建轮廓】命令，将文本转换为轮廓图形，如图10-119所示。

图 10-118　输入文本

图 10-119　创建轮廓

（9）参照图10-120所示，在属性栏中为"速达全系列促销月"字样图形设置描边效果。

（10）单击【外观】调板底部的【添加新描边】按钮 ▣ ，即可添加新描边，参照图10-121所示，为图形设置新描边效果。

图 10-120　设置描边效果

图 10-121　添加描边效果

（11）在【外观】调板中调整描边位置，得到图10-122所示效果。

（12）参照图10-123所示，在【图层】调板中移动文本"速达全系列促销月"到"速达全系列促销月"轮廓图形上方位置。

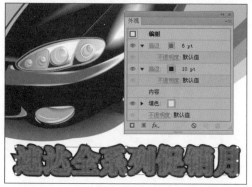

图 10-122　调整描边位置

图 10-123　调整文本位置

（13）使用工具箱中的【钢笔工具】 和【椭圆工具】 绘制图10-124所示装饰图形。选择绘制的装饰图形，单击【路径查找器】调板中的【联集】 按钮，将图形焊接在一起。

（14）使用工具箱中的【椭圆工具】 继续绘制椭圆形。选择椭圆形和曲线图形，单击【路径查找器】调板中的【减去顶层】按钮 ，修剪图形为镂空效果，设置图形颜色为红色（C：11%、M：99%、Y：100%、K：0%），如图10-125所示。

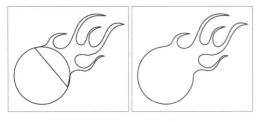

图 10-124　绘制图形

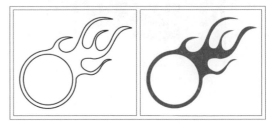

图 10-125　修剪图形

（15）参照图10-126所示，使用【文字工具】 在视图中输入文本"15万"。

（16）参照图10-127所示，在【字符】调板中设置文字"15"的格式。

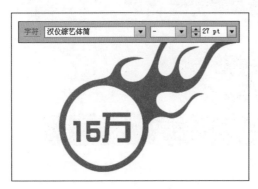

图 10-126　输入文字

图 10-127　设置文本格式

（17）选择文本"15万"，执行【对象】|【封套扭曲】|【用变形建立】命令，打开【变形选项】对话框，参照图10-128所示设置对话框参数，单击【确定】按钮完成设置，为文本添加封套效果，如图10-129所示。

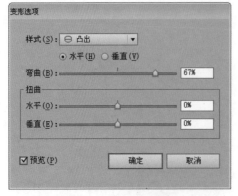

图 10-128　【变换选项】对话框

图 10-129　创建封套

（18）参照图10-130所示，调整装饰图形大小与位置。然后使用【矩形工具】 在视图底部绘制浅黄色（C：6%、M：37%、Y：84%、K：0%）矩形。

（19）使用【文字工具】 在视图底部输入相关文字信息，分别设置文本格式，得到图10-131所示效果。

（20）至此完成本实例的制作，效果如图10-132所示。

图 10-130　绘制矩形

图 10-131　添加文字信息

图 10-132　完成效果

第 **11** 章

DM 单页设计

DM（Direct Mail Advertising）单页可以直接将广告信息传送给真正的受众，而其他广告媒体形式只能将广告信息笼统地传递给所有受众，而不管受众是否是广告信息的真正受众。DM 单具有广告持续时间长，有较强的灵活性，能产生良好的广告效应，有可测定性和隐蔽性等众多优点，在广告行业中应用较为普遍。

知识导读

1. 色全油漆 DM 单设计
2. 电信营业厅业务 DM 单设计

本章重点

1. 使用【直线工具】、【镜像工具】绘制图形
2. 使用【外观】调板编辑图形
3. 【高斯模糊】和【投影】命令的应用

11.1 色全油漆 DM 单设计

下面进行色全油漆 DM 单设计，对绘制复杂图形和创建多次描边等知识进行练习。

1. 练习目标

掌握【渐变】调板、【路径查找器】调板、【外观】调板、【透明度】调板、【直线工具】 和快速复制并变换图像等功能在实际绘图中的方法。

2. 具体操作

1）绘制背景主体图形

（1）执行【文件】|【新建】命令，打开【新建文档】对话框，如图11-1所示，在对话框中设置页面大小，单击【确定】按钮完成设置，即可创建一个新文档。

（2）单击工具箱中的【矩形工具】 ，按快捷键Ctrl+U打开智能参考线，在视图中贴齐出血线绘制矩形。保持矩形的选择状态，参照图11-2所示，在【渐变】调板中设置渐变色，为矩形添加渐变填充效果。

图 11-1 【新建文档】对话框

图 11-2 为矩形设置渐变色

（3）单击工具箱中的【矩形工具】 ，在视图中绘制图11-3所示的橘红色（C: 9%、M: 80%、Y: 96%、K: 0%）矩形，按键盘上的X键切换【描边】按钮为当前编辑状态，单击工具箱底部的【无】按钮 ，取消轮廓线的填充。

（4）选择刚刚绘制的矩形，使用工具箱中的【旋转工具】 在矩形上方位置单击，设置旋转的中心点位置，配合键盘上的Alt键拖动图形，这时矩形以中心点旋转并复制为副本图形，如图11-4所示。

图 11-3 绘制矩形

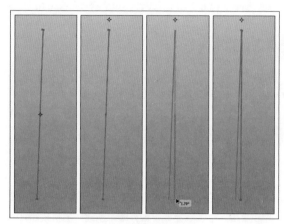

图 11-4 旋转并复制图形

🔽 （5）参照图11-5所示，连续按快捷键Ctrl+D，重复上一次变换的操作，使复制的矩形绕中心点旋转一周。

🔽 （6）选择复制的所有矩形，按快捷键Ctrl+G将其编组。在【透明度】调板中为图形设置【不透明度】参数为60%，得到图11-6所示的透明效果。

图 11-5 复制图形

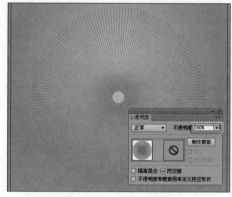

图 11-6 设置透明效果

🔽 （7）配合键盘上的Alt键复制装饰图形，设置图形颜色为白色，并调整图形大小与位置。然后在【透明度】调板中为图形设置【不透明度】参数为30%，如图11-7所示。

🔽 （8）参照图11-8所示，选择工具箱中的【椭圆工具】 ▣ ，配合键盘上的Alt+Shift键绘制多个正圆。选择绘制的所有正圆，在【对齐】调板中单击【对齐画板】按钮 ▣·，在弹出的快捷菜单中选择【对齐所选对象】选项，分别单击调板中的【水平居中对齐】按钮 ♣ 和【垂直分布间距】按钮 ╪，调整图形排列位置。

🔽 （9）按快捷键Ctrl+G将绘制的正圆编组，为图形填充橙色（C：9%、M：37%、Y：84%、K：0%），并取消轮廓线的填充，效果如图11-9所示。

🔽 （10）选择绘制的正圆，使用工具箱中的【旋转工具】 ⟳ 在视图中单击确定中心点，配合键盘上的Alt键拖动图形，释放鼠标后，将该图形旋转并复制，如图11-10所示。

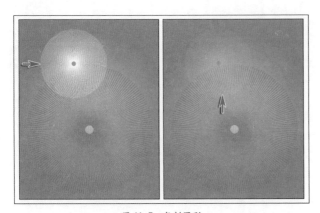

图 11-7 复制图形

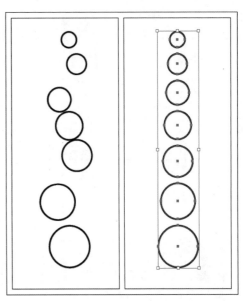

图 11-8 调整图形排列位置

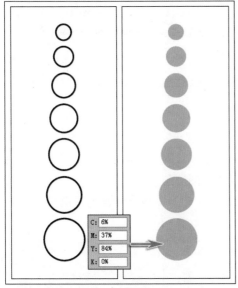

图 11-9 设置图形颜色

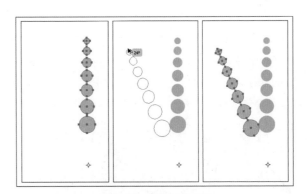

图 11-10 旋转并复制图形

（11）连续按快捷键Ctrl+D，使复制的图形绕中心点旋转一周，然后将复制的图形编组，调整该图形在视图中的位置与大小，得到图11-11所示效果。

（12）使用工具箱中的【钢笔工具】 在视图中绘制图11-12所示的不规则图形。

（13）参照图11-13所示，使用工具箱中的【钢笔工具】 绘制简单的房子图形。

（14）使用工具箱中的【钢笔工具】 在视图中绘制黑色条状图形，然后在【透明度】调板中设置【不透明度】参数为50%，如图11-14所示。

（15）使用工具箱中的【钢笔工具】 继续绘制图11-15所示的装饰图形，增强房子图形的立体效果。

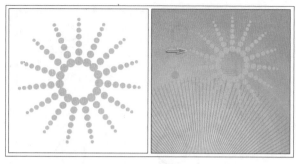
图 11-11 调整图形

图 11-12 绘制不规则图形

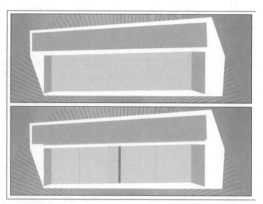
图 11-13 绘制房子图形

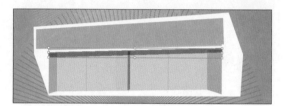
图 11-14 设置透明效果

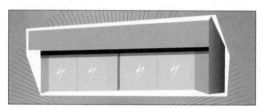
图 11-15 绘制图形

（16）在视图中为产品绘制图11-16所示的标志图形。

（17）使用工具箱中的【文字工具】T 在视图中输入文本"色全油漆"和"大卖场"，并调整文字信息和标志图形在视图中的位置，如图11-17所示，按快捷键Ctrl+G将绘制的图形编组。

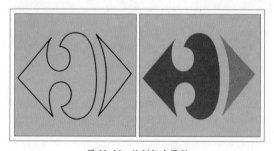
图 11-16 绘制标志图形

图 11-17 添加文字信息

（18）选择工具箱中的【钢笔工具】，在视图中依次绘制红色（C: 30%、M: 100%、Y: 97%、K: 0%）、橘红色（C: 9%、M: 80%、Y: 96%、K: 0%）和橙色（C: 6%、M: 52%、Y: 94%、K: 0%）的椭圆形，调整图形的排列顺序，得到图11-18所示效果。

（19）选择工具箱中的【椭圆工具】，参照图11-19所示，在视图中绘制多个大小不等的椭圆形，将其编组，并设置图形颜色为蓝色（C: 72%、M: 23%、Y: 6%、K: 0%）。

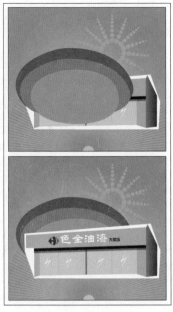

图 11-18 绘制装饰图形

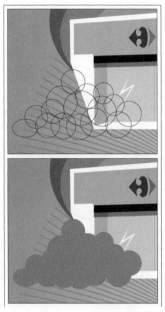

图 11-19 绘制椭圆形

（20）选择工具箱中的【椭圆工具】 ，配合键盘上的Alt+Shift键在视图中绘制同心圆，将绘制的图形选择，单击【路径查找器】调板中的【减去顶层】按钮 ，修剪图形为图11-20所示的黄色（C：7%、M：4%、Y：86%、K：0%）圆环图形。

（21）使用相同的方法，继续在视图中绘制同心圆，单击【路径查找器】调板中的【减去顶层】按钮 ，修剪图形为圆环效果，设置图形颜色为黄色（C：7%、M：4%、Y：86%、K：0%），如图11-21所示。

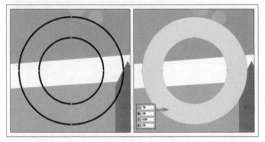

图 11-20 为圆环图形设置颜色

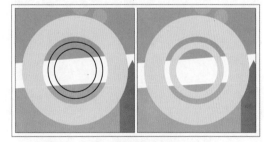

图 11-21 绘制圆环图形

（22）使用工具箱中的【钢笔工具】 在视图中绘制图11-22所示的绿色（C：74%、M：31%、Y：100%、K：0%）装饰图形，配合键盘上的Ctrl+G键将绘制的装饰图形编组，以方便接下来的绘制。

（23）使用以上相同的方法，继续在视图中绘制装饰图形，调整图形大小与位置，得到图11-23所示效果。

（24）选择工具箱中的【钢笔工具】 ，在视图中依次绘制图11-24所示的人物装饰图形，设置图形颜色并取消轮廓线的填充。

（25）继续使用【钢笔工具】 ，在视图中依次绘制图11-25所示的人物装饰图形，设置图形颜色并取消轮廓线的填充。

（26）参照图11-26所示，调整绘制的人物图形在视图中的位置和大小。

图 11-22　绘制装饰图形

图 11-23　调整装饰图形的位置

图 11-24　绘制装饰图形

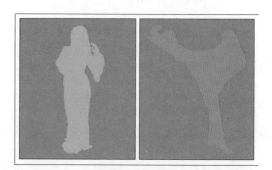

图 11-25　绘制装饰图形

图 11-26　调整图形位置

2）添加相关文字信息

（1）参照图11-27所示，使用【文字工具】 T 在视图中输入文本"只有你想不到 没有你看不到的"。

（2）配合键盘上的Alt键复制文本"只有你想不到 没有你看不到的"，执行【文字】|【创建轮廓】命令，将文本转换为轮廓图形，如图11-28所示。

图 11-27　添加文字

图 11-28　创建轮廓图形

（3）参照图11-29所示，使用工具箱中的【渐变工具】 为视图中"只有你想不到 没有你看不到的"轮廓图形设置黄色（C：10%，M：4%，Y：87%，K：0%）到橘黄色（C：6%，M：52%，Y：94%，K：0%）的渐变色。

（4）使用工具箱中的【选择工具】 调整轮廓图形"只有你想不到 没有你看不到的"到原文本的左上角位置，得到图11-30所示效果。

图 11-29　设置渐变色

图 11-30　调整轮廓图形位置

（5）参照图11-31所示，使用【文字工具】 在视图中输入文本"色全油漆"。

（6）在【图层】调板中拖动文本"色全油漆"到【创建新图层】按钮 处，释放鼠标后将该文本复制。然后在属性栏中为复制的文本设置描边颜色为黄色（C：9%、M：4%、Y：84%、K：0%），设置描边粗细为20pt，如图11-32所示。

图 11-31　添加文字

图 11-32　设置描边效果

（7）单击【外观】调板底部的【添加新描边】按钮 ，即可为该文本添加新描边，设置新描边颜色为橙色（C：3%、M：40%、Y：79%、K：0%），描边粗细参数为10pt，如图11-33所示。

（8）使用以上步骤相同的方法，继续为文本"色全油漆"添加新描边，为其设置粗细为5pt的红色（C：31%、M：96%、Y：89%、K：0%）描边效果，如图11-34所示。

（9）配合键盘上的Ctrl+[键，调整添加描边效果的文本"色全油漆"到原文本下方，得到图11-35所示效果。

（10）参照图11-36所示，配合键盘上的Alt键将以上步骤绘制的标志图形复制，并调整图形大小与位置。

图 11-33　添加新描边

图 11-34　继续添加新描边

图 11-35　调整文本排列顺序

图 11-36　复制标志图形

（11）在【图层】调板中拖动标志图形到【创建新图层】按钮 🔲 处，释放鼠标后将图形复制。参照图11-37所示，为复制的标志图形设置粗细参数为8pt的黄色（C：7%、M：4%、Y：86%、K：0%）描边效果，配合键盘上的Ctrl+[键调整该图形到原图形的下一层。

（12）使用工具箱中的【矩形工具】 🔲 在视图底部绘制白色矩形，并取消轮廓线的填充。然后在【透明度】调板中为矩形设置【不透明度】参数为80%，如图11-38所示。

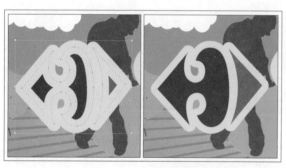

图 11-37　设置描边效果

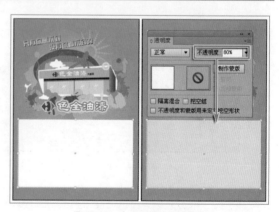

图 11-38　为矩形添加透明效果

（13）参照图11-39所示，继续在视图中绘制矩形，取消矩形的颜色填充并为其设置描边效果。

（14）选择工具箱中的【直线段工具】 ✏️，在视图中绘制多个橘红色（C：9%、M：80%、Y：96%、K：0%）直线段，调整其位置，得到图11-40所示的表格图形。选择绘制的表格图形，按快捷键Ctrl+G将其编组。

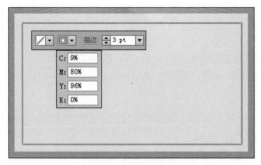

图 11-39 绘制矩形

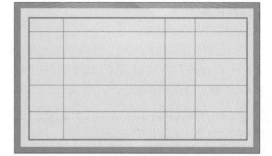

图 11-40 绘制直线段

（15）选择工具箱中的【文字工具】T，在表格内输入产品特点、光泽和主要用途等相关文字信息，设置文本格式，得到图11-41所示效果。

（16）使用【文字工具】T 在视图底部输入卖场的地址、电话和传真等文字信息，如图11-42所示。

（17）至此完成本实例的制作，效果如图11-43所示。

图 11-41 添加相关文字信息

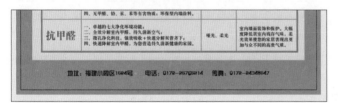

图 11-42 添加文字信息

图 11-43 完成效果图

11.2 电信营业厅业务 DM 单设计

下面进行电信营业厅业务 DM 单设计，对如何为图形添加高斯模糊和投影效果的操作进行练习。

1. 练习目标

掌握运用【渐变工具】■、【镜像工具】、【透明度】调板、【高斯模糊】命令及【投影】命令创建较为复杂图形的方法，学会为图形添加模糊效果和投影效果的方法。

2. 具体操作

1）制作宣传页正面效果

（1）执行【文件】|【新建】命令，打开【新建文档】对话框，如图11-44所示，在对话框中设置页面大小，单击【确定】按钮完成设置，即可创建一个新文档。

（2）单击工具箱中的【矩形工具】 ▣，在视图中贴齐出血线绘制矩形。保持矩形的选择状态，参照图11-45所示，在【渐变】调板中设置渐变色，为矩形添加渐变填充效果。

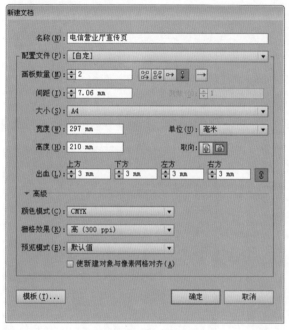

图 11-44 【新建文档】对话框

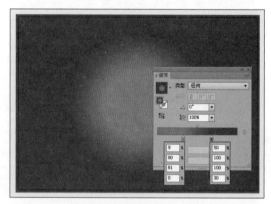

图 11-45 添加渐变填充

（3）参照图11-46所示，使用工具箱中的【渐变工具】 ▣ 调整矩形的渐变填充效果。为方便接下来的绘制，按快捷键Ctrl+2键将矩形锁定。

（4）参照图11-47所示，使用工具箱中的【矩形工具】 ▣ 在视图左上角位置绘制白色矩形，并取消轮廓线的填充。

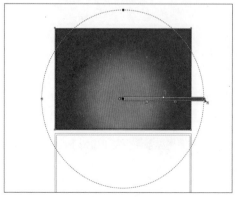

图 11-46 调整渐变效果

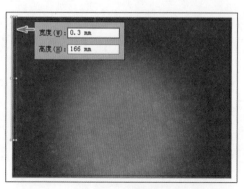

图 11-47 绘制矩形

（5）选择工具箱中的【选择工具】 ，配合键盘上的Alt+Shift键向右拖动矩形，释放鼠标后，将该图形复制，如图11-48所示。

（6）连续按快捷键Ctrl+D，执行【再次变换】命令，得到图11-49所示效果。

图 11-48　复制图形

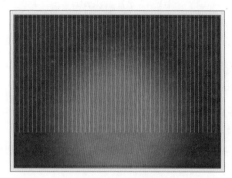

图 11-49　再次变换图形

（7）选择复制的所有白色矩形，按快捷键Ctrl+G将其编组。然后在【透明度】调板中为图形设置【不透明度】参数为33%，如图11-50所示。

（8）选择工具箱中的【矩形工具】 ，在视图底部贴齐出血线绘制矩形，参照图11-51所示，使用【渐变工具】 为矩形添加渐变填充效果，并取消轮廓线的填充。

图 11-50　设置透明效果

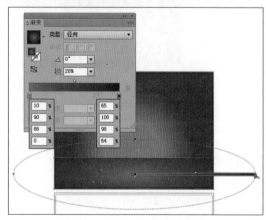

图 11-51　为矩形添加渐变填充效果

（9）配合键盘上的Alt+Shift键拖动编组的矩形，释放鼠标后，将该图形复制。执行【对象】|【排列】|【前移一层】命令，调整图形排列顺序，如图11-52所示。

（10）使用工具箱中的【钢笔工具】 在视图中绘制图11-53所示的不规则图形。

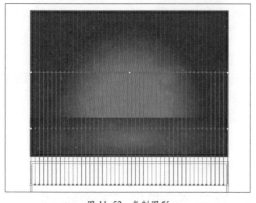

图 11-52　复制图形

图 11-53　绘制图形

（11）参照图11-54所示，选择刚刚绘制的不规则图形和复制的矩形，执行【对象】|【封套扭曲】|【用顶层对象建立】命令，为图形添加封套效果。

（12）参照图11-55所示，在视图中继续绘制不规则图形，使用工具箱中的【渐变工具】 为图形添加渐变填充效果，并取消轮廓线的填充。

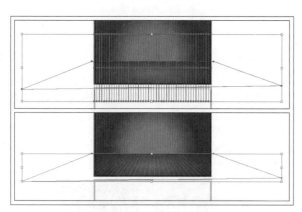

图 11-54　创建封套效果

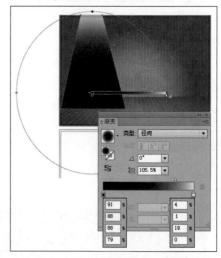

图 11-55　为绘制的图形添加渐变填充效果

（13）执行【效果】|【模糊】|【高斯模糊】命令，打开【高斯模糊】对话框，参照图11-56所示，设置【半径】参数为6像素，单击【确定】按钮完成设置，为图形添加高斯模糊效果。

（14）在【透明度】调板中为图形设置混合模式为【滤色】选项，设置【不透明度】参数为50%，如图11-57所示。

（15）配合键盘上的Alt键拖动刚刚绘制的灯光效果图形，调整图像位置，得到图11-58所示效果。

（16）参照图11-59所示，使用工具箱中的【椭圆工具】 在视图中绘制椭圆形，为图形添加渐变填充效果，并取消轮廓线的填充。执行【效果】|【模糊】|【高斯模糊】命令，打开【高斯模糊】对话框，设置【半径】参数为4像素，单击【确定】按钮完成设置，为图形添加高斯模糊效果。

图 11-56 【高斯模糊】对话框

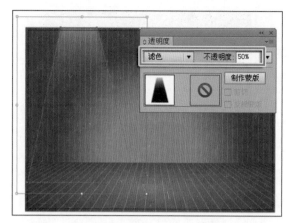

图 11-57 设置混合模式和透明度

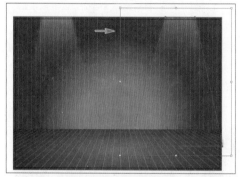

图 11-58 复制图形

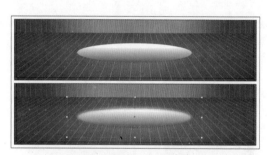

图 11-59 为椭圆形添加高斯模糊效果

（17）参照图11-60所示，在【透明度】调板中为椭圆形设置混合模式为【滤色】选项，设置【不透明度】参数为10%。

（18）使用工具箱中的【矩形工具】 在视图中绘制矩形，参照图11-61所示，分别为绘制的矩形添加渐变填充效果。

图 11-60 设置透明效果

图 11-61 为矩形设置渐变色

（19）选择刚刚绘制的两个矩形，在【透明度】调板中设置混合模式为【正片叠底】选项，如图6-62所示。

（20）参照图11-63所示，使用工具箱中的【渐变工具】 为绘制的装饰图形添加渐变填充效果。

图 11-62 为图形设置混合模式

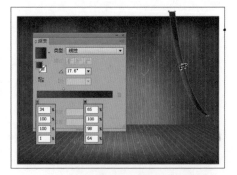

图 11-63 为图形添加渐变填充效果

（21）使用工具箱中的【钢笔工具】 继续在视图中绘制图11-64所示的装饰图形，分别为图形设置渐变色并将其编组。

（22）选择绘制的装饰图形，单击工具箱中的【镜像工具】 ，在视图中单击设置中心点位置，配合键盘上的Alt键拖动图形，释放鼠标后，将该图形复制，调整图形位置，得到图11-65所示效果。

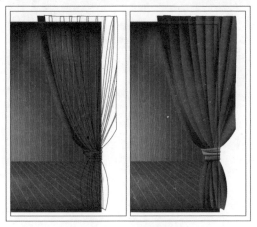

图 11-64 绘制装饰图形

图 11-65 复制图形

（23）参照图11-66所示，使用工具箱中的【钢笔工具】 在装饰图形底层绘制红色（C：49%、M：100%、Y：100%、K：27%）投影效果。

（24）保持图形的选择状态，执行【效果】|【风格化】|【羽化】命令，打开【羽化】对话框，参照图11-67所示，设置【半径】参数为4mm，单击【确定】按钮，为图形添加羽化效果。

图 11-66 绘制投影效果

图 11-67 【羽化】对话框

（25）在【透明度】调板中为图形设置混合模式为【正片叠底】选项，其中设置【不透明度】参数为50%，得到图11-68所示效果。

（26）选择工具箱中的【矩形工具】■，在视图顶部绘制矩形，参照图11-69所示为图形添加渐变填充效果，然后在【透明度】调板中为该矩形设置混合模式为【正片叠底】选项。

图 11-68 设置图形混合模式和透明度

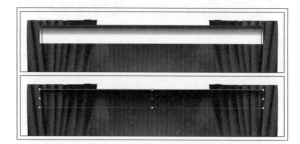

图 11-69 为矩形设置混合模式

（27）执行【文件】|【打开】命令，打开"附带光盘/Chapter-11/散花礼品.ai"文件，如图11-70所示。

（28）参照图11-71所示，使用工具箱中的【选择工具】▶ 拖动素材图像到正在编辑的文档中，调整图形大小和位置。

图 11-70 素材图形

图 11-71 调整素材图形位置

（29）使用【矩形工具】■ 在视图中绘制黄色（C：7%、M：4%、Y：86%、K：0%）矩形，如图11-72所示。

（30）选择工具箱中的【文字工具】T，在视图中输入文本"盛大开业"，设置文本格式，得到图11-73所示效果。

（31）选择文本"盛大开业"，执行【文字】|【创建轮廓】命令，将文本转换为轮廓图形，如图11-74所示。

（32）参照图11-75所示，使用【渐变工具】■ 为轮廓图形"盛大开业"添加渐变填充效果。

图 11-72　绘制矩形

图 11-73　添加文字

图 11-74　创建轮廓图形

图 11-75　设置渐变色

（33）选择轮廓图形"盛大开业"，配合键盘上的"←"和"↑"方向键移动图形位置，如图11-76所示。

（34）使用【文字工具】 T 在视图中输入文本"电信营业厅"和"开业时间4月1日"，设置文本格式，如图11-77所示。

图 11-76　调整图形位置

图 11-77　添加文字

（35）在【图层】调板中拖动文本"开业时间4月1日"到【创建新图层】按钮 处，释放鼠标后，将该文本复制。然后为复制的文本设置粗细参数为5pt的黑色描边效果。按快捷键Ctrl+[调整该文本的排列顺序，如图11-78所示。

图 11-78　设置描边效果

（36）选择文本"电信营业厅"，执行【效果】|【风格化】|【投影】命令，打开【投影】对话框，参照图11-79所示设置对话框中的参数，单击【确定】按钮，关闭对话框，为文本添加投影效果，如图11-80所示。

（37）参照图11-81所示，在视图底部绘制红色矩形，并取消轮廓线的填充。然后使用工具箱中的【文字工具】 在视图底部输入营业厅名称、电话和地址等相关文字信息。

图 11-80　设置投影效果

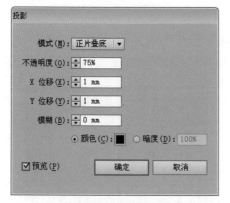

图 11-79　【投影】对话框

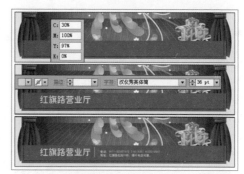

图 11-81　添加相关文字信息

（38）选择工具箱中的【矩形工具】 ，在视图中贴齐出血线绘制矩形，如图11-82所示。

（39）选择刚刚绘制的矩形，单击【图层】调板右上角的 按钮，在弹出的快捷菜单中选择【创建剪切蒙版】命令，为图形创建剪切蒙版，如图11-83所示。

图 11-82　绘制矩形　　　　　　　　图 11-83　创建剪切蒙版

2）制作宣传页背面效果

⬇（1）新建"图层 2"，使用【矩形工具】▣在第二个画板中贴齐出血线绘制红色（C：15%、M：100%、Y：90%、K：10%）矩形，如图11-84所示。

⬇（2）选择工具箱中的【钢笔工具】✐，在视图中绘制烟花图形，参照图11-85所示，使用【渐变工具】▣分别为图形添加渐变填充效果。按快捷键Ctrl+G将绘制的装饰图形编组。

图 11-84　绘制矩形　　　　　　　　图 11-85　绘制烟花图形

⬇（3）配合键盘上的Alt键复制烟花图形，分别设置图形大小、位置和颜色，得到图11-86所示效果。

⬇（4）使用工具箱中的【钢笔工具】✐在视图中绘制11-87所示的装饰图形。

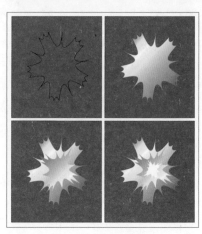

图 11-86　复制图形　　　　　　　　图 11-87　绘制装饰图形

（5）选择绘制的装饰图形，按快捷键Ctrl+G将其编组，效果如图11-88所示。

（6）选择刚刚绘制的装饰图形，配合键盘上的Alt键复制图形，分别调整图形大小与位置，如图11-89所示。

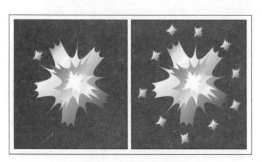

图 11-88　将图形进行编组

图 11-89　复制图形

（7）选择复制的所有装饰图形和烟花图形，按快捷键Ctrl+G将其编组。然后在【透明度】调板中为图形设置【不透明度】参数为50%，如图11-90所示。

（8）参照图11-91所示，在视图中输入文本"红旗路营业厅"，设置字体颜色为黄色（C：10%，M：4%，Y：87%，K：0%）。

图 11-90　设置透明效果

图 11-91　输入文字

（9）使用【钢笔工具】在视图中绘制图11-92所示的不规则图形，选择绘制的图形和文本"红旗路营业厅"，执行【对象】|【封套扭曲】|【用顶层对象建立】命令，为图形创建封套效果。

（10）参照图11-93所示，在视图中输入文本"盛大开业"，并绘制曲线图形。选择绘制的图形和文本"盛大开业"，按快捷键Alt+Ctrl+C创建封套效果。

（11）选择文本"红旗路营业厅"和"盛大开业"，执行【对象】|【扩展】命令，将文本扩展为图形，如图11-94所示。

（12）参照图11-95所示，使用工具箱中的【渐变工具】分别为"红旗路营业厅"、"盛大开业"字样图形添加渐变填充效果。

图 11-92　创建封套

图 11-93　继续为图形创建封套效果

图 11-94　扩展图形

图 11-95　设置渐变色

（13）参照图11-96所示，在【外观】调板中为"红"字样图形设置描边效果。

（14）使用相同的方法，继续为视图中的其他字样图形设置描边效果，如图11-98所示。

（15）参照图11-98所示，使用工具箱中的【钢笔工具】 在字样图形边缘绘制黄色装饰图形，选择绘制的装饰图形、"红旗路营业厅"和"盛大开业"字样图形，按快捷键Ctrl+G将其编组。

图 11-97　添加描边效果

图 11-96　设置描边效果

图 11-98　绘制装饰图形

（16）使用工具箱中的【矩形工具】 在视图中绘制矩形，分别为图形设置填色和描边效果，如图11-99所示。

（17）选择工具箱中的【直线段工具】 ，在视图中绘制直线段，调整其位置，得到图11-100所示的表格效果。按快捷键Ctrl+G将绘制的直线段编组。

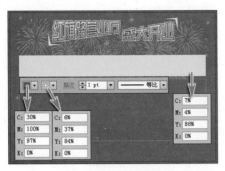

图 11-99　绘制矩形

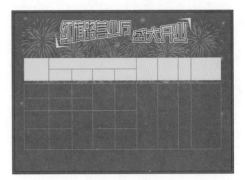

图 11-100　绘制直线段

（18）选择工具箱中的【文字工具】T，在表格中输入营业厅套餐活动的详细内容，设置文本格式，得到图11-101示效果。

（19）参照图11-102所示，使用【文字工具】T继续在视图中输入相关文字信息。

图 11-101　添加相关文字信息

图 11-102　继续添加文本

（20）配合键盘上的Alt键将宣传页正面的礼物图形复制，移动复制的礼物图形到视图的右下角，如图11-103所示。

（21）至此完成本实例的制作，完成效果如图11-104所示。

图 11-103　复制礼物图形

图 11-104　完成效果图

第 **12** 章
封面设计

封面是装帧艺术的重要组成部分，封面设计就是对封面中的图案、文字等进行设计，目的就是通过画面或字体展示书籍的内容。本章将带领读者一起制作封面设计。

知识导读

1. 《国粹京剧》封面设计
2. 《插画设计》杂志封面设计

本章重点

1. 使用【钢笔工具】、【椭圆工具】、【矩形工具】绘制图形
2. 使用【渐变】调板、【字符】调板、【描边】调板编辑图形
3. 应用【对称】命令
4. 偏移路径功能的应用

12.1 《国粹京剧》封面设计

下面进行《国粹京剧》封面设计，对【钢笔工具】  和【文字工具】 T 等知识进行练习。

1. 练习目标

掌握添加参考线、【对称】命令、【钢笔工具】 及【字符】调板等功能在实际绘图中的使用方法。

2. 具体操作

1）创建背景及部分封面元素

⬇（1）执行【文件】|【新建】命令，打开【新建文档】对话框，参照图12-1所示在该对话框中进行设置，然后单击【确定】按钮，创建新文档。

⬇（2）按下键盘上的Ctrl+R快捷键显示标尺，使用鼠标从垂直标尺处拖出两条垂直参考线，在【变换】调板中设置【X值】分别为210mm和230mm，然后通过执行【视图】|【参考线】|【锁定参考线】命令将其锁定，如图12-2所示。

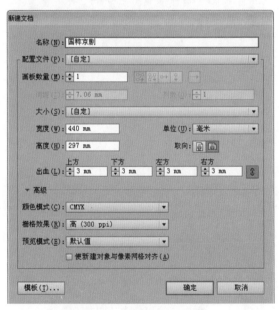

图 12-1 【新建文档】对话框

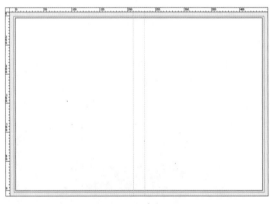

图 12-2 创建参考线

⬇（3）选择工具箱中的【矩形工具】 ▣，在页面中单击，参照图12-3所示在弹出的【矩形】对话框中设置矩形的尺寸大小，单击【确定】按钮创建矩形，调整矩形与画板中心对齐，填充颜色并取消轮廓线的填充后，将其锁定。

⬇（4）选择工具箱中的【圆角矩形工具】 ▣，在页面中单击，在弹出的【圆角矩形】对话框中设置【圆角半径】参数为20mm，单击【确定】按钮创建圆角矩形，然后参照图12-4所示调整图形的大小，并取消轮廓线的填充。

⬇（5）复制圆角矩形，按下Ctrl+F快捷键将其贴在前面，调整大小并与原图形中心对齐，然后在属性栏中设置填充颜色为无，描边粗细为1.5pt，形成图12-5所示的环状效果。

⬇（6）单击工具箱中的【钢笔工具】 ，参照图12-6所示在页面中绘制装饰花纹，选中全部图形，在【路径查找器】调板中单击【差集】按钮 ▣，创建新的图形，然后取消轮廓线的填充。

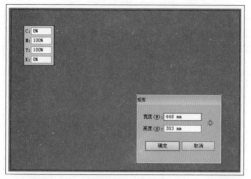

图 12-3　创建矩形

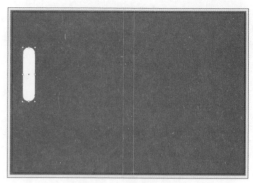

图 12-4　创建圆角矩形

图 12-5　复制并调整圆角矩形

图 12-6　创建装饰花纹图形

⬇（7）执行【对象】|【变换】|【对称】命令，打开【镜像】对话框，参照图12-7所示在该对话框中进行设置，单击【复制】按钮，复制并镜像图形，然后调整图形的位置。

⬇（8）单击工具箱中的【直排文字工具】 𝕀𝕋 ，参照图12-8所示在页面中创建与背景颜色相同的书籍名称文字，然后在【字符】调板中设置字符属性。

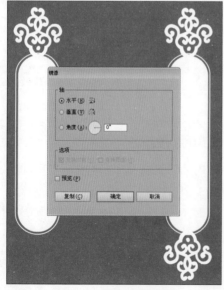

图 12-7　复制并镜像图形

图 12-8　添加书籍名称文字

（9）编组步骤（4）～（8）中创建的对象，然后使用【直排文字工具】 **T** 参照图12-9所示在页面中添加作者姓名，并在【字符】调板中设置字符属性。

（10）使用【钢笔工具】 在视图中绘制扇子图形，参照图12-10所示调整图形的位置，然后为图形填充黄色（C：0%、M：0%、Y：100%、K：0%），并取消轮廓线的填充。

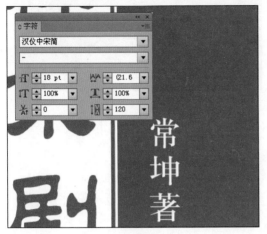

图 12-9　添加作者姓名文字

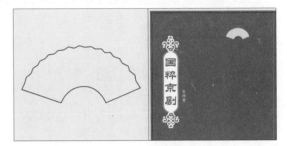

图 12-10　绘制扇子图形

（11）单击工具箱中的【文字工具】 **T**，参照图12-11所示在扇子图形表面创建文字，并在【字符】调板中设置文字的属性。

（12）执行【对象】|【封套扭曲】|【用变形建立】命令，打开【变形选项】对话框，参照图12-12所示在该对话框中进行设置，单击【确定】按钮，为文字创建变形效果，然后调整变形后文字的位置。

图 12-11　创建文字

图 12-12　创建文字变形

（13）使用【钢笔工具】 在扇子图形上方绘制路径，然后使用【路径文字工具】 在路径上创建白色文字，并参照图12-13所示在属性栏中设置字符属性。

（14）选中路径文字，参照图12-14所示在【字符】调板中设置所选字符的字距，然后将扇子图形及相关文字编组。

图 12-13　创建文字

图 12-14　设置字符属性

2）创建封面主体图形

⬇（1）使用【钢笔工具】 🖊 参照图12-15所示在页面中绘制路径，然后为其填充黑色（C：0%、M：0%、Y：0%、K：100%），设置轮廓线颜色为白色，粗细为1pt。

⬇（2）使用【钢笔工具】 🖊 继续绘制图形，然后选中整个图形，单击【路径查找器】调板中的【差集】按钮 🔲，创建复合路径，如图12-16所示。

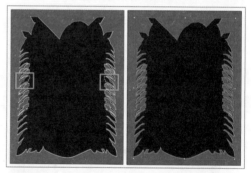

图 12-15　绘制图形

图 12-16　创建复合路径

⬇（3）单击工具箱中的【圆角矩形工具】 🔲，参照图12-17所示绘制圆角矩形，然后对其进行复制，并调整大小和位置。

⬇（4）全选圆角矩形，执行【对象】|【变换】|【对称】命令，打开【镜像】对话框，参照图12-18所示进行设置，单击【复制】按钮，镜像并复制图形，调整图形的位置后，编组圆角矩形。

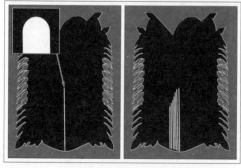

图 12-17　绘制并复制圆角矩形

图 12-18　镜像并复制图形

（5）单击工具箱中的【椭圆工具】◉，在视图中绘制正圆形和椭圆形，为方便读者查看，暂时将图形设置为黄色，选择【旋转工具】↻，将旋转中心设置为正圆形中心，然后按下Alt键的同时拖动椭圆形，旋转并复制图形，如图12-19所示。

（6）按下键盘上的Ctrl+D快捷键，重复上一步的旋转并复制的操作，制作出图12-20所示的花朵图形效果。

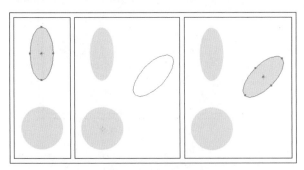

图 12-19　绘制椭圆形

图 12-20　重复变换

（7）使用【钢笔工具】✐ 在花朵图形上方绘制图形，执行【对象】|【变换】|【对称】命令，打开【镜像】对话框，单击【复制】按钮，镜像并复制图形，然后参照图12-21所示调整复制图形的位置。

（8）编组在视图中绘制的图形，参照图12-22所示调整图形在页面中的位置，然后设置图形的填充颜色为黑色（C：0%、M：0%、Y：0%、K：100%）。

图 12-21　创建装饰图形

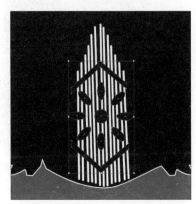

图 12-22　调整图形在页面中的位置

（9）使用【钢笔工具】✐ 在页面中绘制脸谱图形，填充颜色分别设置为红色（C：0%、M：100%、Y：100%、K：0%）和橙色（C：0%、Y：80%、M：95%、K：0%），取消轮廓线的填充后，参照图12-23所示调整胡须图形的位置。

（10）使用【钢笔工具】✐ 在视图中绘制图12-24所示的图形，分别为图形填充不同程度的土黄色，然后取消轮廓线的填充。

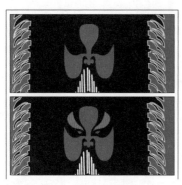

图 12-23　绘制脸谱图形

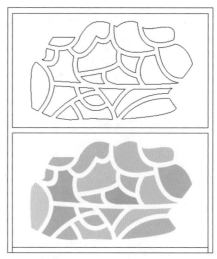

图 12-24　绘制图形

（11）编组在视图中绘制的图形，参照图12-25所示调整图形的位置，创建出京剧人物的帽花效果。

（12）使用【钢笔工具】 参照图12-26所示在视图中绘制头冠上的羽毛图形，分别为图形填充橘红色（C：0%、M：80%、Y：95%、K：0%）和天蓝色（C：70%、M：10%、Y：0%、K：0%），然后取消轮廓线的填充。

图 12-25　调整图形的位置

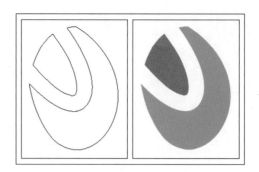

图 12-26　绘制羽毛图形

（13）参照图12-27所示复制图形，并调整图形的大小、角度和位置，然后将所有羽毛图形编组。

（14）使用【椭圆工具】 参照图12-28所示绘制装饰图形，进行复制、大小与位置的调整后，设置为不同程度的灰色。

（15）使用【钢笔工具】 和【椭圆工具】 在页面中继续绘制装饰图形，通过复制、调整角度、重复变换的操作，形成图12-29所示的装饰图形效果，分别为图形填充不同程度的灰色和白色，并取消轮廓线的填充。

（16）使用【钢笔工具】 在视图中绘制图12-30所示图形，然后为图形填充浅蓝色（C：100%、M：0%、Y：0%、K：0%），并取消轮廓线的填充。

图 12-27　复制图形

图 12-28　绘制圆形作为装饰

图 12-29　绘制装饰图形

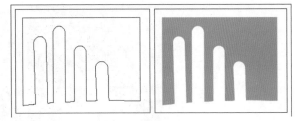

图 12-30　绘制图形

（17）参照图12-31所示调整图形的位置，然后通过复制、旋转、重复变换、调整外观、镜像及调整颜色的操作创建出头冠外围的装饰效果，然后编组。

（18）使用【钢笔工具】 参照图12-32所示在头冠图形处绘制图形，填充红色（C：10%、M：100%、Y：100%、K：0%），然后取消轮廓线的填充，形成视觉上的镂空效果。

图 12-31　复制图形

图 12-32　绘制图形

（19）编组头冠及其上方的装饰图形，使用【钢笔工具】 参照图12-33所示在视图中绘制图形，调整图形的位置后，分别为图形填充白色、灰色（C：0%、M：0%、Y：0%、K：40%）及浅灰色（C：0%、M：0%、Y：0%、K：15%），并取消轮廓线的填充。

（20）使用【椭圆工具】 参照图12-34所示在页面中绘制正圆形和椭圆形，然后分别填充红色（C：0%、M：100%、Y：100%、K：0%）、白色和灰色（C：0%、M：0%、Y：0%、K：40%），并取消轮廓线的填充。

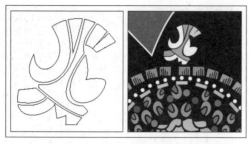
图 12-33　绘制装饰图形

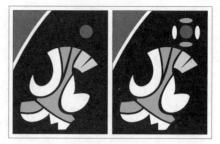
图 12-34　绘制圆形

（21）使用【钢笔工具】 参照图12-35所示在页面中绘制装饰图形，分别为图形填充白色、深灰色（C：0%、M：0%、Y：0%、K：60%）和粉红色（C：4%、M：20%、Y：14%、K：0%），取消图形轮廓线的填充后，编组装饰图形。

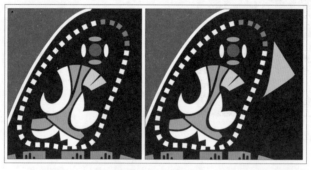
图 12-35　绘制装饰图形

（22）使用【钢笔工具】 参照图12-36所示在页面中绘制图形，填充颜色为蓝色（C：60%、M：10%、Y：0%、K：0%），取消轮廓线的填充，然后复制并调整图形的外观，并调整其中的部分图形为较深的蓝色（C：93%、M：43%、Y：0%、K：0%），形成帽缨图形，效果如图12-37所示。

图 12-36　绘制图形

图 12-37　绘制帽缨图形

（23）使用【钢笔工具】 在视图中绘制图形，然后参照图12-38所示为图形填充颜色，并取消轮廓线的填充。

（24）参照图12-39所示继续在视图中绘制图形，然后分别为图形设置不同的颜色，并取消轮廓线的填充。

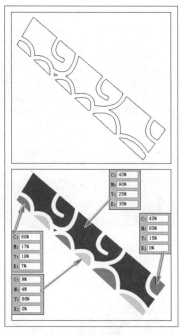

图 12-38 绘制图形

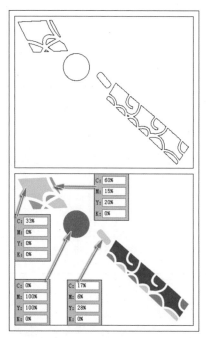

图 12-39 继续绘制图形

（25）参照图12-40所示，编组在视图中绘制的缨枪图形，然后通过复制、镜像操作，创建出另一侧的缨枪图形，效果如图12-41所示。

图 12-40 创建另一种缨枪图形

图 12-41 复制缨枪图形

（26）使用【钢笔工具】 在视图中绘制图形，然后分别为图形填充酱紫色（C：40%、M：90%、Y：25%、K：35%）和淡紫色（C：32%、M：58%、Y：10%、K：5%），并取消轮廓线的填充，如图12-42所示。

（27）参照图12-43所示调整图形的位置，复制缨枪的枪头和毛球图形，形成另一种缨枪图形，然后通过复制、镜像、删除一部分图形的操作创建出另一侧的缨枪图形，调整完毕后，分别将新创建的缨枪图形编组。

（28）使用【钢笔工具】 参照图12-44所示在视图中绘制路径，分别为图形填充不同程度的紫色和淡蓝色，然后取消轮廓线的填充后编组图形。

（29）参照图12-45所示，移动装饰图形的位置，在缨枪图形之间起到连接作用。

图 12-42　绘制图形

图 12-43　创建另一种缨枪图形

图 12-44　绘制图形

图 12-45　绘制装饰图形

3）继续添加图形和文字

（1）使用【钢笔工具】 参照图12-46所示在视图中绘制路径，然后为图形填充绿色、黄色、棕色、红色和浅绿色，取消轮廓线的填充后编组图形。

（2）参照图12-47所示复制图形，通过镜像与调整位置，形成脸谱两侧的装饰图形。

图 12-46　绘制图形

图 12-47　复制图形并调整位置

（3）使用【钢笔工具】 在页面中绘制装饰图形，参照图12-48所示效果设置图形的填充颜色。

（4）编组后复制、镜像图形，并调整图形的位置，效果如图12-49所示。

图 12-48 绘制装饰图形

图 12-49 调整图形位置

（5）使用【钢笔工具】 在头冠图形周围绘制装饰图形，然后参照图12-50所示设置图形的填充颜色，取消轮廓线的填充后编组图形，效果如图12-51所示。

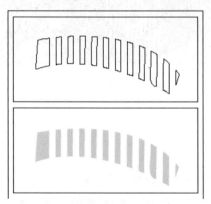

图 12-50 绘制装饰图形

图 12-51 绘制装饰图形

（6）参照图12-52所示，继续使用【钢笔工具】 在头冠图形周围绘制装饰图形，设置图形的填充颜色，取消轮廓线的填充后编组图形。

（7）使用【钢笔工具】 在京剧人物图形中继续绘制装饰图形，参照图12-53所示设置图形的填充颜色，取消轮廓线的填充后，编组图形。

（8）继续使用【钢笔工具】 在京剧人物图形中绘制装饰图形，参照图12-54所示设置图形的填充颜色，取消轮廓线的填充后，编组图形。

（9）参照图12-55所示，复制并调整图形的位置。

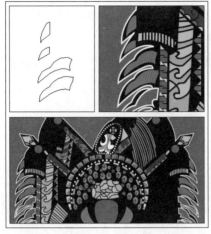

图 12-52 绘制装饰图形

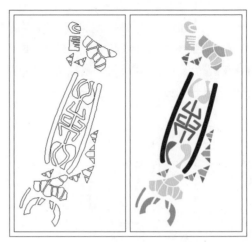

图 12-53 绘制装饰图形

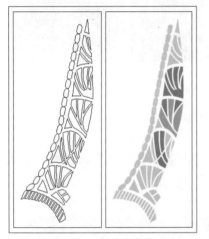

图 12-54 绘制装饰图形

图 12-55 调整装饰图形的位置

（10）完成京剧脸谱的绘制，并将整个京剧人物图形编组，效果如图12-56所示。

（11）使用【文字工具】 T 和【直线段工具】 在页面左下方添加文字和图形，参照图12-57所示，在【字符】调板中设置字符属性，然后编组文字和直线段图形。

图 12-56 编组图形

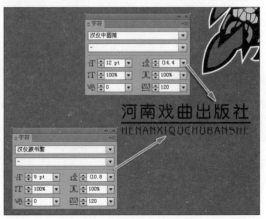

图 12-57 添加出版社名称文字

（12）使用【直线段工具】 ╱ 依照参考线绘制书籍位置的装订线图形，设置轮廓线颜色为白色，描边粗细为1pt，然后编组绘制的直线段图形，为使读者观察到完整的图形，在此将参考线隐藏，如图12-58所示。

（13）使用【直排文字工具】 ⏬ 参照图12-59所示在书籍位置创建出版社名称文字，然后在【字符】调板中设置字符属性。

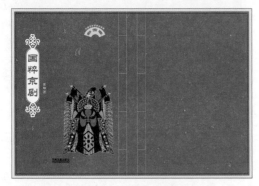

图 12-58　绘制书籍装订线

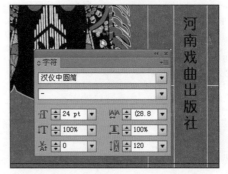

图 12-59　创建出版社名称文字

（14）使用【直排文字工具】 ⏬ 参照图12-60所示在书籍位置创建白色的书籍名称文字，并在【字符】调板中设置文字的属性。

（15）使用【矩形工具】 ▢ 在书籍名称上端绘制白色矩形，复制并调整位置后，取消轮廓线的填充，然后编组书籍名称文字和白色矩形，效果如图12-61所示。

图 12-60　创建书籍名称文字

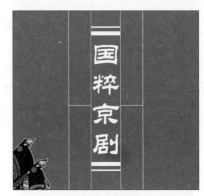

图 12-61　绘制矩形

（16）使用【矩形工具】 ▢ 在页面中绘制矩形，填充颜色为无，轮廓色设置为白色，然后使用【直线段工具】 ╱ 在矩形内部绘制直线，复制后全部选中，在【对齐】调板中单击【水平居中分布】按钮 ▥ ，得到图12-62所示的打格效果。

（17）编组绘制的格线图形，然后使用【直排文字工具】 ⏬ 创建段落文本，并参照图12-63所示在属性栏中设置字符属性。

（18）使用【文字工具】 Ⓣ 在页面右上角创建编辑及设计人员姓名，然后参照图12-64所示在【字符】调板中设置文字的属性。

（19）执行【文件】|【打开】命令，打开"附带光盘/Chapter-12/国粹京剧素材.ai"文件，将其中的龙形花纹和牡丹花纹图形复制到当前正在编辑的文件中，参照图12-65所示调整图形的位置，然后取消轮廓线的填充。

图 12-62　绘制打格效果

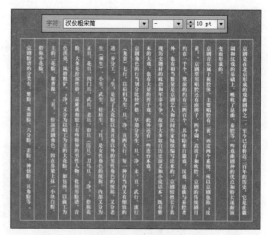

图 12-63　创建段落文本

图 12-64　添加文字

图 12-65　添加素材图形

（20）参照图12-66所示在【透明度】调板中将素材图像的【不透明度】参数调整为10%，使图形产生半透明效果。

（21）将"国粹京剧素材.ai"文件中的条形码图形复制到当前正在编辑的文件中，然后参照图12-67所示调整图形的位置，完成整个封面设计的制作。

（22）至此完成本实例的制作，效果如图12-68所示。

图 12-67　添加条形码图形

图 12-66　调整图形的不透明度

图 12-68　完成效果图

12.2 《插画设计》杂志封面设计

下面进行《插画设计》杂志封面设计，对【路径查找器】调板和【描边】调板等知识进行练习。

1. 练习目标

掌握【渐变】调板、【字符】调板、【路径查找器】调板、【钢笔工具】及【描边】调板等功能在实际绘图中的使用方法。

2. 具体操作

1）添加背景和主体文字

（1）执行【文件】|【新建】命令，打开【新建文档】对话框，参照图12-69所示设置页面大小，单击【确定】按钮完成设置，创建一个新文档。

（2）按快捷键Ctrl+R，打开标尺。参照图12-70所示，在视图中添加垂直参考线，在【变换】调板中精确设置参考线的位置。

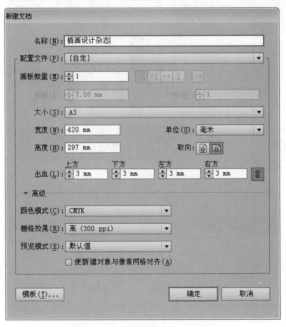

图 12-69 【新建文档】对话框

图 12-70 添加参考线

（3）为方便接下来的绘制，按快捷键Ctrl+Alt+；，将参考线锁定。选择工具箱中的【矩形工具】，在视图中单击，在弹出的【矩形】对话框中设置矩形大小，单击【确定】按钮完成设置，创建一个新矩形，调整矩形贴齐出血线，效果如图12-71所示。

（4）参照图12-72所示，使用工具箱中的【渐变工具】为矩形添加渐变填充效果，并取消轮廓线的填充。

（5）选择工具箱中的【文字工具】T，在视图中输入文本"DESIGN"，设置文本格式，如图12-73所示。

（6）选择文字"I"，参照图12-74所示，设置文字的垂直缩放和基线偏移参数。

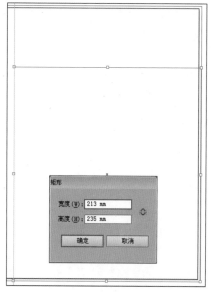

图 12-71　绘制矩形

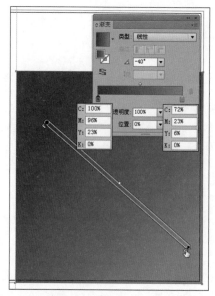

图 12-72　添加渐变填充效果

图 12-73　添加文字

图 12-74　设置文字格式

（7）使用【文字工具】 $\boxed{T}$ 在视图中输入文本"8期"，设置文字"8"字体大小为105pt，设置文字"期"字体大小为36pt，如图12-75所示。

（8）参照图12-76所示，使用【文字工具】 $\boxed{T}$ 在视图中输入文本"插画设计"和"中国插画视觉艺术主导期刊2010年第8期总20期"，并设置文本格式。

图 12-75　添加文字

图 12-76　添加文字信息

2）为封面绘制装饰图形

（1）新建"图层2"。参照图12-77所示，使用【钢笔工具】 在视图中绘制条状图形，为图形添加渐变填充效果，并取消轮廓线的填充，效果如图12-78所示。

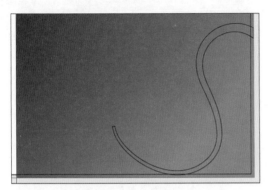

图 12-77 绘制图形

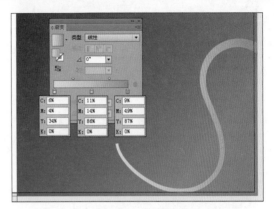

图 12-78 设置渐变色

（2）使用相同的方法，继续绘制图12-79所示的彩色条状图形。选择绘制的所有条状图形，按快捷键Ctrl+G将其编组。

（3）选择工具箱中的【椭圆工具】 ，配合键盘上的Shift键在视图中绘制多个椭圆形，如图12-80所示。

图 12-79 绘制装饰图形

图 12-80 绘制椭圆形

（4）配合键盘上的Shift键将绘制的所有椭圆形选中，单击【路径查找器】调板中的【联集】按钮 ，将图形焊接在一起，设置图形颜色为白色，得到图12-81所示的白云效果。

（5）参照图12-82所示，使用【钢笔工具】 绘制粉红色（C：19%、M：92%、Y：14%、K：0%）心形图形。

（6）选择心形图形，执行【对象】|【路径】|【偏移路径】命令，打开【偏移路径】对话框，如图12-83所示设置对话框参数，单击【确定】按钮完成设置，并为图形设置颜色，效果如图12-84所示。

图 12-81　焊接图形

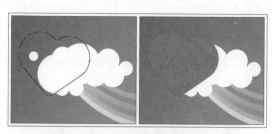

图 12-82　绘制心形图形

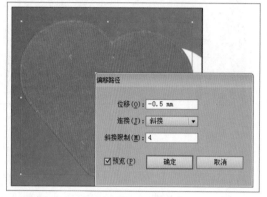

图 12-83　偏移路径

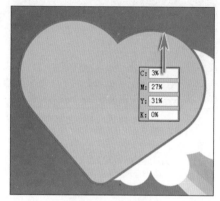

图 12-84　填充颜色

（7）使用相同的方法，继续偏移路径，分别为图形设置颜色，得到图12-85所示效果。

（8）使用相同的方法，继续偏移路径，得到图12-86所示效果。

图 12-85　偏移路径

图 12-86　继续偏移路径

（9）参照图12-87所示，在心形图形内侧绘制曲线，然后使用【渐变工具】 为图形添加渐变填充效果，并取消轮廓线的填充。

（10）使用相同的方法，继续绘制曲线图形，分别为图形设置颜色，得到图12-88所示效果。选择绘制的所有心形图形，按快捷键Ctrl+G将其编组。

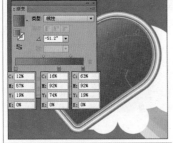

图 12-87 设置渐变色

图 12-88 继续绘制图形

⬇ （11）配合键盘上的Alt键拖动心形图形，释放鼠标后，将该图形复制，分别调整图形大小、位置和颜色，如图12-89所示。

⬇ （12）使用工具箱中的【钢笔工具】 ✒ 在视图中绘制图12-90所示的彩条图形。

图 12-89 复制图形

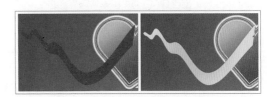

图 12-90 绘制图形

⬇ （13）继续使用【钢笔工具】 ✒ 在视图中绘制图12-91所示的彩条图形，设置图形的颜色，并将其编组。

⬇ （14）保持彩条图形的选择状态，执行【对象】|【排列】|【置于底部】命令，调整图形置于该图层的最底部，如图12-92所示。

⬇ （15）配合键盘上的Alt键复制白云图形，参照图12-93所示，使用【钢笔工具】 ✒ 绘制装饰图形。

⬇ （16）选择复制的白云图形和装饰图形，配合键盘上的Ctrl+ [键调整图形排列顺序，并调整图形大小与位置，如图12-94所示。

⬇ （17）参照图12-95所示，使用【钢笔工具】 ✒ 绘制装饰图形，设置图形颜色为白色，并取消轮廓线的填充。

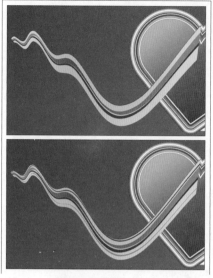

图 12-92　调整图形排列顺序

图 12-93　绘制图形

图 12-91　绘制彩条图形

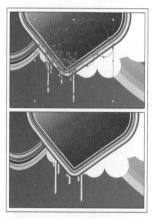

图 12-94　调整图形位置

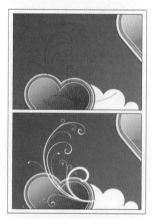

图 12-95　绘制装饰图形

（18）使用【钢笔工具】在视图中绘制图12-96所示的花朵图形，分别为图形添加渐变填充效果。

（19）参照图12-97所示，使用【选择工具】移动图形位置，调整图形大小与位置。

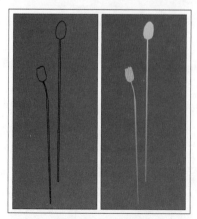

图 12-96　绘制花朵图形

图 12-97　调整图形位置

（20）使用【钢笔工具】 ![] 绘制图12-98所示的星形图形，选择绘制的所有星形图形，按快捷键Ctrl+G将其编组。

（21）选择编组的星形图形，按快捷键Ctrl+Shift+O调整图形到图层最底部，如图12-99所示。

图 12-98　绘制星形

图 12-99　调整图形顺序

（22）使用【钢笔工具】 ![] 绘制图12-100所示的红色（C：36%、M：100%、Y：91%、K：2%）曲线图形。

（23）在【图层】调板中拖动红色曲线到【创建新图层】按钮 ![] 处，将该图形复制。配合键盘上的Alt+Shift键以中心缩放图形，设置图形颜色，如图12-101所示。

（24）继续复制曲线图形，分别设置图形大小与颜色，得到图12-102所示效果。

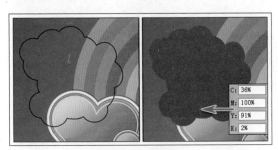

图 12-100　绘制曲线图形

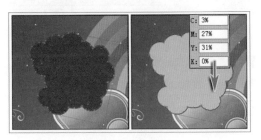

图 12-101　复制图形

图 12-102　调整图形

（25）使用以上相同的方法，使用【钢笔工具】 ![] 在视图中绘制图12-103所示的装饰图形，配合快捷键Ctrl+G将绘制的装饰图形编组。

（26）在【图层】调板中拖动绘制的曲线图形到【创建新图层】按钮 ![] 处，将该图形复制为两个副本，分别调整图形大小与颜色，得到图12-104所示效果。

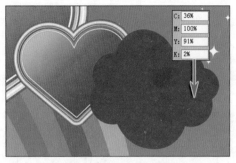

图 12-103　绘制装饰图形

图 12-104　复制图形

（27）使用【钢笔工具】 在视图中绘制曲线图形，参照图12-105所示，在【渐变】调板中设置渐变色，为图形添加渐变填充效果。

（28）参照图12-106所示，使用工具箱中的【钢笔工具】 绘制黄色（C：10%、M：10%、Y：68%、K：0%）曲线图形。

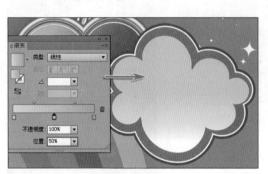

图 12-105　设置渐变色

图 12-106　绘制图形

（29）使用工具箱中的【钢笔工具】 在视图中继续绘制图12-107所示的装饰图形。

（30）选择绘制的装饰图形，按快捷键Ctrl+G将其编组，效果如图12-108所示。

（31）参照图12-109所示，使用【选择工具】 配合键盘上的Shift键选择刚刚绘制的装饰图形，按快捷键Ctrl+[调整图形排列顺序。

（32）选择工具箱中的【钢笔工具】 ，在视图中绘制心形图形，参照图12-110所示，分别为图形设置渐变色，并取消轮廓线的填充。选择绘制的心形图形，按快捷键Ctrl+G将其编组。

（33）继续绘制图12-111所示的红色（C：37%、M：96%、Y：84%、K：0%）心形图形。

（34）使用工具箱中的【钢笔工具】 在红色心形内侧绘制两条曲线图形，取消图形的颜色填充，设置描边颜色为黄色（C：9%、M：49%、Y：87%、K：0%），参照图12-112所示，在【描边】调板中为图形设置描边为虚线效果。

图 12-107　绘制图形

图 12-108　编组装饰图形

图 12-109　调整图形顺序

图 12-110　绘制图形并设置渐变色

图 12-111　绘制红色心形

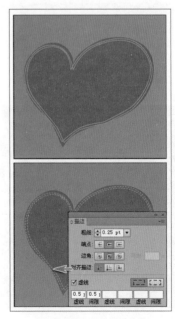

图 12-112　设置虚线效果

（35）选择工具箱中的【椭圆工具】 ⬭ ，配合键盘上的Shift键在视图中绘制图12-113所示的装饰图形，分别为绘制的椭圆形设置填色和描边效果。

（36）选择工具箱中的【钢笔工具】 ✎ ，在视图中绘制图12-114所示的星形图形，选择绘制的图形，单击【路径查找器】调板中的【减去顶层】按钮 ┏ ，修剪图形为镂空效果，并设置图形颜色为橘红色（C: 13%、M: 73%、Y: 82%、K: 0%）。

图 12-113　绘制装饰图形

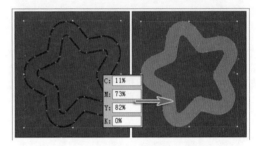

图 12-114　修剪图形

（37）参照图12-115所示，使用相同的方法，继续绘制星形图形，分别为其设置颜色。选择绘制的星形图形，按快捷键Ctrl+G将其编组。

（38）选择工具箱中的【椭圆工具】 ⬭ ，配合键盘上的Alt+Shift键绘制同心圆，单击【路径查找器】调板中的【减去顶层】按钮 ┏ ，修剪图形为蓝色（C: 75%、M: 27%、Y: 14%、K: 0%）圆环效果，如图12-116所示。

（39）在【图层】调板中拖动圆环图形到【创建新图层】按钮 ▢ 处，将该图形复制，配合键盘上的Alt+Shift键以中心缩放图形，继续复制并调整图形，得到图12-117所示效果。

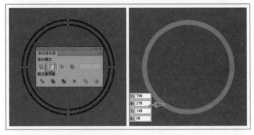

图 12-116　绘制圆环图形

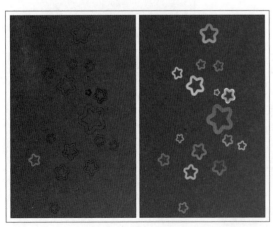

图 12-115　设置图形颜色

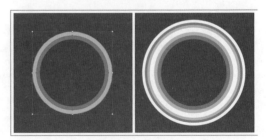

图 12-117　复制图形

（40）使用以上相同的方法，继续绘制图12-118所示的装饰图形，选择绘制的所有圆环图形，按快捷键Ctrl+G将其编组。

（41）使用工具箱中的【钢笔工具】 绘制多个心形图形，参照图12-119所示，为绘制的图形设置填色和描边效果。

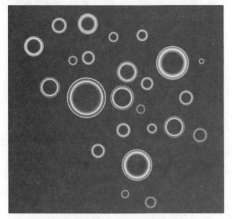

图 12-118 设置图形

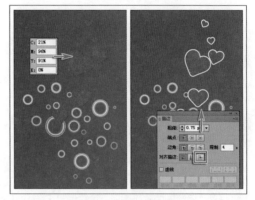

图 12-119 绘制心形图形

（42）参照图12-120所示，使用【钢笔工具】 在视图中绘制黄色（C：7%、M：4%、Y：86%、K：0%）装饰图形。

（43）参照图12-121所示，调整以上步骤绘制的装饰图形在视图中的大小与位置。

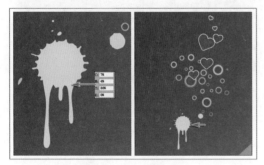

图 12-120 绘制装饰图形

图 12-121 调整图形

3）继续绘制并复制装饰图形

（1）参照图12-122所示，使用工具箱中的【钢笔工具】 在视图中绘制花朵图形。

（2）使用工具箱中的【钢笔工具】 在花朵图形内侧绘制曲线图形，保持图形的选择状态，单击工具箱中的【旋转工具】 ，在视图中单击确定中心点位置，然后配合键盘上的Alt键拖动图形，释放鼠标后，将该图形旋转并复制，效果如图12-123所示。

（3）连续按快捷键Ctrl+D复制多个图形，如图12-124所示，选择复制的图形，单击【路径查找器】调板中的【联集】按钮 ，将图形焊接在一起，设置图形颜色为紫色（C：47%、M：70%、Y：13%、K：0%），并取消轮廓线的填充。

（4）使用以上步骤相同的方法，继续绘制图12-125所示的花朵图形，按快捷键Ctrl+G将绘制的花朵图形编组。

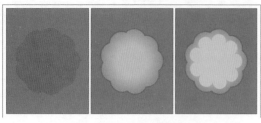

图 12-122　绘制花朵图形

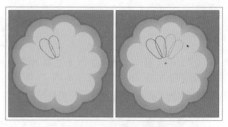

图 12-123　旋转图形

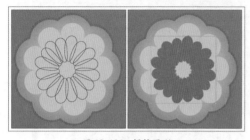

图 12-124　焊接图形

图 12-125　绘制花朵图形

（5）选择绘制的花朵图形，按住键盘上的Alt键拖动图形，释放鼠标后，将该图形复制，调整图形大小与位置，得到图12-126所示效果。

（6）配合键盘上的Alt键复制以上步骤绘制的装饰图形，分别调整图形大小与位置，得到图12-127所示效果。

图 12-126　复制图形

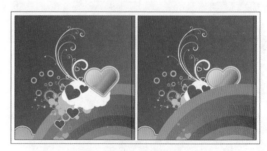

图 12-127　调整图形

（7）使用工具箱中的【钢笔工具】 绘制图12-128所示的彩色条状图形。

（8）参照图12-129所示，配合键盘上的Alt键继续复制装饰图形，调整图形大小与位置。

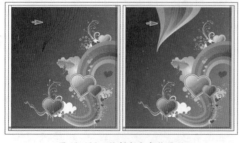

图 12-128　绘制彩色条状图形

图 12-129　复制图形

（9）分别使用工具箱中的【矩形工具】■ 和【钢笔工具】✏ 绘制图12-130所示的装饰图形，设置图形颜色为粉红色（C：18%、M：95%、Y：64%、K：0%），并调整图形位置。

（10）使用工具箱中的【钢笔工具】✏ 在视图中绘制黄色（C：13%、M：14%、Y：86%、K：0%）蝴蝶图形，如图12-131所示。

（11）参照图12-132所示，调整蝴蝶图形大小与位置，使用【钢笔工具】✏ 绘制一条曲线，然后在【描边】调板中设置描边为虚线效果。

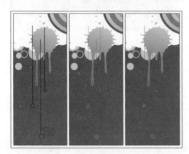

图 12-130　绘制装饰图形

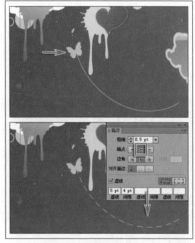

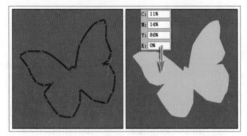

图 12-131　绘制蝴蝶图形

图 12-132　设置虚线效果

4）添加相关文字信息

（1）使用工具箱中的【文字工具】T 在视图中输入相关文字信息，参照图12-133所示，设置文本格式。

（2）使用【文字工具】T 选择文字"卡通漫画设计"，设置字体颜色为白色，如图12-134所示。

图 12-133　添加文字信息

图 12-134　设置文字颜色

（3）参照图12-135所示，分别为添加的文字设置颜色。

（4）在【图层】调板中拖动文本"卡通漫画设计"到【创建新图层】按钮 🔲 处，将其复制，参照图12-136所示，为复制的文本设置描边颜色为黑色，设置描边粗细为7pt。

图 12-135　继续设置文字颜色

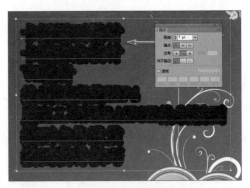

图 12-136　设置描边粗细

（5）保持文本的选择状态，按快捷键【Ctrl+[】调整文本到原文本的下一层，得到图12-136所示效果。

（6）参照图12-138所示，分别使用工具箱中的【矩形工具】▣ 和【文字工具】Ｔ 在视图中绘制条形码图形，按快捷键Ctrl+G将绘制的条形码图形编组。

图 12-137　调整文本排列顺序

图 12-138　绘制条形码图形

（7）使用工具箱中的【文字工具】Ｔ 在视图底部输入邮发代号、定价文字信息，设置文本格式，如图12-139所示。

图 12-139　添加文字信息

5）添加封底图形

（1）执行【文件】|【打开】命令，打开"附带光盘/Chapter-12/封底.ai"文件，如图12-140所示。

（2）使用工具箱中【选择工具】▶ 拖动素材图形到正在编辑的文档中，调整图形到封底位置，得到图12-141所示效果。

图 12-140 素材图形

图 12-141 添加素材图形

（3）至此完成本实例的制作，效果如图12-142所示。

图 12-142 添加素材图形

第13章
POP 广告设计

凡是在商业空间、购买场所、零售商店的周围、内部及在商品陈设的地方所设置的广告物都属于 POP (Point of Purchase) 广告，它是许多广告形式中的一种，其色彩强烈、图案美丽、造型突出、动作幽默、广告语言准确而生动，可以创造强烈的销售气氛，吸引消费者的视线，促成其购买冲动。在本章中，将带领读者一起制作 POP 广告。

知识导读

1. 液晶电视 POP 海报设计
2. T 恤大促销 POP 广告设计
3. POP 模板设计

本章重点

1. 使用【钢笔工具】、【椭圆工具】、【矩形工具】绘制图形
2. 使用【符号】调板、【描边】调板、【色板】调板编辑图形
3. 【投影】命令、【偏移路径】和【创建渐变网格】命令的应用
4. 【旋转工具】的应用

13.1 液晶电视 POP 海报设计

下面进行液晶电视POP海报设计，对符号工具组和【符号】调板等知识进行练习。

1. 练习目标

掌握【符号】调板、【符号缩放器工具】、【符号滤色器工具】、【符号紧缩器工具】、【混合工具】和【投影】命令、【偏移路径】命令在实际绘图中的使用方法。

2. 具体操作

1）创建背景图形

⬇（1）执行【文件】|【新建】命令，打开【新建文档】对话框，参照图13-1所示设置页面大小，单击【确定】按钮完成设置，即可创建一个新文档。

⬇（2）选择工具箱中的【矩形工具】，在视图中贴齐出血线绘制矩形。参照图13-2所示，使用【渐变工具】为矩形添加渐变填充效果，取消轮廓线的填充。

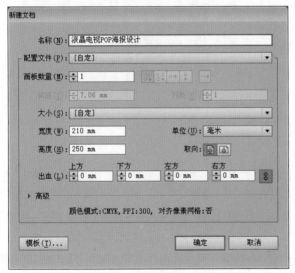

图 13-1 【新建文档】对话框

图 13-2 为图形添加渐变填充效果

⬇（3）执行【文件】|【打开】命令，打开"附带光盘/Chapter-13/雪花.ai"文件，如图13-3所示。

⬇（4）使用【选择工具】拖动白色雪花图形到正在编辑的文档中，单击【符号】调板中的【新建符号】按钮，打开【符号选项】对话框，如图13-4所示，设置符号名称为"雪花"，单击【确定】按钮完成设置，将雪花图形定义为符号。

⬇（5）选择【符号喷枪工具】，单击【符号】调板中的雪花符号图标，在视图中绘制图13-5所示的符号组。

⬇（6）参照图13-6所示，分别使用工具箱中的【符号缩放器工具】、【符号滤色器工具】和【符号紧缩器工具】对符号组中的符号图形进行编辑。

图 13-3　素材图形

图 13-4　新建符号

图 13-5　创建符号组

图 13-6　编辑符号图形

2）绘制液晶电视图形

（1）绘制主体物液晶电视，使用工具箱中的【矩形工具】■ 在视图中绘制矩形，参照图13-7所示，在【渐变色】调板中设置渐变色，使用【渐变工具】■ 为图形添加渐变填充效果。

（2）参照图13-8所示，绘制黑色圆角矩形，然后在【图层】调板中拖动圆角矩形到【创建新图层】按钮 ■ 处，将该图形复制。

图 13-7　绘制矩形

图 13-8　绘制圆角矩形

（3）选择工具箱中的【删除锚点工具】，在复制的圆角矩形上单击删除锚点，使用【渐变工具】为图形添加渐变填充效果，如图13-9所示。

（4）参照图13-10所示，使用工具箱中的【矩形工具】绘制电视屏图形，为图形添加渐变填充效果，并取消轮廓线的填充。

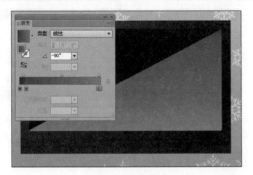

图13-9 调整图形

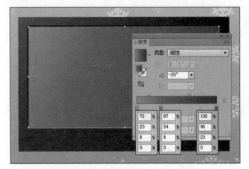

图13-10 为图形添加渐变填充效果

（5）使用【钢笔工具】在电视屏内侧绘制细节图形，如图13-11所示。

（6）继续在电视屏内侧绘制曲线图形，分别为图形添加渐变填充效果，如图13-12所示。

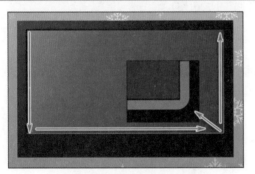

图13-11 绘制细节图形

图13-12 绘制图形

（7）使用工具箱中的【混合工具】为刚刚绘制的曲线图形添加混合效果，双击工具箱中的【混合工具】，打开【混合选项】对话框，参照图13-13所示设置对话框参数，单击【确定】按钮完成设置。

（8）使用【钢笔工具】在电视底部绘制图13-14所示的装饰图形，使其更为真实具有立体感。

图13-13 添加混合效果

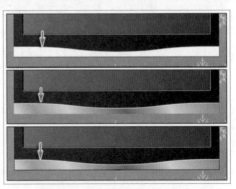

图13-14 为图形添加渐变填充效果

（9）参照图13-15所示，使用【钢笔工具】 为电视绘制底盘图形，分别为图形设置渐变色。

（10）使用【钢笔工具】 在电视底部继续绘制细节图形，参照图13-16所示，为绘制图形添加渐变填充效果。选择为电视绘制的底盘图形，配合快捷键Ctrl+[，调整图形位置。

图 13-15 绘制底盘图形

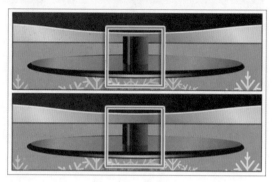

图 13-16 调整图形

（11）参照图13-17所示，在电视底部绘制白色曲线图形，增强图形的真实效果。

（12）参照图13-18所示，使用【钢笔工具】 在视图中绘制"T"、"V"、"S"、"E"和"T"字样图形，选择绘制的字样图形，单击【路径查找器】调板中的【联集】按钮 ，将图形焊接在一起。

（13）使用工具箱中的【渐变工具】 为字样图形"TV SET"添加渐变填充效果，取消轮廓线的填充，如图13-19所示。

图 13-17 绘制图形

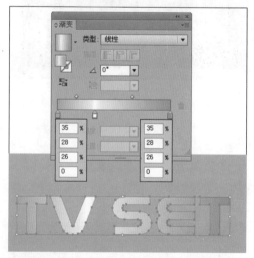

图 13-19 设置渐变色

图 13-18 绘制字样图形

（14）选择工具箱中的【椭圆工具】 ，配合键盘上的Alt+Shift键绘制同心圆，使用【渐变工具】 为绘制的图形添加渐变填充效果，如图13-20所示。

（15）继续为绘制的图形添加渐变填充效果，并参照图13-21所示，调整渐变填充效果。

图 13-20　绘制渐变填充图形

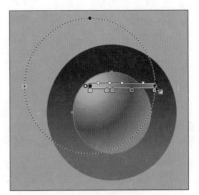

图 13-21　调整渐变填充效果

（16）使用【钢笔工具】 在视图中绘制13-22所示的"POWER"字样图形，为图形填充灰色（C：46%、M：38%、Y：35%、K：0%），取消轮廓线的填充。

（17）参照图13-23所示，使用【圆角矩形工具】 在视图中绘制圆角矩形，分别为图形添加渐变填充效果，完成按钮图形的绘制。

图 13-22　绘制字样图形

图 13-23　绘制按钮图形

（18）选择绘制的"TVSET"、"POWER"和其他图形，调整其位置到电视屏下方，配合键盘上的Alt键复制按钮图形，调整图形大小与位置，得到图13-24所示效果。

（19）打开"附带光盘/Chapter-13/雪花.ai"文件，拖动素材图形到正在编辑的文档中，调整图形大小与位置，如图13-25所示。选择为电视绘制的所有图形，按快捷键Ctrl+G将其编组。

图 13-24　复制图形

图 13-25　添加素材图形

3）绘制装饰图形

⬇（1）参照图13-26所示，使用【钢笔工具】✏ 在视图中绘制装饰图形，分别为图形填充红色（C：9%、M：80%、Y：96%、K：0%）、黄色（C：14%、M：4%、Y：87%、K：0%）和绿色（C：53%、M：7%、Y：98%、K：0%），取消轮廓线的填充。

⬇（2）选择绘制的装饰图形，在【透明度】调板中为图形设置【不透明度】参数为80%，调整图形位置，如图13-27所示。

图 13-26　绘制装饰图形

图 13-27　设置图形透明效果

⬇（3）执行【文件】|【打开】命令，打开"附带光盘/Chapter-13/装饰物.ai"文件，如图13-28所示。

⬇（4）使用【选择工具】▶ 拖动素材图形到正在编辑的文档中，并调整图形大小与位置，如图13-29所示。

图 13-28　素材图形

图 13-29　调整图形位置

4）添加相关文字信息

⬇（1）选择工具箱中的【文字工具】T，在视图中输入文本"全能微晶"，设置文本格式，得到图13-30所示效果。

⬇（2）执行【文字】|【创建轮廓】命令，将文字转换为轮廓图形，如图13-31所示。

⬇（3）参照图13-32所示，使用工具箱中的【渐变工具】■ 为视图中的"全能微晶"字样图形添加渐变填充效果。

图 13-30　输入文字

图 13-31　创建轮廓

图 13-32　设置渐变色

（4）在【图层】调板中拖动"全能微晶"字样图形到【创建新图层】按钮 处，将该图形复制，然后为复制的图形设置描边颜色为黑色（C：78%、M：82%、Y：83%、K：67%），在【描边】调板中设置【描边粗细】参数为14pt，得到图13-33所示效果。

（5）保持描边图形的选择状态，按快捷键Ctrl+[，调整图形排列顺序，如图13-34所示。

图 13-33　设置描边效果

图 13-34　调整图形

（6）选择添加渐变填充的"全能微晶"字样图形，执行【效果】|【风格化】|【投影】命令，打开【投影】对话框，参照图13-35所示，设置对话框参数，单击【确定】按钮完成设置，为图形添加投影效果，如图13-36所示。

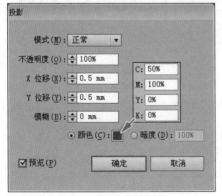

图 13-35　【投影】对话框

图 13-36　添加投影效果

（7）使用【钢笔工具】 在视图中绘制图13-37所示的白色曲线图形。

（8）选择刚刚绘制的曲线图形和"全能微晶"字样图形，执行【对象】|【封套扭曲】|【用顶层对象建立】命令，创建封套效果，如图13-38所示。

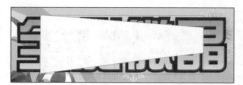

图 13-37　绘制图形

图 13-38　创建封套

（9）参照图13-39所示，使用【文字工具】 T 在视图中输入文本"豪礼大放送"，按快捷键 Ctrl+Shift+O，将文字转换为轮廓图形。

（10）使用【渐变工具】 在为"豪礼大放送"轮廓图形添加渐变填充效果，然后配合键盘上的Alt键复制图形，设置描边颜色为黑色（C：78%、M：82%、Y：83%、K：67%），在【描边】调板中设置【描边粗细】参数为14pt，调整该图形到原图形下方，得到图13-40所示效果。

图 13-39　添加文字

图 13-40　设置图形颜色和描边效果

（11）选择视图中的"豪礼大放送"字样图形，执行【效果】|【风格化】|【投影】命令，打开【投影】对话框，参照图13-41所示设置对话框参数，单击【确定】按钮，关闭对话框，得到图13-42所示效果。

（12）参照图13-43所示，使用【钢笔工具】 绘制曲线图形。

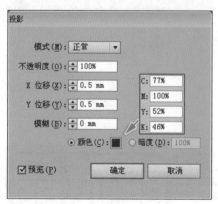

图 13-41　【投影】对话框

图 13-42　添加投影效果

图 13-43　绘制图形

（13）选择绘制的曲线图形和"豪礼大放送"字样图形，执行【文字】|【封套扭曲】|【用顶层对象建立】命令，创建封套效果，如图13-44所示。

（14）参照图13-45所示，调整主体文字"全能微晶"、"豪礼大放送"图形的位置。然后使用【钢笔工具】 在字样图形边角位置绘制装饰图形，分别为图形填充黑色和红色（C：11%、M：99%、Y：140%、K：0%）。

图13-44 创建封套效果

图13-45 绘制装饰图形

（15）使用工具箱中的【椭圆工具】 ⬭ 在视图中绘制多个浅黄色（C：8%、M：3%、Y：40%、K：0%）椭圆形，如图13-46所示。

（16）参照图13-47所示，使用【文字工具】 T 在视图底部输入相关文字信息，设置文本颜色为黄色（C：7%、M：4%、Y：86%、K：0%）。

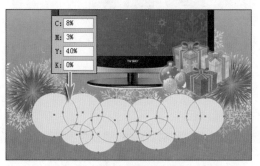

图13-46 绘制椭圆形

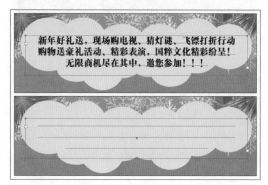

图13-47 添加段落文本

（17）配合键盘上的Alt键将段落文本复制，为文本设置描边颜色为紫色（C：79%、M：100%、Y：14%、K：0%），设置描边粗细为6pt，然后调整复制的文本到原文本的下方，得到图13-48所示效果。

（18）选择工具箱中的【星形工具】 ★ ，配合键盘上的Ctrl键和小键盘上的方向键"←"，在电视左上角位置绘制红色（C：11%、M：99%、Y：100%、K：0%）星形，如图13-49所示。

图13-48 设置描边效果

图13-49 绘制星形

⬇ （19）选择绘制的星形，执行【对象】|【路径】|【偏移路径】命令，打开【偏移路径】对话框，设置【位移】参数为-1mm，单击【确定】按钮完成设置，如图13–50所示。

⬇ （20）参照图13–51所示，设置图形颜色为黄色。

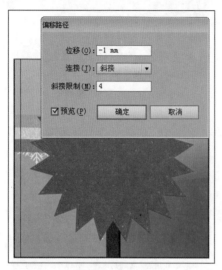

图 13–50　偏移路径

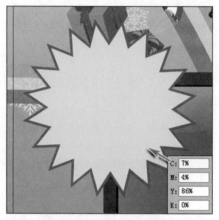

图 13–51　设置填充色

⬇ （21）选择绘制的两个星形，按快捷键Ctrl+G将其编组，参照图13–52所示，调整图形大小，然后使用【文字工具】T 输入文本"19999"、"H5—241"。

⬇ （22）参照图13–53所示，使用【矩形工具】■ 贴齐出血线绘制矩形。

图 13–52　添加文字

图 13–53　绘制矩形

⬇ （23）选择视图中的所有图形，执行【对象】|【剪切蒙版】|【建立】命令，为图形创建剪切蒙版，效果如图13–54所示。

⬇ （24）至此完成本实例的操作，效果如图13–55所示。

图 13-54 创建剪切蒙版

图 13-55 完成效果图

13.2 T恤大促销POP广告设计

下面要制作的是一则T恤促销POP广告，整个作品以紫色和土黄色的对比效果构成背景图形，以对比色表现设计作品是平面设计中常用的一种手法，作品的主体图形由采用网格填充的T恤图形构成，在画面的上、中、下等空间位置，都有文字布局，将POP所要宣传的内容很好地表达了出来。

1. 练习目标

掌握【钢笔工具】、【描边】调板、【创建渐变网格】命令等功能在实际绘图中的方法。

2. 具体操作

1）绘制背景并添加部分文字

（1）执行【文件】|【新建】命令，打开【新建文档】对话框，参照图13-56所示在该对话框中进行设置，单击【确定】按钮后，创建新文档。

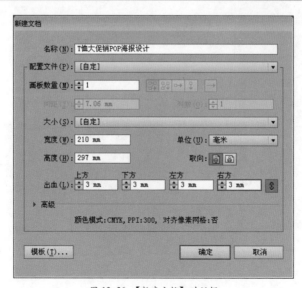

图 13-56 【新建文档】对话框

（2）单击工具箱中的【矩形工具】 ▣ ，在页面中创建一个尺寸为216mm×303mm的矩形，调整矩形与画板中心对齐，填充土黄色（C：0%、M：35%、Y：85%、K：0%），取消轮廓线的填充，然后将其锁定，如图13-57所示。

（3）执行【文件】|【打开】命令，打开"附带光盘/Chapter-13/个性纹理.ai"文件，将白色的纹理图形复制到当前正在编辑的文档中，并参照图13-58所示调整图形的位置，在此为方便读者查看图形的整体位置，暂时在最下面一层位置绘制了一个绿色矩形作为衬托。

图 13-57 创建矩形背景图形

图 13-58 添加纹理图形

（4）使用【矩形工具】 ▣ 在页面中绘制一个矩形，设置填充颜色为紫红色（C：40%、M：100%、Y：0%、K：0%），如图13-59所示。

（5）使用工具箱中的【椭圆工具】 ◉ 和【钢笔工具】 ✎ ，参照图13-60所示在页面中绘制图形，起到分割布局的视觉效果，然后将紫红色图形编组。

图 13-59 绘制矩形

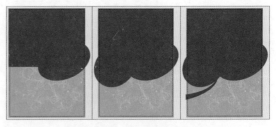

图 13-60 绘制背景装饰图形

（6）参照图13-61所示在【图层】调板中选择纹理图形中的一部分，然后进行复制，并调整图形的大小、角度和位置。

（7）使用【椭圆工具】 参照图13-62所示在页面中绘制椭圆形，并为图形填充黄色（C：0%、M：0%、Y：100%、K：0%）。

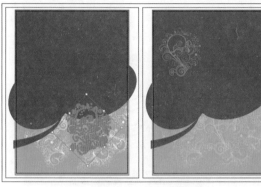

图 13-61　复制部分纹理图形

图 13-62　绘制椭圆形

（8）单击工具箱中的【文字工具】 ，参照图13-63所示在页面中创建红色（C：0%、M：100%、Y：100%、K：0%）的广告语文字，并在【字符】调板中设置字符属性。

（9）使用【文字工具】 选中"大"字，然后参照图13-64所示设置字符属性。

图 13-63　创建广告语文字

图 13-64　设置字符属性

（10）复制创建的文字，按下键盘上的Ctrl+B快捷键粘贴到后面，然后在属性栏中设置文字的描边颜色为白色，并参照图13-65所示在【描边】调板中继续进行设置。

（11）复制描边文字，按下Ctrl+B快捷键粘贴到后面，然后在属性栏中设置描边颜色为黑色，粗细为15pt，如图13-66所示。

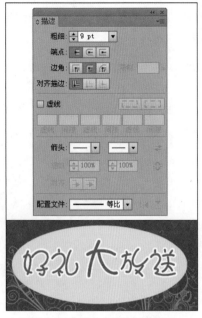

图 13-65　复制文字以创建描边效果

图 13-66　创建黑色文字描边

（12）编组创建的文字和描边，使用【文字工具】 T 继续在页面中创建文字，设置文字颜色为紫色（C：75%、M：100%、Y：0%、K：0%），然后参照图13-67所示在【字符】调板中设置字符属性。

（13）使用【文字工具】 T 在椭圆形左上方输入活动时间文字，设置文字颜色为黄色，然后参照图13-68所示在【字符】调板中设置字符属性。

图 13-67　创建文字

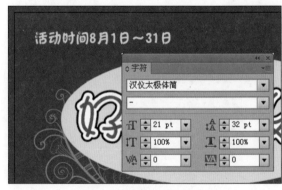

图 13-68　创建活动时间文字

2）绘制主体图形

（1）使用【钢笔工具】 参照图13-69所示在视图中绘制T恤雏形，然后为图形填充草绿色（C：64%、M：18%、Y：100%、K：0%）。

（2）执行【对象】|【创建渐变网格】命令，打开【创建渐变网格】对话框，参照图13-70所示在该对话框中进行设置，单击【确定】按钮后，创建网格填充对象。

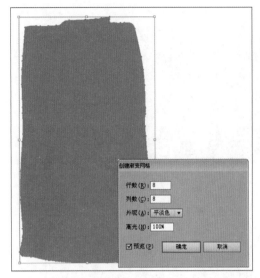

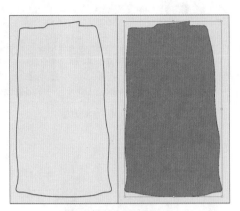

图 13-69 绘制 T 恤雏形

图 13-70 创建网格

(3) 单击工具箱中的【网格工具】 ，参照图13-71所示在横向的网格线上单击，添加新的网格线。

(4) 参照图13-72所示继续添加网格线，然后按下Alt键在已有的网格线上单击，删除网格线。

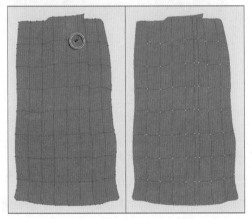

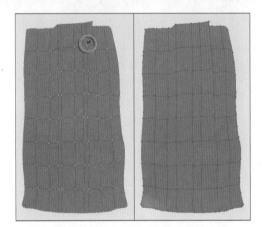

图 13-71 添加网格线

图 13-72 删除网格线

(5) 使用【直接选择工具】 参照图13-73所示选择锚点，然后向左移动，并继续调整部分锚点的位置。

(6) 使用【直接选择工具】 参照图13-74所示选择锚点，设置颜色为绿色（C: 69%、M: 27%、Y: 100%、K: 0%），继续选择锚点，并填充深绿色（C: 73%、M: 36%、Y: 100%、K: 1%），然后使用相同的方法设置颜色并调整锚点和网格线，使T恤雏形显现出立体感。

(7) 使用【钢笔工具】 参照图13-75所示绘制T恤的肩膀和袖子图形，并分别对其进行网格填充。

(8) 选择T恤的肩膀和袖子图形，执行【对象】|【变换】|【对称】命令，打开【镜像】对话框，参照图13-76所示在该对话框中进行设置，单击【复制】按钮，镜像并复制图形，然后调整图形的位置。

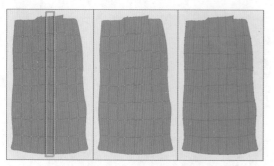

图 13-73　调整锚点的位置

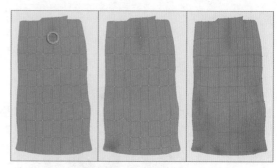

图 13-74　网格填充

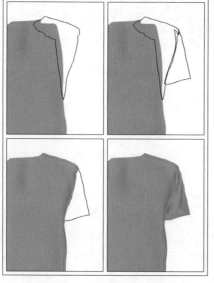

图 13-75　绘制肩膀及袖子图形

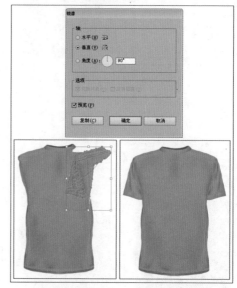

图 13-76　镜像并复制图形

（9）使用【直接选择工具】 参照图13-77所示效果调整领口处的外形及部分颜色设置。

（10）使用【钢笔工具】 参照图13-78所示绘制T恤的侧边和底边图形，并分别进行网格填充。

图 13-77　调整图形

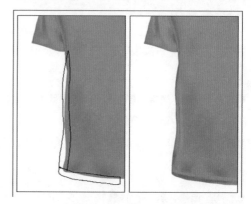

图 13-78　绘制侧边和底边图形

（11）参照图13-79所示复制并镜像侧边和底边图形，调整位置后，进行图形外观和网格颜色的部分调整。

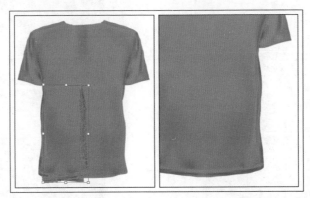

图 13-79　复制侧边和底边图形

（12）使用【钢笔工具】绘制T恤的领子图形，然后参照图13-80所示在【渐变】调板中进行设置，为图形添加渐变填充效果，并取消轮廓线的填充，效果如图13-81所示。

（13）使用【钢笔工具】绘制领子里侧图形，为图形填充深绿色（C：79%、M：51%、Y：100%、K：16%），然后取消轮廓线的填充，如图13-82所示。

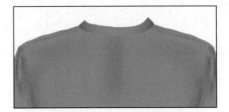

图 13-81　绘制领子图形

图 13-80　绘制领子图形

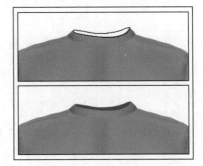

图 13-82　绘制领子里侧图形

（14）编组T恤图形，使用【钢笔工具】在T恤图形表面绘制装饰图形，填充橙色（C：3%、M：54%、Y：88%、K：0%），并取消轮廓线的填充，如图13-83所示。

（15）使用【钢笔工具】绘制图形，然后参照图13-84所示设置图形的填充颜色，并取消轮廓线的填充。

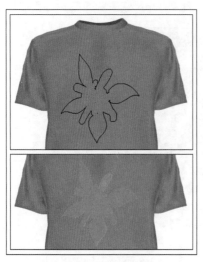

图 13-83 绘制装饰图形

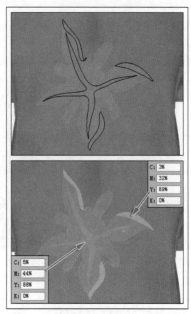

图 13-84 绘制图形

⬇（16）使用【钢笔工具】 📝 继续在视图中绘制装饰图形，填充橙红色（C：5%、M：72%、Y：88%、K：0%），然后取消轮廓线的填充，效果如图13-85所示。

⬇（17）编组装饰图形，使用【钢笔工具】 📝 绘制花瓣图形，分别为图形填充乳白色（C：2%、M：6%、Y：14%、K：0%）淡粉色（C：5%、M：12%、Y：17%、K：0%），并取消轮廓线的填充，如图13-86所示。

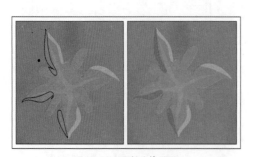

图 13-85 绘制装饰图形

图 13-86 绘制花瓣图形

⬇（18）使用【钢笔工具】 📝 继续绘制花瓣图形，填充白色和浅褐色（C：13%、M：19%、Y：27%、K：0%），并取消轮廓线的填充，如图13-87所示。

⬇（19）编组花瓣图形，然后使用【钢笔工具】 📝 绘制其他的花瓣图形，效果如图13-88所示。

图 13-87 继续绘制花瓣图形

图 13-88 绘制其他花瓣图形

（20）编组装饰图形和花朵图形，再与T恤图形编组，然后参照图13-89所示调整图形之间及整体在页面中的角度和位置。

（21）复制绿色T恤图形，参照图13-90所示对图形的网格填充颜色、渐变填充及单色填充颜色进行调整，并调整图形的角度和位置。

图 13-89 编组图形并调整角度和位置

图 13-90 复制 T 恤图形

（22）执行【文件】|【打开】命令，打开"附带光盘/Chapter-13/装饰图形素材.ai"文件，将其中的苹果图形和标志图形复制到当前正在编辑的文档中，然后参照图13-91所示调整图形的位置。

（23）复制绿色T恤中的装饰花图形，参照图13-92所示调整图形的角度和位置，然后对图形进行编组。

（24）复制绿色T恤图形，参照图13-93所示对图形的网格填充颜色、渐变填充及单色填充颜色进行调整，并调整图形的角度和位置。

（25）将"装饰图形素材.ai"文件中的瓢虫图形复制到当前正在编辑的文档中，然后参照图13-94所示调整图形的位置。

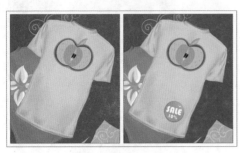

图 13-91　添加素材图形

图 13-92　复制装饰花图形

图 13-93　复制 T 恤图形

图 13-94　添加瓢虫素材图形

3）添加装饰图形和文字信息

（1）将"装饰图形素材.ai"文件中的礼物图形复制到当前正在编辑的文档中，然后参照图13-95所示调整图形的位置。

（2）单击工具箱中的【文字工具】T，参照图13-96所示在页面中创建段落文本，设置文字颜色为深蓝色（C：100%、M：100%、Y：0%、K：0%），然后在【字符】调板中设置文字的属性。

图 13-95　添加礼物素材图形

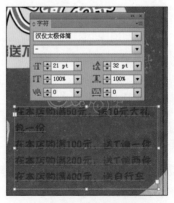

图 13-96　创建段落文本

（3）复制段落文本，按下Ctrl+B快捷键粘贴到后面，然后在属性栏中设置文字的描边颜色为鲜黄色（C：5%、M：0%、Y：90%、K：0%），形成文字描边，效果如图13-97所示。

（4）使用【钢笔工具】 在页面下方绘制装饰图形，参照图13-98所示在【渐变】调板中进行设置，为图形填充渐变色，然后取消轮廓线的填充。

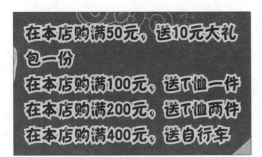

图 13-97　复制文字以创建文字描边

图 13-98　绘制图形并填充渐变色

（5）调整图形的层次顺序，复制绿色T恤中的装饰花图形，然后参照图13-99所示调整图形的大小、角度和位置。

（6）使用【文字工具】 参照图13-100所示在页面中创建文字，并在【字符】调板中设置字符属性。

（7）将"装饰图形素材.ai"文件中带有投影的苹果和另一只瓢虫图形复制到当前正在编辑的文档中，然后参照图13-101所示调整图形的位置。

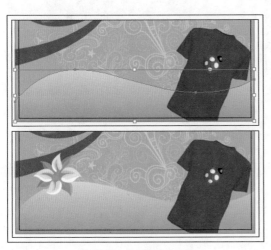

图 13-99　复制装饰花图形

图 13-100　添加文字

图 13-101　添加素材图形

（8）使用【文字工具】 T 在页面中创建文字，设置文字颜色为蓝色（C：100%、M：95%、Y：5%、K：0%），并在【字符】调板中设置文字属性，效果如图13-102所示。

（9）复制文字，并粘贴在原文字的后面，在属性栏中设置复制的文字描边颜色为白色，粗细为3pt，然后编组文字和文字描边，如图13-103所示。

图 13-102　添加文字

图 13-103　创建文字描边

（10）使用【矩形工具】 ▣ 依照出血线绘制矩形，然后选中全部图形，单击【图层】调板底部的【建立/释放剪切蒙版】按钮 ▣ ，创建剪切蒙版，隐藏多余出血线的图形，如图13-104所示。

（11）至此完成整个实例的制作，效果如图13-105所示。

图 13-104　创建剪切蒙版

图 13-105　完成效果图

13.3　POP 模版设计

下面进行 POP 模版（超市）设计，对符号工具组和【符号】调板等知识进行练习。

1. 练习目标

使用【渐变】调板、【旋转工具】 ⟳ 、【混合工具】 ⬚ 等工具创建图形，使用【色板】调板创建自定义图案元素。

2. 具体操作

1）绘制背景

⬇（1）执行【文件】|【新建】命令，打开【新建文件】对话框，参照图13-106所示在该对话框中进行设置，单击【确定】按钮，创建新文档。

⬇（2）单击工具箱中的【矩形工具】▣，在页面中创建一个尺寸为216mm×303mm的矩形，然后调整矩形与画板中心对齐。

⬇（3）在【渐变】调板中设置渐变类型为【线性】，然后参照图13-107所示，继续在该调板中进行设置，为矩形添加渐变填充效果，并取消轮廓线的填充。

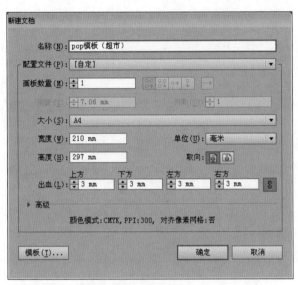

图 13-106 【新建文档】对话框

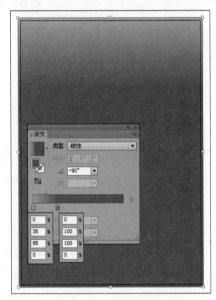

图 13-107 为矩形填充渐变色

⬇（4）单击工具箱中的【椭圆工具】●，配合键盘上的Shift键，在视图中绘制一个正圆形，然后使用【钢笔工具】✐绘制花瓣图形，并分别为图形填充黄色（C：0%、M：0%、Y：100%、K：0%）和土黄色（C：9%、M：29%、Y：98%、K：0%），效果如图13-108所示。

⬇（5）使用【钢笔工具】✐在花瓣图形表面继续绘制，并为图形填充黄色，然后使用【钢笔工具】✐绘制花瓣纹理图形，如图13-109所示。

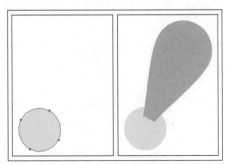

图 13-108 绘制花瓣图形

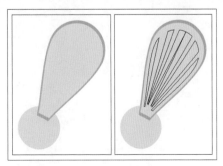

图 13-109 继续绘制花朵中的元素

（6）选择全部花瓣纹理图形，执行【对象】|【复合路径】|【建立】命令，建立复合路径，在取消轮廓线的填充后，参照图13-110所示在【渐变】调板中进行设置，为图形填充渐变颜色。

（7）选中除中间圆形以外的图形，按下键盘上的Ctrl+G快捷键编组图形，单击工具箱中的【旋转工具】，将旋转中心定位在圆形的中心，在按下Alt键的同时旋转图形，调整至图13-111所示的位置，松开鼠标后，旋转并复制图形。

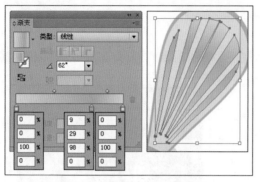

图 13-110　为图形添加渐变填充效果

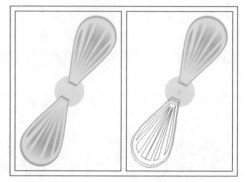

图 13-111　旋转并复制图形

（8）运用相同的方法使用【旋转工具】创建出其他花瓣图形，效果如图13-112所示。

（9）使用【椭圆工具】在花朵图形中心位置绘制花心图形，并分别为图形填充土黄色和黄色，效果如图13-113所示。

（10）使用【椭圆工具】继续在花朵图形中心位置绘制花蕊图形，为图形填充黄色，并通过旋转、复制的方法制作出图13-114所示的效果，然后编组花心和花蕊图形。

图 13-113　绘制花心图形

图 13-112　旋转并复制花瓣图形

图 13-114　创建花蕊图形

（11）使用【矩形工具】 ▣ 参照图13-115所示绘制矩形，并取消填充颜色和轮廓线的填充。

（12）选择在视图中绘制的所有图形进行编组，然后执行【编辑】|【定义图案】命令，弹出图13-116所示的【新建色板】对话框，在默认状态下单击【确定】按钮，将所选图形定义为图案。

图 13-115 绘制矩形

图 13-116 【新建色板】对话框

（13）使用【矩形工具】 ▣ 参照图13-117所示在页面中绘制矩形，取消颜色和轮廓线的填充后，在【色板】调板中单击上一步骤中新建的图案图标，即为矩形填充了图案。

（14）在【透明度】调板中设置【混合模式】为【颜色加深】，使图案和背景图形形成颜色融合的效果，如图13-118所示。

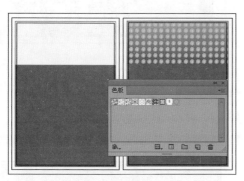

图 13-117 绘制矩形并填充图案

图 13-118 设置混合模式

2）创建其他元素

（1）使用【矩形工具】 ▣ 在页面中绘制一个白色无轮廓矩形，复制矩形，按下Ctrl+F快捷键粘贴到前面，然后执行【窗口】|【色板库】|【图案】|【自然】|【自然_叶子】命令，打开【自然_叶子】调板，选择【莲花方形颜色】，为复制的矩形填充图案，如图13-119所示。

（2）参照图13-120所示在【透明度】调板中设置【不透明度】参数为20%。

（3）执行【文件】|【打开】命令，打开"附带光盘/Chapter-13/装饰图形.ai"文件，将其中的人物素材图形复制到当前正在编辑的文档中，然后参照图13-121所示调整图形的位置。

（4）单击工具箱中的【文字工具】 Ｔ ，在视图中输入"吉原超市"字样，然后参照图13-122所示调整文字的属性和位置。

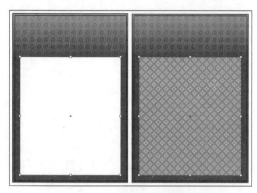

图 13-119　创建矩形并填充图案

图 13-120　调整图形的不透明度

图 13-121　添加人物素材图形

图 13-122　创建主体文字

（5）执行【文字】|【创建轮廓】命令，将创建的文字转换为图形，效果如图13-123所示。

（6）参照图13-124所示在【渐变】调板中进行设置，为文字图形添加渐变填充效果。

图 13-123　将文字转换为图形

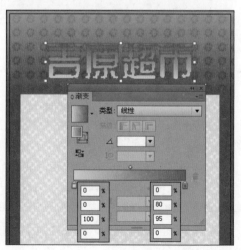

图 13-124　为文字图形填充渐变色

（7）复制文字图形，按下Ctrl+B快捷键粘贴到后面，在属性栏中为复制的文字图形设置粗细为14pt的红褐色（C：15%、M：100%、Y：90%、K：30%）描边，然后使用同样的方法创建出粗细为20pt的黄色（C：0%、M：0%、Y：100%、K：0%）描边，效果如图13-125所示。

（8）绘制气球图形，首先使用【椭圆工具】 在视图中绘制椭圆形，调整角度后，填充黄绿色（C：25%、M：0%、Y：100%、K：0%），然后使用【钢笔工具】 绘制曲线图形，并填充草绿色（C：50%、M：0%、Y：100%、K：25%），效果如图13-126所示。

图13-125 为文字图形创建描边效果

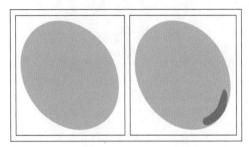

图13-126 绘制椭圆形和曲线图形

（9）选中绘制的椭圆形和曲线图形，执行【对象】|【混合】|【混合选项】命令，打开【混合选项】对话框，参照图13-127所示进行设置，单击【确定】按钮完成设置，然后执行【对象】|【混合】|【建立】命令，创建颜色混合效果。

（10）使用【椭圆工具】 继续绘制椭圆形，参照图13-128所示调整图形的旋转角度，然后在【渐变】调板中进行设置，为图形设置渐变色，形成气球图形的高光效果。

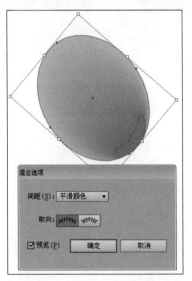

图13-127 利用混合选项创建渐变效果

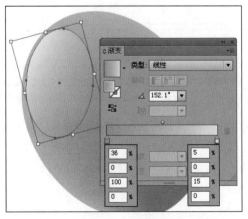

图13-128 创建高光效果

（11）使用【钢笔工具】 参照图13-129所示绘制图形，为图形填充草绿色（C：50%、M：0%、Y：100%、K：25%）后，取消图形轮廓线的填充并调整图形位置到气球图形的最底层。

（12）使用【钢笔工具】 绘制气球勒口处图形，并分别填充为浅绿色（C：36%、M：0%、Y：100%、K：11%）和绿色（C：75%、M：0%、Y：100%、K：25%），效果如图13-130所示。

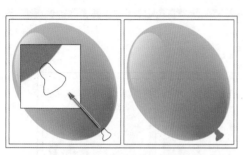

图 13-129　绘制图形

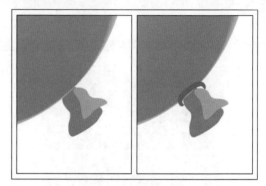

图 13-130　绘制勒口图形

（13）复制绘制的绿色勒口图形，参照图13-131所示调整图形的位置，并将位于中间的图形颜色更改为草绿色（C：50%、M：0%、Y：100%、K：25%）。

（14）使用【钢笔工具】 参照图13-132所示绘制图形，并分别填充深绿色（C：100%、M：26%、Y：100%、K：25%）和浅黄绿色（C：18%、M：0%、Y：59%、K：0%）。

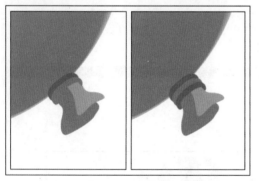

图 13-131　复制图形

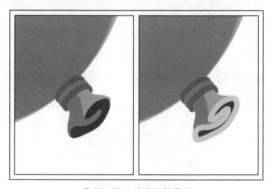

图 13-132　继续绘制图形

（15）使用【钢笔工具】 参照图13-133所示绘制图形，为图形填充绿色（C：75%、M：0%、Y：100%、K：25%），取消轮廓线的填充后，调整图形的层次位置。

（16）使用【钢笔工具】 参照图13-134所示绘制图形，分别填充绿色和黄色（C：0%、M：0%、Y：100%、K：0%）。

（17）选中绘制的绳结图形，在【路径查找器】调板中单击【减去顶层】按钮 ，创建镂空的绳结图形，如图13-135所示。

（18）编组整个气球图形，参照图13-136所示调整图形在页面中的位置。

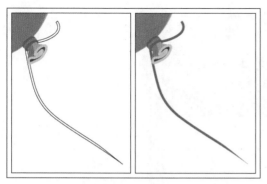

图 13-133 绘制图形

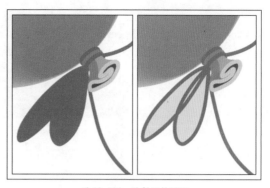

图 13-134 绘制绳结图形

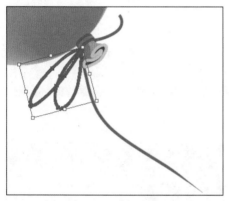

图 13-135 创建复合路径

图 13-136 调整气球图形的位置

（19）使用【钢笔工具】 ✎ 继续在页面中绘制气球图形，绘制完毕后编组图形，如图13-137所示。

（20）调整气球图形到文字图形下方，然后将"装饰图形.ai"文件中的矢量花纹素材图形复制到当前正在编辑的文档中，并参照图13-138所示调整图形的位置。

图 13-137 绘制气球图形

图 13-138 添加素材图形

（21）单击工具箱中的【直线段工具】 ／ ，参照图13-139所示在页面中绘制粗细为2pt的红色（C：0%、M：100%、Y：100%、K：0%）直线段。

图 13-139　绘制红色直线段

（22）单击工具箱中的【文字工具】 T ，参照图13-140和图13-141所示在页面中创建文字，并在【字符】调板中调整文字的大小。

图 13-140　创建文字

图 13-141　创建文字

（23）复制文字，然后参照图13-142所示调整文字的内容和位置。

（24）使用【文字工具】 T 继续在页面中创建文字，并参照图13-143所示设置字符属性。

图 13-142　继续创建文字

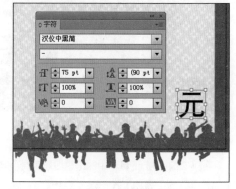

图 13-143　创建剩余文字

（25）使用【矩形工具】▣ 依照出血线的范围绘制一个矩形，然后选中全部图形，单击【图层】调板底部的【建立/释放剪切蒙版】按钮 ▣ ，隐藏多余的图形，完成整个实例的制作，效果如图13-144所示。

（26）至此完成本实例的操作，效果如图13-145所示。

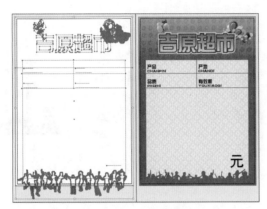

图 13-144 创建剪切蒙版

图 13-145 完成效果

第14章

包装设计

包装是建立产品与消费者亲和力的有力手段，它直接影响消费者的购买欲。包装作为实现商品价值和使用价值的手段，在生产、流通、销售和消费领域中，发挥着极其重要的作用。包装作为一门综合性学科，具有商品和艺术相结合的双重性。本章将向读者介绍包装设计中需要注意的事项及包装的设计方法。

知识导读

1. 牛奶包装设计
2. 节能灯包装设计
3. 红酒包装设计

本章重点

1. 标尺的应用
2. 精确添加参考线
3. 创建虚线描边
4. 【路径查找器】调板的应用

14.1 牛奶包装设计

下面进行牛奶包装设计，对应用标尺和精确添加参考线及创建虚线描边等知识进行练习。

1. 练习目标

掌握应用标尺、精确添加参考线、【描边】调板及【路径查找器】调板等功能在实际绘图中的方法。

2. 具体操作

1）制作包装正面

⬇（1）执行【文件】|【新建】命令，打开【新建文档】对话框，参照图14-1所示设置页面大小，单击【确定】按钮完成设置，创建一个新文档。

⬇（2）参照图14-2所示，使用【矩形工具】 ▣ 在视图中绘制包装的基本图形。

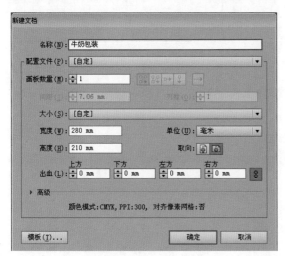

图 14-1 【新建文档】对话框

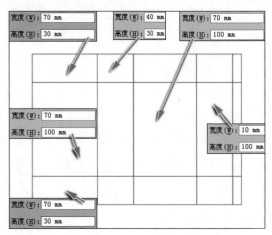

图 14-2 创建矩形

⬇（3）执行【视图】|【显示标尺】命令，打开标尺，如图14-3所示。

⬇（4）参照图14-4所示，在标尺栏交叉处单击并拖动鼠标到包装左下角位置，释放鼠标后，完成零点位置的调整。

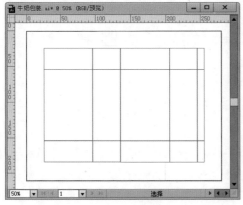

图 14-3 对齐矩形

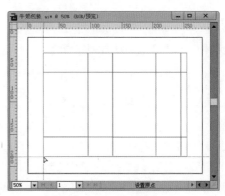

图 14-4 设置标尺零点位置

（5）新建"图层2"，在垂直标尺上单击并拖动鼠标，即可添加参考线。然后在【变换】调板中设置X值为0mm，精确设置参考线的位置，如图14-5所示。

（6）参照图14-6所示，为视图添加垂直参考线，并设置参考线的位置。

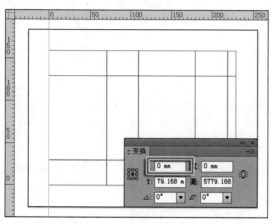

图 14-5　精确设置参考线位置

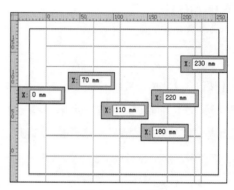

图 14-6　添加参考线

（7）使用相同的方法，参照图14-7所示，继续在视图添加水平参考线。为方便读者查看，暂时将添加的垂直参考线隐藏。

（8）参照图14-8所示，调整包装的基本图形对齐参考线。

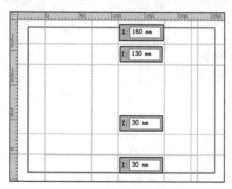

图 14-7　继续添加参考线

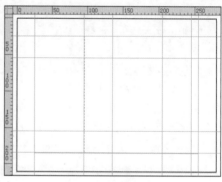

图 14-8　调整图像位置

（9）选择绘制的所有矩形图形，单击【路径查找器】调板中的【联集】按钮，将图形焊接在一起，为方便读者查看，暂时将参考线隐藏，如图14-9所示。

（10）参照图14-10所示，使用【钢笔工具】对齐参考线绘制直线。

（11）配合键盘上的Shift键选择绘制的直线，在【描边】调板中设置直线为虚线效果，如图14-11所示。

（12）参照图14-12和图14-13所示，隐藏"图层2"，并将"图层1"和"图层2"锁定，然后在"图层1"下方新建"图层3"，并在视图中绘制粉红色（C：15%、M：91%、Y：33%、K：0%）矩形。

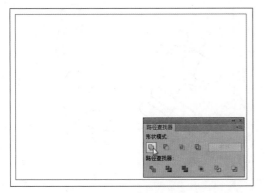

图 14-9 焊接图形

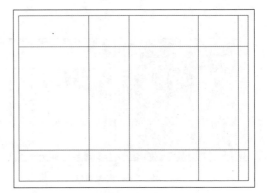

图 14-10 绘制直线

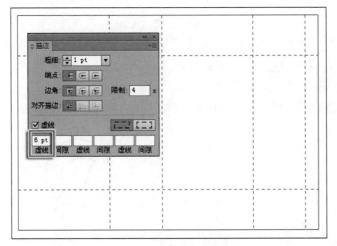

图 14-11 设置直线为虚线显示

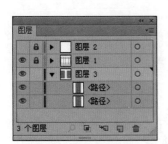

图 14-12 【图层】调板

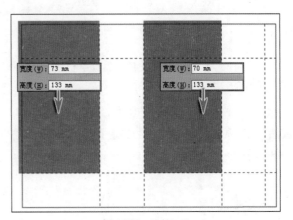

图 14-13 绘制矩形

（13）新建"图层4"，使用【钢笔工具】 在视图中绘制图14-14所示的路径，然后为图形设置颜色并取消轮廓线的填充。

（14）参照图14-15所示，使用【钢笔工具】 和【圆角矩形工具】 绘制小牛图形。

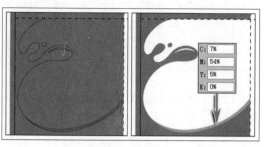

图 14-14　绘制图形

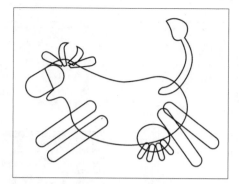

图 14-15　继续绘制图形

（15）使用【选择工具】 选择小牛图形，单击【路径查找器】调板中的【联集】按钮 ，将图形焊接在一起，如图14-16所示。

（16）在【图层】调板中，拖动小牛图形到【创建新图层】按钮 位置，释放鼠标后，将该路径复制。

（17）使用【椭圆工具】 在小牛尾部绘制椭圆形，然后选择椭圆形和小牛图形，单击【路径查找器】调板中的【交集】按钮 ，修剪图形，如图14-17所示。

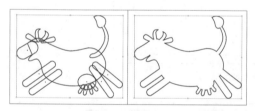

图 14-16　焊接图形

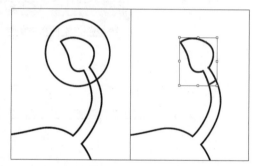

图 14-17　修剪图形

（18）使用以上相同的方法，继续绘制并修剪图形，分别为图形填充颜色，取消轮廓线的填充，得到图14-18所示的效果。

（19）参照图14-19所示，使用【钢笔工具】 和【圆角矩形工具】 继续绘制细节图形。

图 14-18　为图形设置颜色

图 14-19　继续绘制图形

（20）选择小牛图形，在【描边】调板中设置【粗细】参数为0.5pt，单击【对齐描边】选项中的【使描边外侧对齐】按钮 ┗，设置描边效果，如图14-20所示。

（21）选择为小牛绘制的所有图形，按快捷键Ctrl+G，将选择的图形编组，调整图形大小与位置，效果如图14-21所示。

（22）参照图14-21所示，使用【文字工具】 T 在视图中分别输入文本"草原牛奶"。

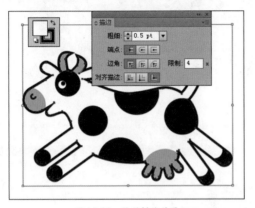

图 14-20　设置描边效果

图 14-21　添加文字

（23）选择"草原牛奶"字样，执行【文字】|【创建轮廓】命令，将文字转换为轮廓图形，如图14-22所示。

图 14-22　创建轮廓

（24）按快捷键Ctrl+Shift+G，取消编组。参照图14-23所示，在【外观】调板中设置【填色】为白色，设置【描边】颜色为红色，设置描边粗细参数为10pt，得到图14-24所示的效果。

图 14-23　【外观】调板

图 14-24　设置描边效果

（25）参照图14-25和图14-26所示，单击【外观】调板底部的【添加新描边】按钮 ▣ ，添加新描边，并设置描边效果。

图14-25　设置描边效果

图14-26　添加描边效果

（26）参照图14-27所示，拖动"填色"选项到"描边"选项上方位置，得到图14-28所示效果。

图14-27　【外观】调板

图14-28　调整外观效果位置

（27）保持图形的选择状态，单击【描边】调板中的【圆角连接】按钮 ，设置图形顶点连接样式为圆角连接，如图14-29所示。

（28）使用【椭圆工具】 在视图中绘制蓝色（C：86%、M：53%、Y：6%、K：0%）椭圆形，如图14-30所示。

（29）拖动蓝色椭圆形到【创建新图层】按钮 位置，释放鼠标后，将该图形复制。

图14-29　设置顶点连接样式

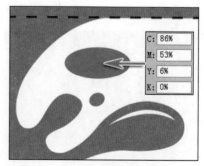

图14-30　绘制椭圆形

（30）使用【矩形工具】 在椭圆形下方绘制矩形，选择矩形和椭圆形，单击【路径查找器】调板中【交集】按钮 ，修剪图形。然后为图形填充绿色（C：66%、M：0%、Y：40%、K：0%）并取消轮廓线的填充，如图14-31所示。

（31）参照图14-32所示，使用【文字工具】 在视图中输入文本"green"。

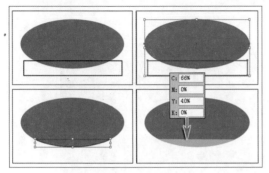

图 14-31　修剪图形

图 14-32　添加文字

（32）执行【文字】|【创建轮廓】命令，将文字创建轮廓图形，如图14-33所示。

（33）使用工具箱中的【直接选择工具】 对"green"轮廓图形进行编辑，得到图14-34所示的效果。

图 14-33　创建轮廓

图 14-34　编辑文字

（34）执行【文件】|【打开】命令，打开"附带光盘/Chapter-01/草莓.jpg"文件，如图14-35所示。

（35）使用【移动工具】 拖动草莓和质量安全图形到正在编辑的文档中，参照图14-36所示，调整图形大小与位置。

图 14-35　素材图像

图 14-36　调整图像

（36）参照图14-37所示，使用【文字工具】 T 在视图中输入相关文字信息。

（37）使用【钢笔工具】 在视图底部绘制曲线图形，为图形填充黄色（C：10%、M：0%、Y：83%、K：0%）并取消轮廓线的填充，如图14-38所示。

图 14-37　添加文字

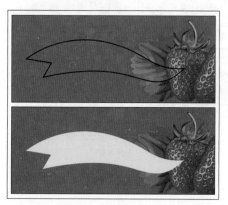

图 14-38　设置图形颜色

（38）参照图14-39所示，使用【钢笔工具】 绘制路径。然后利用【文字工具】 T 沿路径输入文本"草莓味"。

（39）参照图14-40所示，为文本填充红色（C：16%、M：99%、Y：97%、K：0%），并设置文本格式。

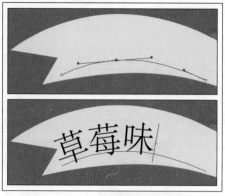

图 14-39　沿路径输入文字

图 14-40　设置文本格式

（40）选择绘制的曲线图形和"草莓味"字样，配合快捷键Ctrl+[，调整图形到草莓图形下一层，效果如图14-41所示。

（41）参照图14-42所示，配合键盘上的Alt键复制包装正面图形到包装右侧位置。

图 14-41 调整图像

图 14-42 复制图形

2）为包装侧面添加文字信息

⬇（1）配合键盘上的Alt键复制草莓等图形到包装侧面位置，调整图形大小与位置，效果如图14-43所示。

⬇（2）参照图14-44所示，使用【文字工具】T 在包装侧面输入相关文字信息，并设置文本格式。

图 14-43 继续复制图形

图 14-44 添加文字信息

⬇（3）使用【矩形工具】▣ 在包装侧面绘制矩形，参照图14-45所示，为矩形设置描边效果。

⬇（4）使用以上相同的方法，继续为包装侧面添加相关文字信息，得到图14-46所示效果。

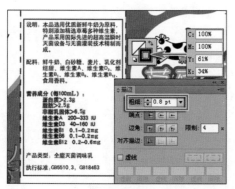

图 14-45 绘制矩形

图 14-46 添加文字信息

（5）打开"附带光盘/Chapter-01/草莓.jpg"文件，拖动"条形码"图形到正在编辑的文档中，调整图形位置与大小，如图14–47所示。

图 14–47　添加条形码

（6）使用以上相同的方法，继续为包装侧面添加相关文字信息，得到图14–48所示的效果。

图 14–48　添加条形码

14.2　节能灯包装设计

下面进行节能灯包装设计，对绘制不规则形状图形和创建透明度图像等知识进行练习。

1. 练习目标

掌握【路径查找器】调板、【透明度】调板、【字符】调板等功能在实际绘图中的方法。

2. 具体操作

1）绘制包装的基本图形

（1）执行【文件】|【新建】命令，打开【新建文档】对话框，参照图14-49所示设置页面大小，单击【确定】按钮完成设置，即可创建一个新文档。

（2）参照图14-50所示，使用【矩形工具】■ 绘制包装的基本图形。

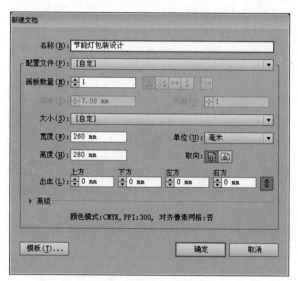

图 14-49 【新建文档】对话框

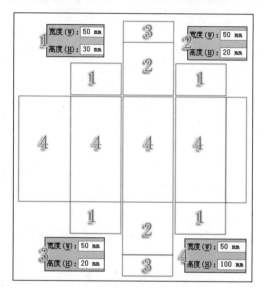

图 14-50 绘制包装的基本图形

（3）按快捷键Ctrl+R，打开标尺。在标尺栏交叉处单击并拖动鼠标到图形边角位置，释放鼠标后，完成零点位置的调整，如图14-51所示。

（4）参照图14-52所示，为包装添加垂直参考线，然后在【变换】调板中精确设置参考线的位置。

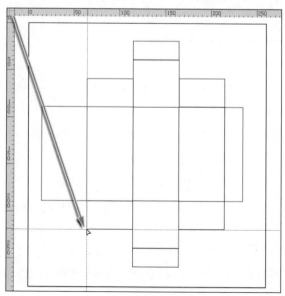

图 14-51 调整零点位置

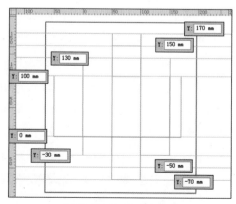

图 14-52 添加垂直参考线

（5）继续为包装添加水平参考线，为方便读者查看，暂时将垂直参考线隐藏，如图14-53所示。

（6）使用【移动工具】 ▶ 调整包装的基本图形贴齐参考线，按快捷键Ctrl+；，将参考线隐藏，如图14-54所示。

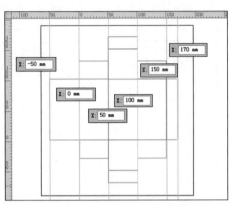

图 14-53　添加水平参考线

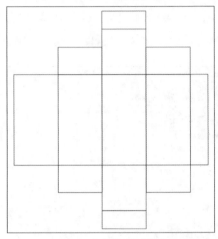

图 14-54　调整图形贴齐参考线

（7）参照图14-55所示，使用【圆角矩形工具】 ▢ 创建圆角矩形。然后移动圆角矩形到包装顶部盒盖位置，如图14-56所示。

图 14-55　【圆角矩形】对话框

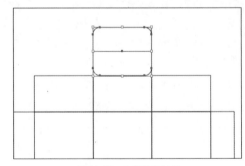

图 14-56　绘制圆角矩形

（8）选择绘制的圆角矩形和底部的矩形，单击【路径查找器】调板中的【联集】按钮 ▣ ，将选择的图形焊接在一起，为方便读者查看，暂时将其他图形隐藏，如图14-57 所示。

（9）将隐藏的图形显示，选择包装最顶部的矩形，按键盘上的Delete键删除图形，得到图14-58所示的效果。

（10）参照图14-59所示，使用工具箱中的【直接选择工具】 ▶ 对图形进行编辑。

（11）使用以上相同的方法，继续对包装的基本图形进行编辑，得到图14-60所示的效果。

（12）选择为包装绘制的所有基本图形，单击【路径查找器】调板中的【联集】按钮 ▣ ，将图形焊接在一起，如图14-61所示。

（13）按快捷键Ctrl+；，显示参考线，使用【钢笔工具】 ✑ 贴齐参考线绘制剪切线，效果如图14-62所示。

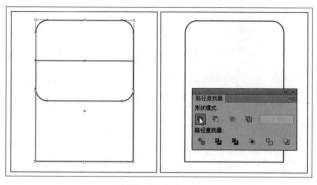

图 14-57　修剪图形

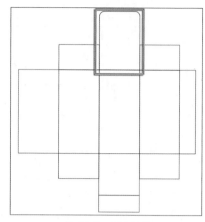

图 14-58　删除矩形

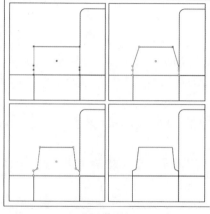

图 14-59　编辑图形

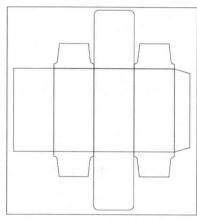

图 14-60　编辑包装的基本图形

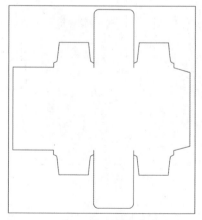

图 14-61　焊接图形

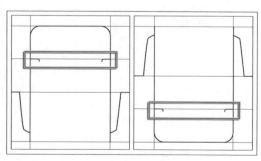

图 14-62　绘制剪切线

（14）参照图14-63所示，使用【钢笔工具】 在包装内侧绘制曲线图形。

（15）选择绘制的曲线图形，参照图14-64所示，在【描边】调板中设置描边为虚线效果。

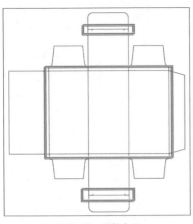

图 14-63　绘制直线

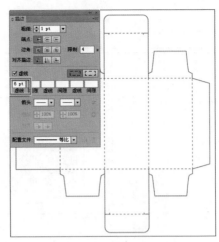

图 14-64　设置描边为虚线效果

2）为包装添加文字和装饰图形

（1）为方便接下来的绘制，将"图层 1"锁定，并在该图层下方新建"图层2"。参照图14-65所示，使用【矩形工具】▣在包装正面绘制色块，分别为图形填充灰色（C：64%、M：56%、Y：53%、K：2%）和橙色（C：6%、M：37%、Y：84%、K：0%），并取消轮廓线的填充。

（2）使用【钢笔工具】✐ 在视图中绘制图14-66所示的图形，为图形填充黄色（C：7%、M：4%、Y：86%、K：0%），并取消轮廓线的填充。

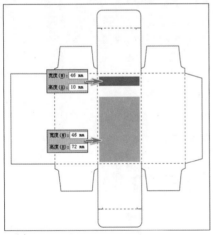

图 14-65　绘制矩形

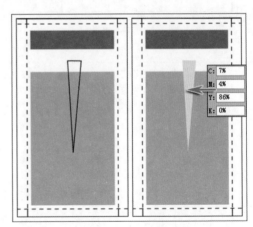

图 14-66　绘制图形

（3）选择工具箱中的【旋转工具】⟳，移动中心点到图形的最下方，然后按住Alt键向右拖动一定的角度，在旋转的同时复制图形，如图14-67所示。

（4）连续按快捷键Ctrl+D复制图形，得到图14-68所示的效果。

（5）参照图14-69所示，使用【矩形工具】▣在包装正面绘制矩形。

（6）选择矩形和复制的所有曲线图形，执行【对象】|【剪切蒙版】|【建立】命令，为图形创建剪切蒙版，如图14-70所示。

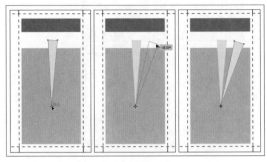

图 14-67　旋转并复制图形

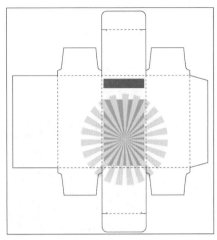

图 14-68　复制图形

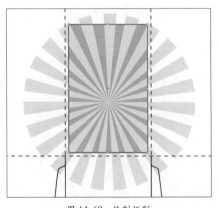

图 14-69　绘制矩形

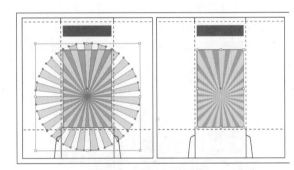

图 14-70　创建剪切蒙版

（7）保持曲线图形的选择状态，在【图层】调板中设置【不透明度】参数为50%，如图14-71所示。

（8）使用【钢笔工具】 在视图中绘制图14-72和图14-73所示图形，分别为图形设置渐变色，并取消轮廓线的填充。

（9）参照图14-74所示，使用【钢笔工具】 绘制灯口图形，选择绘制的灯口和灯身图形，按快捷键Ctrl+G将其编组，以方便接下来的绘制。

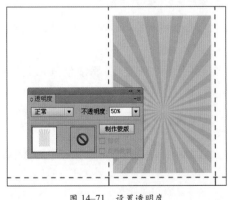

图 14-71　设置透明度

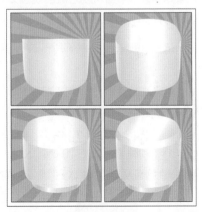

图 14-72　绘制灯

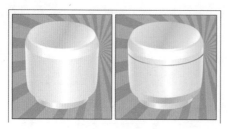

图 14-73 绘制灯

图 14-74 继续绘制灯图形

⏬（10）继续为节能灯绘制灯管图形，如图14-75所示。

⏬（11）选择绘制的灯管图形，为其填充白色，取消轮廓线的填充。然后使用【钢笔工具】 ✐ 继续为灯管绘制细节图形，使其具有立体感，如图14-76所示。

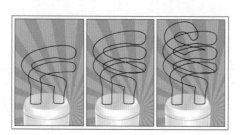

图 14-75 绘制灯管图形

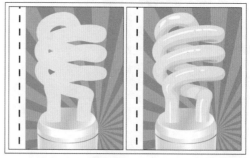

图 14-76 绘制细节图形

⏬（12）参照图14-77所示，使用【钢笔工具】 ✐ 在灯管下方绘制灰色（C：17%、M：12%、Y：12%、K：0%）图形，完成节能灯的绘制。

⏬（13）使用【文字工具】 T 在包装正面输入文本"小绵羊品质，用的放心"、"新生代产品"、"纯三基色"和"小螺旋"，参照图14-78所示，设置文本格式。

⏬（14）参照图14-79所示，使用【文字工具】 T 在视图中输入相关文字信息。

⏬（15）选择为包装正面绘制的所有图形，配合键盘上的Alt+Shift键复制选择的图形到包装背面，效果如图14-80所示。

⏬（16）新建"图层 3"，使用【矩形工具】 ▣ 在包装侧面绘制矩形色块，分别为图形设置颜色，并取消轮廓线的填充，得到图14-81所示的效果。

⏬（17）使用【文字工具】 T 在视图中输入文本"寿命长达8000个小时"，选择文字"8000"，设置其颜色为红色（C：11%、M：99%、Y：100%、K：0%），如图14-82所示。

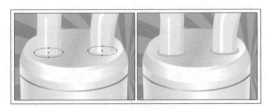

图 14-77 绘制图形

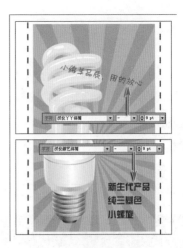

图 14-78 输入文本

图 14-79 添加文字

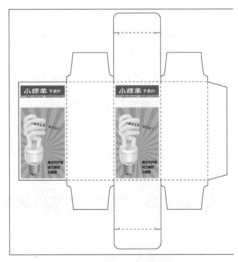

图 14-80 复制图形

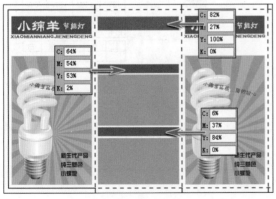

图 14-81 绘制矩形

图 14-82 设置文字颜色

（18）继续在视图中输入文本"科技/环保/护眼"，在【字符】调板中设置文本格式，得到图14-83所示的效果。

（19）参照图14-84所示，使用【文字工具】 T 为包装侧面添加产品特点、注意事项等相关文字信息。

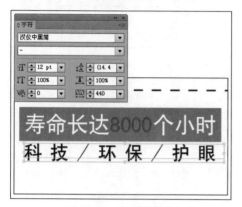

图 14-83　设置文本格式

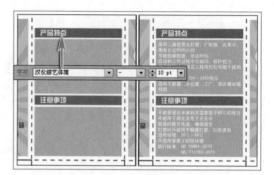

图 14-84　添加相关文字信息

（20）选择绿色矩形、"寿命长达8000个小时"和"科技/环保/护眼"文本，配合键盘上的Alt+Shift键复制图形到包装的另一个侧面，如图14-85所示。

（21）执行【文件】|【打开】命令，打开"附带光盘/Chapter-14/能效标识.ai"文件，如图14-86所示。

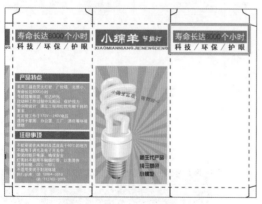

图 14-85　复制文字和图形

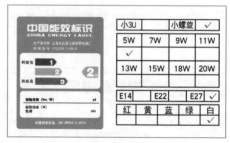

图 14-86　素材图形

（22）使用【选择工具】 ▶ 拖动素材图形到正在编辑的文档中，调整图形大小与位置，如图14-87所示。

（23）使用【矩形工具】 ▣ 在包装的盒盖位置绘制矩形色块，参照图14-88所示，分别为图形设置颜色，并取消轮廓线的填充。

（24）参照图14-89所示，使用【文字工具】 T 在视图中输入文本"小绵羊"和"节能灯"。

（25）在包装的盒盖位置输入文本"！请在另一端打开"，然后调整素材图形到包装的盒盖位置，调整图形大小与位置，得到图14-90所示的效果。

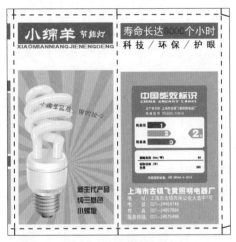

图14-87 添加素材图形

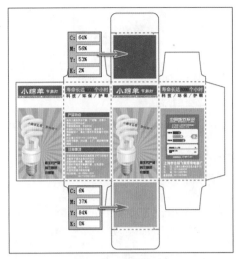

图14-88 绘制矩形

图14-89 添加文字

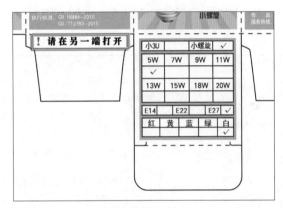

图14-90 调整图形

（26）至此完成本实例的操作，效果如图14-91所示。

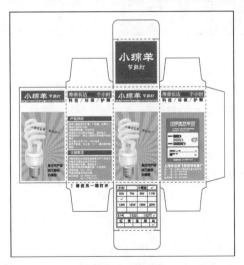

图14-91 调整图形

14.3 红酒包装设计

下面进行红酒包装设计，对【路径查找器】和【色板】调板等知识进行练习。

1. 练习目标

掌握【圆角矩形工具】 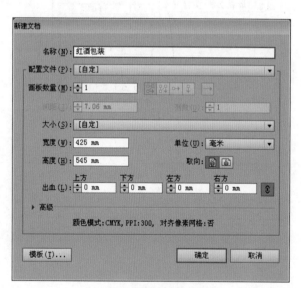 、【路径查找器】调板和【色板】调板、【透明度】调板等功能在实际绘图中的方法。

2. 具体操作

1）绘制包装的基本图形

> 👇（1）执行【文件】|【新建】命令，打开【新建文档】对话框，参照图14-92所示设置页面大小，单击【确定】按钮完成设置，即可创建一个新文档。
>
> 👇（2）按快捷键Ctrl+R，打开标尺。在标尺栏交叉处单击并拖动鼠标，释放鼠标后，完成零点位置的调整，如图14-93所示。

图 14-92 【新建文档】对话框

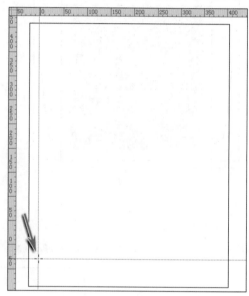

图 14-93 调整零点位置

> 👇（3）参照图14-94所示，在视图中添加参考线，在【变换】调板中精确设置参考线的位置。
>
> 👇（4）使用工具箱中的【矩形工具】 在视图中绘制包装的基本图形，为方便读者查看，按快捷键Ctrl+；将参考线隐藏，如图14-95所示。
>
> 👇（5）参照图14-96所示，使用工具箱中的【圆角矩形工具】 在视图中绘制圆角矩形。
>
> 👇（6）选择绘制的圆角矩形和其左侧的矩形，单击【路径查找器】调板中的【减去顶层】按钮 ，修剪选择的图形，如图14-97所示。
>
> 👇（7）使用以上相同的方法，继续绘制圆角矩形，修剪图形，得到图14-98所示的效果。
>
> 👇（8）参照图14-99所示，使用【圆角矩形工具】 在包装顶部的盒盖位置绘制圆角矩形。

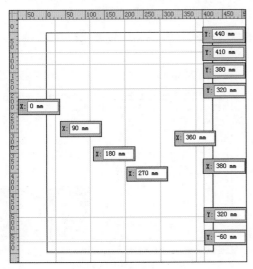

图 14-94　添加参考线

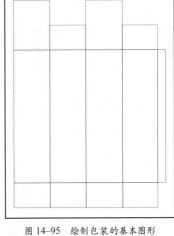

图 14-95　绘制包装的基本图形

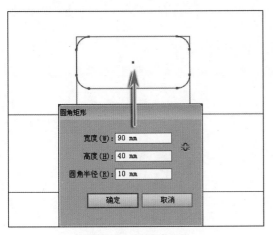

图 14-96　绘制圆角矩形

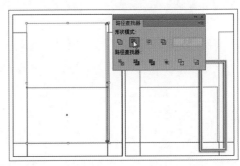

图 14-97　修剪图形

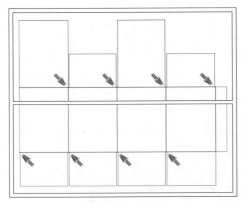

图 14-98　修饰图形

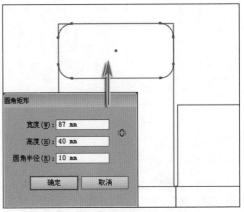

图 14-99　绘制圆角矩形

（9）选择圆角矩形底部的矩形，使用【直接选择工具】 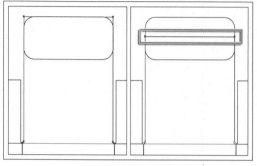移动该矩形左上角和右上角的锚点位置，如图14-100所示。

（10）选择圆角矩形和其底部的矩形，单击【路径查找器】调板中的【联集】按钮 ，将图形焊接在一起，效果如图14-101所示。

图 14-100 调整锚点位置

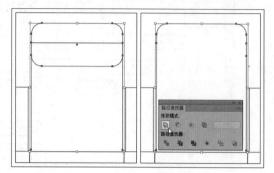

图 14-101 焊接图形

（11）参照图14-102所示，分别使用工具箱中的【添加锚点工具】 和【直接选择工具】 对图形进行编辑。

（12）使用相同的方法，继续编辑包装图形，得到图14-103所示的效果。

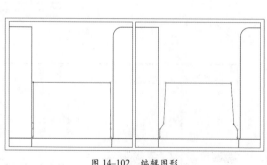

图 14-102 编辑图形

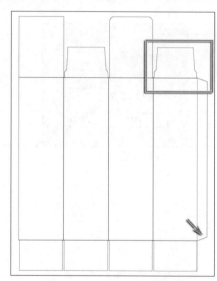

图 14-103 继续编辑图形

（13）参照图14-104所示，使用【矩形工具】 在包装左下角位置绘制一个长度为40mm、宽度为15mm的矩形。

（14）选择包装左下角的两个矩形，单击【对齐】调板中的【对齐】按钮 ，在弹出的快捷菜单中选择【对齐关键对象】命令，单击选择的外侧矩形，将其设为关键对象，如图14-105所示。

（15）分别单击【对齐】调板中的【水平居中对齐】按钮 和【垂直底对齐】按钮 ，调整矩形与关键对象居中底对齐，如图14-106所示。

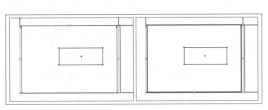

图 14-105　设置关键对象

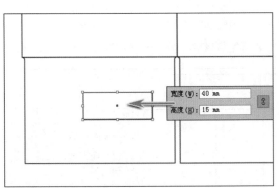

图 14-104　绘制矩形

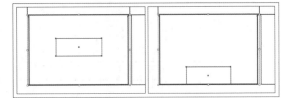

图 14-106　对齐关键对象

（16）保持图形的选择状态，单击【路径查找器】调板中的【减去顶层】按钮 ，修剪图形，如图14-107所示。

（17）参照图14-108所示，使用工具箱中的【圆角矩形工具】 在视图中绘制圆角矩形。

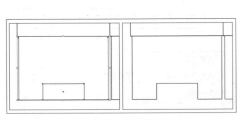

图 14-107　修剪图形

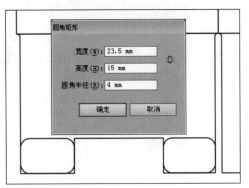

图 14-108　绘制圆角矩形

（18）参照图14-109所示，使用【直接选择工具】 对图形进行编辑。选择绘制的圆角矩形和曲线图形，单击【路径查找器】调板中的【联集】按钮 ，将图形焊接在一起。

（19）参照图14-110所示，使用【矩形工具】 在视图中继续绘制矩形。

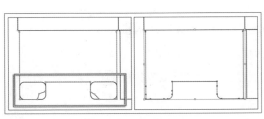

图 14-109　修剪图形

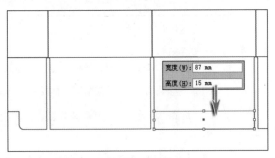

图 14-110　绘制矩形

（20）参照图14-111所示，选中视图中的两个矩形，单击【路径查找器】调板中的【剪去顶层】按钮 ，修剪图形。

（21）使用【圆角矩形工具】 在视图中绘制圆角矩形，效果如图14-112所示。

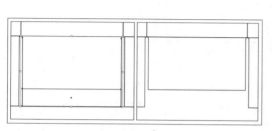

图 14-111　修剪图形

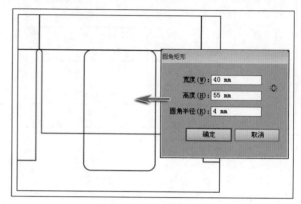

图 14-112　绘制圆角矩形

（22）选择绘制的圆角矩形和底部的曲线图形，单击【路径查找器】调板中的【联集】按钮 ，焊接图形，得到图14-113所示的效果。

（23）参照图14-114所示，继续绘制圆角矩形，并使用【直接选择工具】 对曲线图形进行编辑。

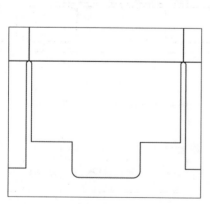

图 14-113　使图形相交

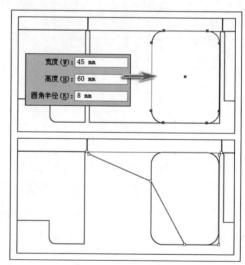

图 14-114　绘制圆角矩形

（24）参照图14-115所示，选择曲线图形和绘制的圆角矩形，单击【联集】按钮 ，将图形焊接在一起。

（25）使用相同的方法，继续对其他图形进行编辑，得到图14-116所示的效果。

（26）选择为包装绘制的所有基本图形，单击【路径查找器】调板中的【联集】按钮 ，将图形焊接，如图14-117所示。

（27）参照图14-118所示，贴齐参考线为包装绘制裁切线。

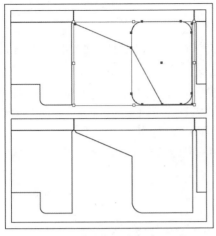

图 14-115 焊接图形

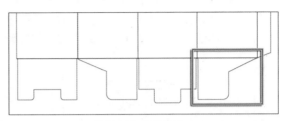

图 14-116 修饰图形

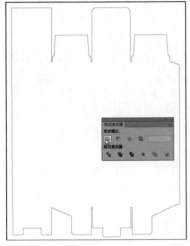

图 14-117 焊接图形

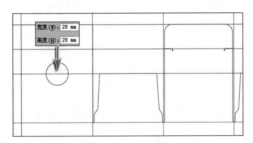

图 14-118 绘制裁切线

（28）使用【钢笔工具】 贴齐参考线绘制直线，参照图14-119所示，调整直线段的位置。

（29）参照图14-120所示，选择刚刚绘制的直线，在【描边】调板中设置描边为虚线效果。

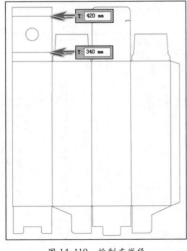

图 14-119 绘制直线段

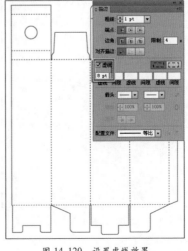

图 14-120 设置虚线效果

2）绘制包装的基本图形

⬇（1）为方便接下来的绘制，将"图层 1"锁定，并在该图层下方新建"图层 2"。使用【矩形工具】▢ 在视图中绘制浅黄色（C: 13%、M: 16%、Y: 46%、K: 0%）矩形，如图14-121所示。

⬇（2）在【图层】调板中拖动矩形到【创建新图层】按钮 ◨ 处，释放鼠标后，将该图形复制。单击【色板】调板中的【"色板库"菜单】按钮 �📖，在弹出的快捷菜单中选择【图案】|【自然】|【自然_叶子】命令，打开【自然_叶子】调板，单击"花蕾颜色"图案图标，为图形添加图案填充效果，如图14-122所示。

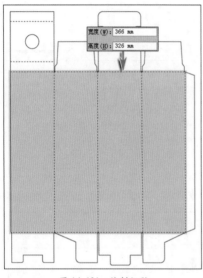

图 14-121　绘制矩形

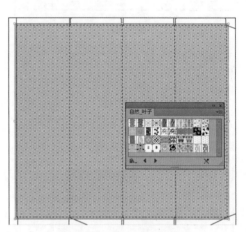

图 14-122　添加图案填充效果

⬇（3）保持图形为选择状态，在【透明度】调板中为图形设置混合模式为【颜色减淡】选项，设置【不透明度】参数为50%，得到图14-123所示的效果。

⬇（4）使用以上相同的方法，使用【矩形工具】▢ 继续在盒盖位置绘制一个浅黄色（C: 13%、M: 16%、Y: 46%、K: 0%）矩形，配合键盘上的Alt键将该图形复制，为其添加图案填充效果，如图12-124所示。

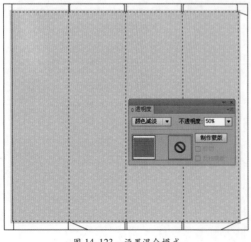

图 14-123　设置混合模式

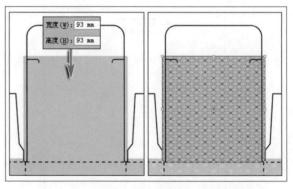

图 14-124　绘制矩形

（5）在【透明度】调板中为图形设置混合模式和不透明度，如图14-125所示。

（6）参照图14-126所示，使用工具箱中的【钢笔工具】 在视图中绘制装饰图形。

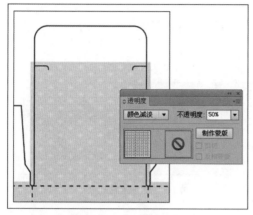

图14-125　设置混合模式

图14-126　绘制装饰图形

（7）选择绘制的装饰图形，按快捷键Ctrl+G将图形编组。为装饰图形填充为深褐色（C：56%、M：78%、Y：100%、K：34%），效果如图14-127所示。

（8）配合键盘上的Alt键拖动装饰图形，释放鼠标后，将该图形复制，调整图形位置，得到图14-128所示效果。选择绘制的装饰图形，按快捷键Ctrl+G将其编组。

图14-127　设置图形颜色

图14-128　复制图形

（9）参照图14-129所示，配合键盘上的Alt键复制装饰图形到包装及盒盖的边角位置。

（10）参照图14-130所示，使用【钢笔工具】 继续绘制装饰图形，选择绘制的图形，单击【路径查找器】调板中的【减去顶层】按钮 ，修剪图形为镂空效果，然后为图形填充为深褐色（C：56%、M：78%、Y：100%、K：34%），并取消轮廓线的填充。

（11）参照图14-131所示，使用工具箱中的【钢笔工具】 继续绘制装饰图形。

（12）按住键盘上的Alt键继续复制装饰图形，使用工具箱中的【镜像工具】 调整图形镜像效果，如图14-132所示。

（13）单击【文字工具】 ，在视图中输入"XINJIANGTULUFANPUTAOJIU"文本，设置文本格式，如图14-133所示。

（14）选择刚刚绘制的装饰图形和文字信息，按快捷键Ctrl+G将其编组。参照图14-134所示，复制装饰图形到包装盒顶部位置，调整图形大小与位置。

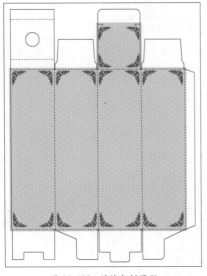

图 14-129　继续复制图形

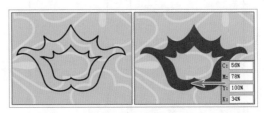

图 14-130　修剪图形

图 14-131　绘制图形

图 14-132　复制图形

图 14-133　添加文字

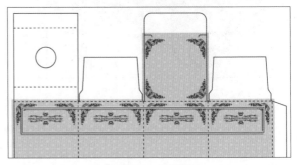

图 14-134　复制图形

⬇（15）打开"附带光盘/Chapter-14/装饰纹理.ai"文件，拖动素材图形到正在编辑的文档中，调整图形大小与位置，如图14-135所示。

⬇（16）参照图14-136所示，使用【文字工具】 T 在视图中输入主体文字"普佗提"。

⬇（17）分别使用工具箱中的【文字工具】 T 和【钢笔工具】 🖊 在包装正面添加装饰图形和文字信息，得到图14-137所示的效果。

⬇（18）选择添加的素材图形和文字信息，按快捷键Ctrl+G将其编组，然后将该图形复制，调整图形位置到包装背面及盒盖位置，如图14-138所示。

图 14-135　添加素材图形

图 14-136　添加主体文字

图 14-137　添加文字信息

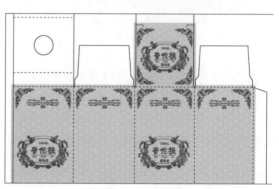

图 14-138　复制图形

（19）使用【文字工具】 **T** 为包装侧面添加相关文字信息，设置文本格式，得到图14-139所示的效果。

（20）使用工具箱中的【钢笔工具】 绘制图14-140所示的装饰图形。

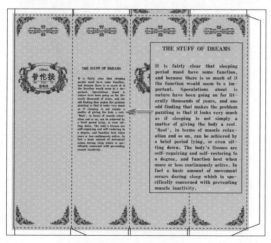

图 14-139　添加文字信息

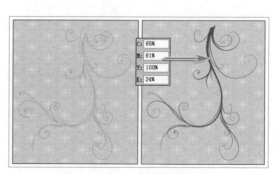

图 14-140　绘制曲线图形

（21）使用【钢笔工具】 在视图中绘制葡萄叶图形，参照图14-141所示，在【渐变】调板中设置渐变色，使用【渐变工具】 为图形添加渐变填充效果。

（22）参照图14-142所示，为葡萄叶绘制深绿色（C：65%、M：61%、Y：100%、K：24%）的茎脉图形。

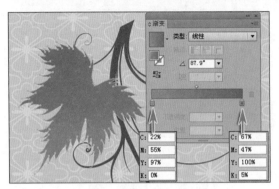

图14-141 为图形添加渐变填充效果

图14-142 绘制图形

（23）使用以上相同的方法，使用【钢笔工具】 继续绘制葡萄叶图形，分别为图形设置渐变色，并取消轮廓线的填充，得到图14-143所示的效果。

（24）参照图14-144所示，使用【钢笔工具】 绘制曲线图形，选择绘制的图形，单击【路径查找器】调板中的【减去顶层】按钮 ，修剪图形为镂空效果，设置图形颜色为深绿色（C：69%、M：57%、Y：85%、K：18%）。

图14-143 继续绘制葡萄叶

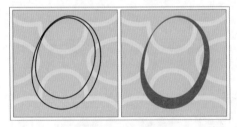

图14-144 修剪图形

（25）选择【钢笔工具】 ，在视图中继续绘制图14-145所示的葡萄图形，使用【渐变工具】 为图形添加渐变填充效果，并将绘制的葡萄图形编组。

（26）配合键盘上的Alt键复制多个葡萄图形，分别设置图形的颜色，调整图形大小与位置，得到图14-146所示的效果，将复制的所有葡萄图形编组。

（27）选择绘制的所有葡萄图形，移动葡萄图形到包装侧面，调整图形大小与位置，得到图14-147所示的效果。

（28）配合键盘上的Alt键复制包装侧面的文字信息和葡萄图形，调整复制的图形到包装的另一侧面，如图14-148所示。

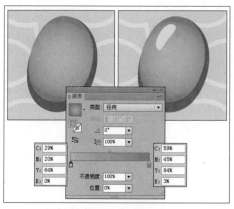

图 14-145 绘制葡萄图形

图 14-146 复制图形

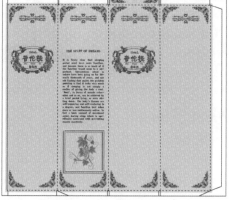

图 14-147 调整图形位置

图 14-148 复制图形

（29）参照图14-149所示，使用【文字工具】 T 在包装底部输入文本"新疆吐鲁番酒厂"和"XINJIANG TULUFAN JIUCHANG"。

（30）至此完成本实例的制作，效果如图14-150所示。

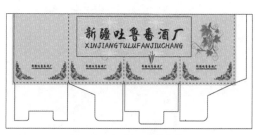

图 14-149 添加文字信息

图 14-150 完成效果图

第 15 章

插画设计

插画设计现在变得越来越主流，在很多设计类别中都可以看到插画设计的影子。它以夸张的造型、海阔天空的形象力，越来越受到人们的关注。本章将讲述如何使用 Illustrator 进行插画设计的创作。

知识导读

1. 儿童世界插画设计
2. 书籍插画设计
3. 恐龙插画设计

本章重点

1. 使用【钢笔工具】、【比例缩放工具】、【网格工具】绘制图形
2. 使用【渐变】调板、【图案选项】调板、【路径查找器】调板编辑图形
3. 封套的应用

15.1 儿童世界插画设计

下面进行儿童世界插画设计，对创建封套和快速复制并变换图形等知识进行练习。

1. 练习目标

掌握【渐变工具】■、【网格工具】■、【高斯模糊】命令及创建封套和快速复制并变换图形等功能在实际绘图中的使用方法。

2. 具体操作

1）创建背景效果

（1）执行【文件】|【新建】命令，打开【新建文档】对话框，参照图15-1所示在对话框中设置页面大小，单击【确定】按钮，即可创建一个新文档。

（2）使用工具箱中的【矩形工具】■贴齐视图绘制矩形。参照图15-2所示，在【渐变】调板中设置渐变色，然后利用工具箱中的【渐变工具】■为矩形调整渐变效果。

图 15-1 【新建文档】对话框

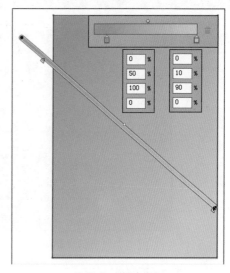

图 15-2 设置渐变色

（3）为方便接下来的绘制，按键盘上的Ctrl+2快捷键将矩形锁定。参照图15-3所示，使用【钢笔工具】在视图中绘制彩虹图形。

（4）分别为图形设置颜色并取消轮廓线的填充，配合快捷键Ctrl+G将彩虹图形编组，效果如图15-4所示。

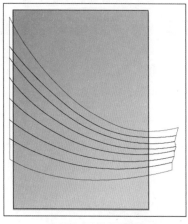

图 15-3 绘制彩虹路径

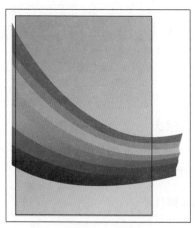

图 15-4 填充颜色

2）绘制螃蟹图形

⬇（1）使用工具箱中的【钢笔工具】 在视图中为螃蟹绘制头部图形，设置图形为橘黄色（C：4%、M：49%、Y：91%、K：0%），效果如图15-5所示。

⬇（2）配合键盘上的Alt键向上拖动该图形，释放鼠标后将该图形复制，参照图15-6所示，使用【渐变工具】 为图形设置渐变色。

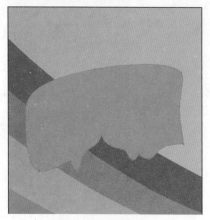

图 15-5 绘制螃蟹头部图形

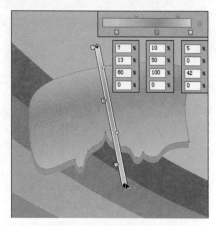

图 15-6 复制图形并设置渐变色

⬇（3）参照图15-7所示，分别使用【钢笔工具】 和【椭圆工具】 为螃蟹绘制眼睛图形。

⬇（4）使用工具箱中的【椭圆工具】 在眼睛下方绘制橘黄色（C：4%、M：54%、Y：93%、K：0%）椭圆形。执行【效果】|【模糊】|【高斯模糊】命令，打开【高斯模糊】对话框，参照图15-8所示，在对话框中设置【半径】参数为2像素，单击【确定】按钮完成设置，为图形添加高斯模糊效果。

⬇（5）使用以上相同的方法，继续为螃蟹绘制另一只眼睛，如图15-9所示。

⬇（6）参照图15-10所示，使用【钢笔工具】 为螃蟹绘制四肢图形，分别为图形设置颜色。

⬇（7）参照图15-11所示，继续使用【钢笔工具】 为螃蟹绘制四肢图形，并按快捷键Ctrl+G将绘制的螃蟹图形编组。

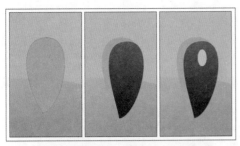

图 15-7　绘制眼睛图形

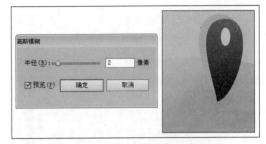

图 15-8　添加高斯模糊效果

图 15-9　继续绘制眼睛

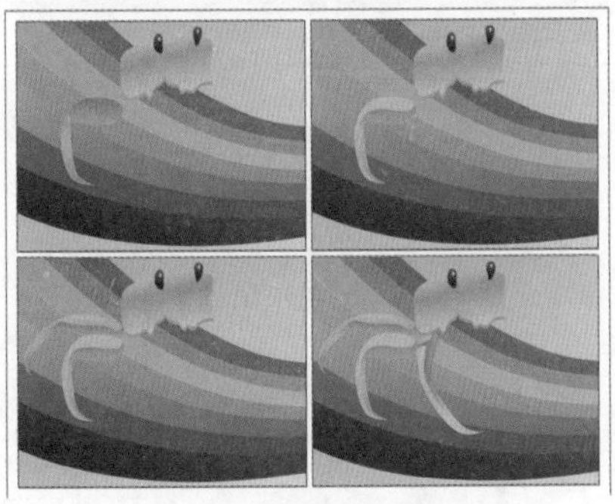

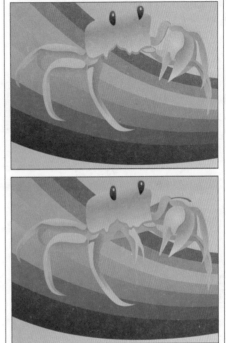

图 15-11　将图形进行编组

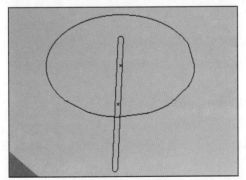

图 15-10　绘制四肢

3）绘制雨伞图形

● （1）分别使用【钢笔工具】 和【圆角矩形工具】 在视图中绘制雨伞图形，效果如图15-12所示。

● （2）为图形设置渐变色，效果如图15-13所示。

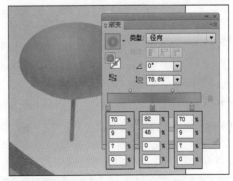

图 15-12　绘制雨伞图形

图 15-13　设置渐变效果

⬇（3）使用【钢笔工具】✐ 为雨伞图形绘制纹理，分别设置图形颜色，如图15-14所示。

⬇（4）参照图15-15所示，继续在视图中绘制白色曲线图形。然后在【透明度】调板中为图形设置【不透明度】为25%，使雨伞具有立体效果。

图 15-14　设置渐变色

图 15-15　为图形设置透明度

⬇（5）使用工具箱中的【钢笔工具】✐ 继续为雨伞绘制图15-16所示的装饰图形。选择为雨伞绘制的所有图形，按快捷键Ctrl+G将图形编组。

⬇（6）配合键盘上的Alt键将绘制的雨伞图形复制，调整图形大小、位置和颜色，得到图15-17所示的效果。

⬇（7）分别使用【钢笔工具】✐ 和【圆角矩形工具】▢ 在视图中绘制图15-18所示的装饰图形，为图形设置颜色，并将其编组。

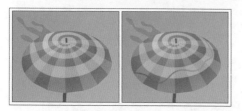
图 15-16　绘制装饰图形

图 15-17　复制图形

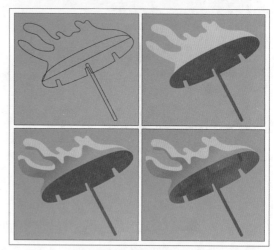
图 15-18　绘制装饰图形

4）绘制云彩及花朵图形

⬇（1）参照图15-19所示，使用【钢笔工具】✐ 在视图中绘制不规则曲线图形。

⬇（2）参照图15-20所示，使用【网格工具】▦ 在图形边缘单击，为其添加网格。然后使用【直接选择工具】▸ 对网格图形进行编辑，并为锚点设置颜色。

⬇（3）使用相同的方法，继续对网格图形设置颜色，得到图15-21所示的效果。

⬇（4）选择工具箱中【椭圆工具】◯，配合键盘上的Alt+Shift快捷键绘制正圆。这时使用【旋转工具】↻ 在视图中单击确定中心点位置，按住键盘上的Alt键的同时拖动正圆一定角度，释放鼠标后，将该图形复制。连续按快捷键Ctrl+D复制多个副本图形，得到图15-22所示的效果。

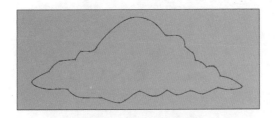

图 15-19 绘制曲线图形

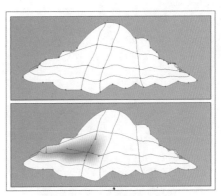

图 15-20 创建渐变网格

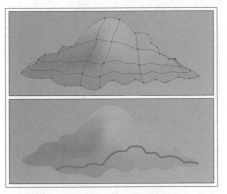

图 15-21 添加渐变网格填充效果

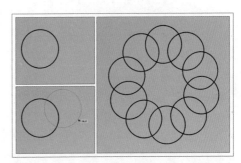

图 15-22 复制图形

（5）选择复制的所有正圆，单击【路径查找器】调板中的【联集】按钮，将图形焊接在一起，如图15-23所示。

（6）使用工具箱中的【直接选择工具】将焊接图形中间的部分锚点删除，如图15-24所示。

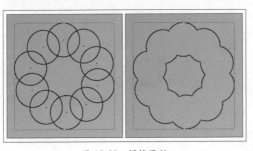

图 15-23 焊接图形

图 15-24 设置渐变色

（7）参照图15-25所示，使用【渐变工具】为该图形设置渐变色，并取消轮廓线的填充。

（8）使用工具箱中的【星形工具】在视图中绘制黄色（C：7%、M：4%、Y：86%、K：0%）星形图形，在绘制星形的同时按下键盘上的方向键"↑"可以增加星形的角点数，效果如图15-26所示。

（9）参照图15-27所示，配合键盘上的Alt键复制焊接后的图形，分别为图形填充橘黄色（C：6%、M：46%、Y：93%、K：0%）和蓝色（C：84%、M：58%、Y：0%、K：0%）。然后使用【椭圆工具】在中心位置绘制正圆，分别为图形设置填色和描边效果。

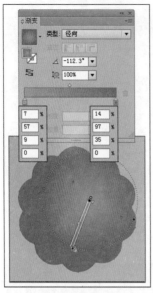

图 15-25 设置渐变色

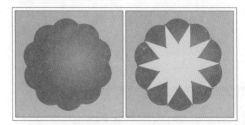

图 15-26 绘制星形图形

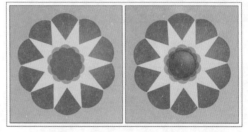

图 15-27 调整图形

⬇（10）选择刚刚绘制的装饰图形，按快捷键Ctrl+G将其编组并复制。参照图15-28所示，分别对图形进行颜色调整。

⬇（11）参照图15-29所示，使用【选择工具】 ▶ 分别调整装饰图形的大小与位置。

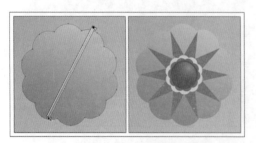

图 15-28 设置图形颜色

图 15-29 调整图形

5）绘制冰激凌图形

⬇（1）绘制冰激凌图形，首先使用【钢笔工具】 ✍ 绘制脆筒形状，并参照图15-30所示，设置渐变填充效果。

⬇（2）参照图15-31所示，使用【钢笔工具】 ✍ 在表面绘制曲线图形。选择刚刚绘制的曲线和纹理图形。

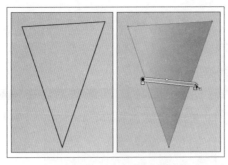

图 15-30　创建渐变填充效果

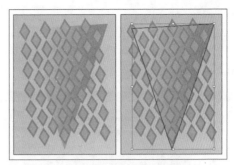

图 15-31　创建剪切蒙版

（3）按快捷键Ctrl+7创建剪切蒙版，参照图15-32所示，在【透明度】调板中为图形设置【不透明度】参数为37%。

（4）参照图15-33和图15-34所示，使用【钢笔工具】 为冰激凌绘制奶油图形。

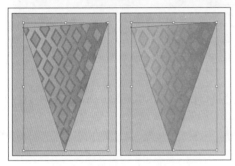

图 15-32　设置图形透明度

图 15-33　绘制奶油图形

图 15-34　绘制奶油图形

（5）使用【钢笔工具】 在奶油下方绘制黄色（C：4%、M：25%、Y：79%、K：0%）曲线图形，效果如图15-35所示。

（6）执行【效果】|【风格化】|【投影】命令，打开【投影】对话框，参照图15-36所示在对话框设置参数，完成设置后，单击【确定】按钮，关闭对话框，为图形添加投影效果。

图 15-35　绘制图形

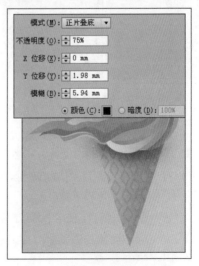

图 15-36　添加投影效果

6）绘制其他装饰图形

（1）使用【钢笔工具】 ✍ 在视图中绘制图15-37所示的苹果图形。

（2）在【渐变】调板中为图形设置渐变色，效果如图15-38所示。

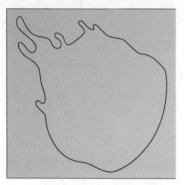

图 15-37　绘制图形

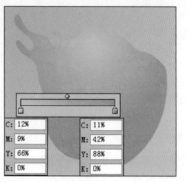

图 15-38　设置渐变色

（3）参照图15-39所示，使用【钢笔工具】 ✍ 继续在视图中绘制装饰图形，分别为图形设置颜色并取消轮廓线的填充。

（4）分别使用工具箱中的【矩形工具】 ▣ 和【圆角矩形工具】 ▢ 在视图中绘制图15-40所示图形，并为图形设置颜色。选择绘制的所有矩形和圆角矩形，按快捷键Ctrl+7创建剪切蒙版效果。

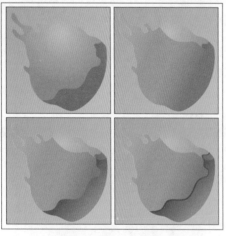

图 15-39　继续绘制装饰图形

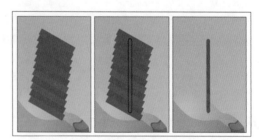

图 15-40　创建剪切蒙版

（5）继续绘制装饰图形，按快捷键Ctrl+G将刚刚绘制的苹果图形编组。然后分别调整冰激凌和苹果图形的大小与位置，效果如图15-41所示。

（6）使用【钢笔工具】 ✍ 在视图中绘制海星图形，分别设置图形的颜色，并取消轮廓线的填充，然后按快捷键Ctrl+G将其编组，如图15-42所示。

（7）参照图15-43所示，使用【钢笔工具】 ✍ 继续绘制装饰图形。

（8）将刚刚绘制的装饰图形选中，执行【对象】|【封套扭曲】|【用顶层对象建立】命令，为图形创建封套效果，如图15-44所示。

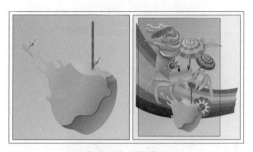

图 15-41 调整图形

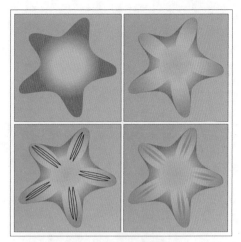

图 15-42 绘制海星图形

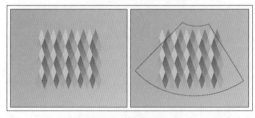

图 15-43 绘制装饰图形

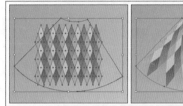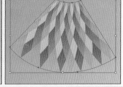

图 15-44 创建封套效果

（9）参照图15-45所示，分别调整海星和装饰图形的大小与位置。

（10）选择工具箱中的【椭圆工具】◯，配合键盘上的Alt+Shift快捷键在视图中绘制正圆，如图15-46所示。

图 15-45 调整图形位置

图 15-46 绘制正圆

（11）分别为绘制的正圆设置渐变色和透明度，调整图形位置并将其编组，如图15-47所示。

（12）参照图15-48所示，继续在视图中绘制蓝色（C：71%、M：6%、Y：37%、K：0%）正圆，调整图形大小、位置和透明度，然后按快捷键Ctrl+G将其编组。

图 15-47 将图形进行编组

图 15-48 设置透明度

⬇（13）继续使用【椭圆工具】◉ 在视图中为彩虹图形绘制发光效果，然后使用【矩形工具】▣ 贴齐视图绘制矩形，如图15-49所示。

⬇（14）保持矩形的选择状态，单击【图层】调板右上角的 ▼☰ 按钮，在弹出的快捷菜单中选择【建立剪切蒙版】命令，创建剪切蒙版，完成本实例的制作，效果如图15-50所示。

图 15-49 绘制矩形

图 15-50 创建剪切蒙版

15.2 书籍插画设计

下面进行书籍插画设计，对【图案选项】调板和【路径查找器】调板等知识进行练习。

1. 练习目标

掌握【比例缩放工具】🖳 及【图案选项】调板和【路径查找器】调板等功能在实际绘图中的使用方法。

2. 具体操作

1）创建背景效果

⬇（1）执行【文件】|【新建】命令，打开【新建文档】对话框，参照图15-51所示在对话框中设置页面大小，单击【确定】按钮，即可创建一个新文档。

⬇（2）使用工具箱中的【矩形工具】  贴齐视图绘制矩形，填充深蓝色（C: 65%、M: 59%、Y: 19%、K: 0%），如图15-52所示。

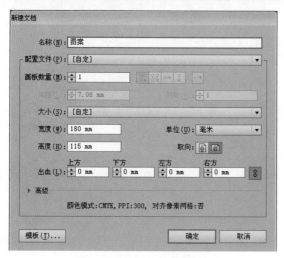

图 15-51 【新建文档】对话框

图 15-52 绘制矩形

⬇（3）参照图15-53所示，配合键盘上的Alt+Shift快捷键在视图中绘制正方形、正圆。

⬇（4）取消正方形的填色和描边效果，并为正圆填充深蓝色（C: 55%、M: 45%、Y: 14%、K: 0%），效果如图15-54所示。

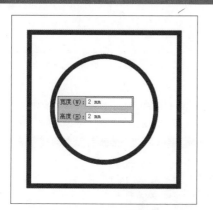

图 15-53 绘制矩形和正圆

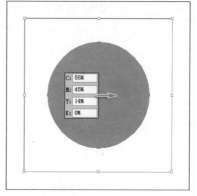

图 15-54 填充颜色

⬇（5）选择绘制的正方形和正圆，执行【编辑】|【定义图案】命令，打开【新建色板】对话框，如图15-55所示，保持默认名称，单击【确定】按钮。

⬇（6）配合键盘上的Alt键将贴齐视图绘制的矩形复制，单击【色板】调板中自定义【新建图案】图案图标，为矩形添加图案填充效果，如图15-56所示。

图 15-55 【新建色板】对话框

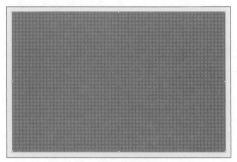

图 15-56 添加图案填充效果

2）绘制装饰图形

⬇（1）为方便接下来的绘制，将"图层 1"锁定，并新建"图层 2"。参照图15-57所示，使用【圆角矩形工具】⬜ 在视图中绘制深蓝色（C：57%、M：46%、Y：15%、K：0%）圆角矩形，其中设置【角点数】参数为20。

⬇（2）选择工具箱中的【椭圆工具】⬭，配合键盘上的Alt+Shift键在视图中绘制正圆，如图15-58所示。

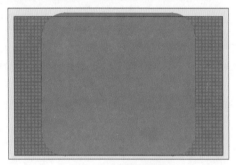

图 15-57 绘制圆角矩形

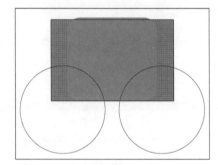

图 15-58 绘制正圆图形

⬇（3）将绘制的两个正圆和圆角矩形选中，单击【路径查找器】调板中的【减去顶层】按钮 🔲，修剪图形，效果如图15-59所示。

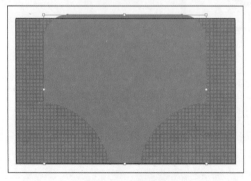

图 15-59 修剪图形

（4）参照图15-60和图15-61所示，使用【钢笔工具】 在视图中绘制深蓝色（C：57%、M：46%、Y：15%、K：0%）曲线图形。

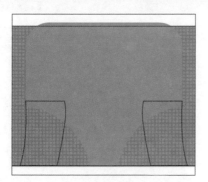

图15-60 绘制图形

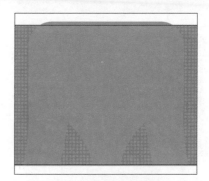

图15-61 图形的焊接

（5）分别使用【矩形工具】 和【椭圆工具】 在视图中绘制图15-62所示的图形。

（6）选择绘制的矩形和椭圆形，单击【路径查找器】调板中的【联集】按钮 ，将图形焊接在一起，并填充橘黄色（C：4%、M：44%、Y：88%、K：0%），效果如图15-63所示。

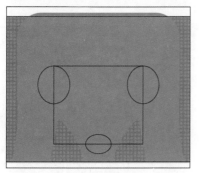

图15-62 绘制图形

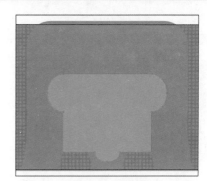

图15-63 图形的焊接

（7）参照图15-64所示，继续绘制椭圆形和圆角矩形。

（8）选择绘制的椭圆形、圆角矩形和橘黄色（C：4%、M：44%、Y：88%、K：0%）曲线图形，单击【路径查找器】调板中的【减去顶层】按钮 ，修剪图形，效果如图15-65所示。

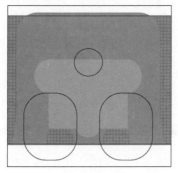

图15-64 绘制图形

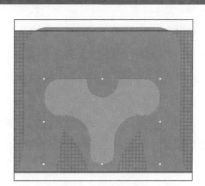

图15-65 修剪图形

（9）参照图15–66所示，使用【直接选择工具】 ![箭头图标] 编辑图形边缘的直角为圆角，然后分别使用【椭圆工具】 ![椭圆图标] 和【钢笔工具】 ![钢笔图标] 绘制装饰图形。

（10）配合键盘上的Alt键复制装饰图形，并调整图形的镜像效果，如图15–67所示。

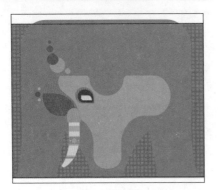

图 15–66　绘制装饰图形

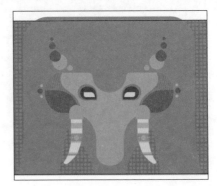

图 15–67　复制图形

（11）使用【椭圆工具】 ![椭圆图标] 继续在视图中绘制装饰图形，分别为图形设置颜色，并取消轮廓线的填充，效果如图15–68所示。

（12）选择工具箱中的【椭圆工具】 ![椭圆图标] ，配合键盘上的Alt+Shift快捷键绘制同心圆，分别为图形设置颜色并取消轮廓线的填充，效果如图15–69所示。

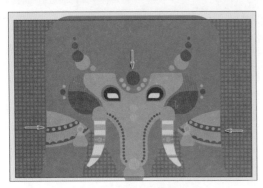

图 15–68　绘制装饰图形

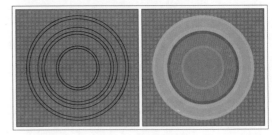

图 15–69　绘制同心圆

（13）参照图15–70所示，使用工具箱中的【椭圆工具】 ![椭圆图标] 绘制正圆。将绘制的两个正圆选择，选择工具箱中的【旋转工具】 ![旋转图标] ，配合键盘上的Alt键将选择的正圆旋转并复制。

（14）连续按快捷键Ctrl+D重复上一次操作，使复制的正圆绕中心点旋转一周，效果如图15–71所示。

（15）使用【椭圆工具】 ![椭圆图标] 继续在视图中绘制正圆，选择刚刚绘制的所有的正圆图形，单击【路径查找器】调板中的【联集】按钮 ![联集图标] ，将图形焊接在一起，如图15–72所示。

（16）参照图15–73所示，在【渐变】调板中为焊接后的图形设置渐变色，然后在图形中心位置绘制红色正圆图形，并按快捷键Ctrl+G将焊接后的图形和正圆编组。

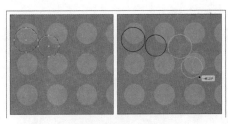

图 15–70 复制正圆

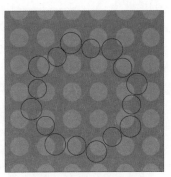

图 15–71 复制并旋转正圆

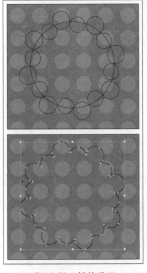

图 15–72 焊接图形

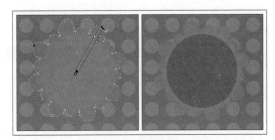

图 15–73 设置颜色

（17）参照图15-74所示，选择工具箱中的【旋转工具】 ，配合键盘上的Alt键将刚刚绘制的装饰图形旋转并复制。连续按快捷键Ctrl+D复制图形。然后将复制的图形编组并调整图形的排列顺序。

（18）分别使用工具箱中的【钢笔工具】 和【椭圆工具】 继续在视图中绘制图形，并将绘制的图形选择。选择工具箱中的【旋转工具】 ，配合键盘上的Alt键将图形旋转并复制，效果如图15-75所示。

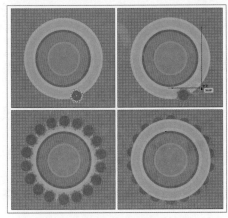

图 15–74 复制图形

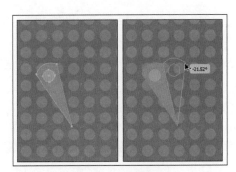

图 15–75 绘制装饰图形

⬇（19）连续按快捷键Ctrl+D，使复制的图形绕中心点旋转一周，得到图15-76所示的效果。

⬇（20）参照图15-77所示，使用【椭圆工具】◉ 在装饰图形底部绘制橘黄色（C：4%、M：43%、Y：88%、K：0%）正圆。使用以上相同的方法，继续将绘制的装饰图形旋转并复制。

图 15-76　快速复制图形

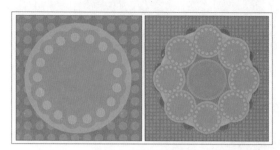

图 15-77　复制图形

⬇（21）使用【椭圆工具】◉ 继续在中心位置绘制正圆。选择绘制的正圆和装饰图形，按快捷键Ctrl+7，为图形创建剪切蒙版效果，如图15-78所示。

⬇（22）参照图15-79所示，分别使用工具箱中的【钢笔工具】✐ 和【椭圆工具】◉ 继续在视图中绘制其他装饰图形，设置图形的颜色并将其编组。

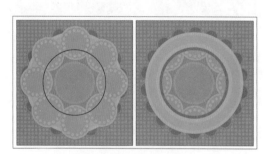

图 15-78　创建剪切蒙版

图 15-79　绘制装饰图形

⬇（23）参照图15-80所示，分别使用工具箱中的【钢笔工具】✐ 和【椭圆工具】◉ 继续在视图中绘制其他装饰图形，设置图形的颜色并将其编组。

⬇（24）参照图15-81所示，使用以上相同的方法，继续在视图中绘制装饰图形。配合键盘上的Alt键复制装饰图形，分别调整图形大小、位置和颜色。

⬇（25）配合键盘上的Alt键将视图中的象头图案复制，调整图形的大小、位置和颜色，得到图15-82所示效果。

⬇（26）分别使用工具箱中的【钢笔工具】✐ 和【椭圆工具】◉ 在视图中绘制图15-83所示的装饰图形。

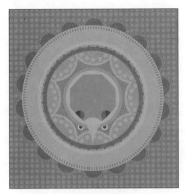

图 15-80　绘制装饰图形

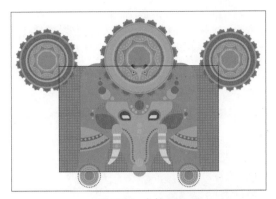

图 15-81　复制图形

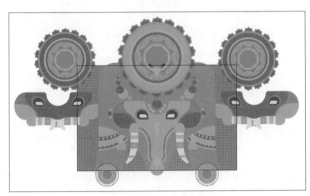

图 15-82　复制并调整图形

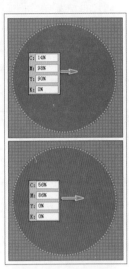

图 15-83　绘制正圆

（27）选择视图中填充紫色（C：56%、M：86%、Y：0%、K：0%）的正圆，单击【色板】调板底部的【"色板库"菜单】按钮 ，在弹出的快捷菜单中选择【图案】|【装饰】|【装饰旧版】命令，打开【装饰旧版】调板，单击【装饰地毯颜色】图案图标，为图形添加图案填充效果，如图15-84所示。

（28）双击工具箱中的【比例缩放工具】 ，打开【比例缩放】对话框，参照图15-85所示在对话框中设置参数，单击【确定】按钮，关闭对话框，对图案进行比例缩放。

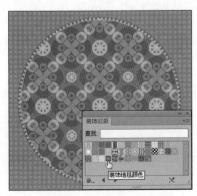

图 15-84　添加图案填充效果

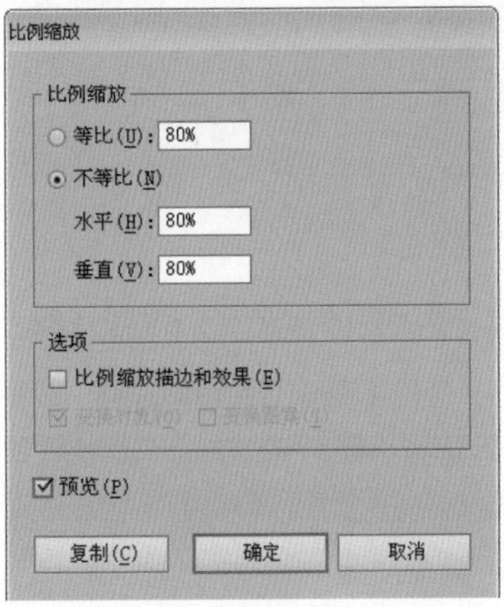

图 15-85　缩放图案大小

（29）使用工具箱中的【椭圆工具】 ⚫ 继续在视图中绘制紫红色（C：27%、M：96%、Y：42%、K：0%）正圆，并配合Alt键将该图形复制，如图15-86所示。

（30）单击【装饰现代】面板中的【和平与爱情颜色】图案图标，为复制的正圆添加图案填充效果，如图15-87所示。

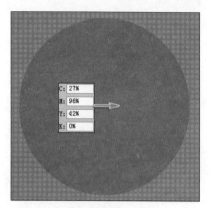

图 15-86　绘制正圆图形

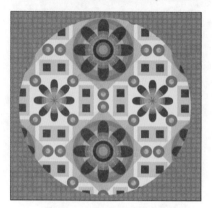

图 15-87　添加图案填充效果

（31）双击工具箱中的【比例缩放工具】 📐，打开【比例缩放】对话框，参照图15-88所示在对话框中设置参数，单击【确定】按钮，关闭对话框，对图案进行比例缩放。

（32）在【透明度】调板中为添加图案填充的图形设置混合模式为【变暗】选项，其中【不透明度】参数为60%，如图15-89所示。

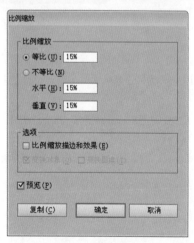

图 15-88　缩放图案大小

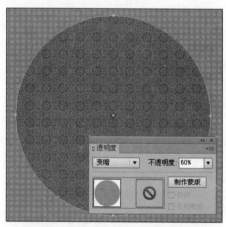

图 15-89　设置混合模式和透明度

（33）参照图15-90所示，调整图案填充的图形的位置和大小。

（34）使用【矩形工具】 ▢ 贴齐视图绘制矩形。单击【图层】调板右上角的 ▼ 按钮，在弹出的快捷菜单中选择【建立剪切蒙版】命令，为图形创建剪切蒙版效果，完成本实例的制作，效果如图15-91所示。

图 15-90 调整图形位置

图 15-91 创建剪切蒙版

15.3 恐龙插画设计

下面进行恐龙插画设计，对创建封套和重复上一次的操作等知识进行练习。

1. 练习目标

掌握【描边】调板及创建封套和重复上一次的操作等功能在实际绘图中的使用方法。

2. 具体操作

⬇（1）执行【文件】|【新建】命令，打开【新建文档】对话框，参照图15-92所示在对话框中设置页面大小，单击【确定】按钮，即可创建一个新文档。

⬇（2）使用工具箱中的【矩形工具】 ▣ 贴齐视图绘制矩形。参照图15-93所示，在【渐变】调板中为矩形设置渐变色。

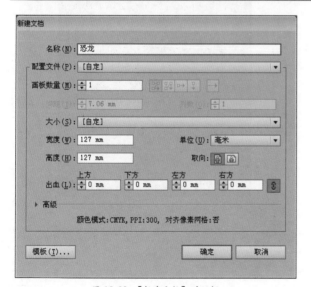

图 15-92 【新建文档】对话框

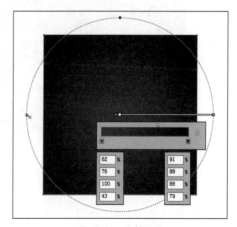

图 15-93 绘制矩形

（3）为方便接下来的绘制，按快捷键Ctrl+2将矩形锁定。选择工具箱中【椭圆工具】 ⬭ ，配合键盘上的Alt+Shift键在视图中绘制黑色（C：93%、M：89%、Y：89%、K：80%）正圆，如图15-94所示。

（4）使用【矩形工具】 ▣ 继续绘制图形，选择工具箱中的【旋转工具】 ↻ ，在视图中单击确定中心点位置，配合键盘上的Alt键旋转并复制图形，如图15-95所示。

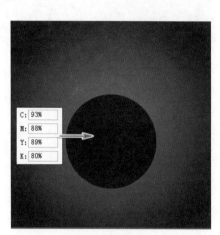

图 15-94　绘制正圆

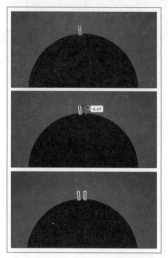

图 15-95　创建剪切蒙版

（5）连续按快捷键Ctrl+D重复上一次操作，使复制的矩形绕中心点旋转一周，如图15-96所示。

（6）选择复制的所有矩形图形，按快捷键Ctrl+G将其编组，为图形填充黑色（C：93%、M：89%、Y：89%、K：80%），并取消轮廓线的填充，如图15-97所示。

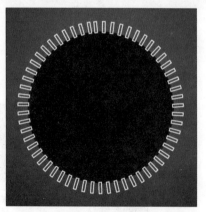

图 15-96　复制图形

图 15-97　设置填充色

（7）参照图15-98所示，使用工具箱中的【椭圆工具】 ⬭ 绘制正圆图形。

（8）参照图15-99所示，使用工具箱中的【渐变工具】 ▣ 为绘制的正圆添加填充效果，并取消轮廓线的填充。

图 15-98 绘制正圆

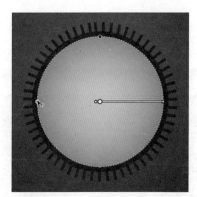

图 15-99 设置渐变色

（9）配合键盘上的Alt+Shift键继续在视图中绘制同心圆。选择绘制的同心圆，单击【路径查找器】调板中【减去顶层】按钮，修剪图形，如图15-100所示。

（10）为上一步创建的图形填充黑色（C：93%、M：89%、Y：89%、K：80%），如图15-101所示。

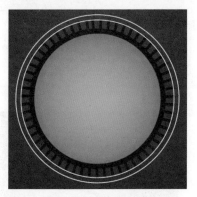

图 15-100 创建圆环图形

图 15-101 填充颜色

（11）使用以上相同的方法，继续在视图中绘制装饰图形，效果如图15-102所示。

（12）使用工具箱中的【星形工具】在视图中绘制浅黄色（C：14%、M：18%、Y：44%、K：0%）星形，绘制星形的同时按住键盘上的Ctrl键可调整半径大小，按下键盘上的方向键"↑"，可以增加星形的角点数，效果如图15-103所示。

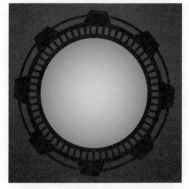

图 15-102 继续绘制装饰图形

图 15-103 绘制星形

（13）参照图15-104所示，使用【钢笔工具】 📝 在视图中绘制曲线图形。

（14）分别设置图形的颜色，并取消轮廓线的填充，如图15-105所示。

图 15-104　绘制曲线图形

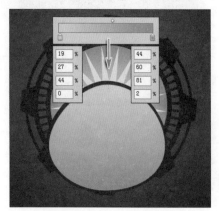

图 15-105　设置颜色

（15）使用【钢笔工具】 📝 在视图中绘制图15-106所示的曲线图形。

（16）选择绘制的曲线图形，单击【路径查找器】调板中的【减去顶层】按钮 🗗 ，修剪图形为镂空效果，并填充黑色（C：93%、M：89%、Y：89%、K：80%），如图15-107所示。

图 15-106　绘制曲线图形

图 15-107　修剪图形

（17）参照图15-108所示，为图形设置描边颜色为橘红色（C：93%、M：89%、Y：89%、K：80%）。

（18）使用【钢笔工具】 📝 继续在视图中绘制黑色色块图形，最后按快捷键Ctrl+G将其编组，如图15-109所示。

（19）使用【钢笔工具】 📝 为霸龙绘制轮廓线图形，如图15-110所示。

（20）填充深红色（C：27%、M：100%、Y：100%、K：0%），描边为黑色，然后在【描边】调板中单击【使描边外侧对齐】按钮 Ⅼ ，设置描边效果，如图15-111所示。

图 15-108　设置描边颜色

图 15-109　绘制图形

图 15-110　绘制轮廓图形

图 15-111　绘制轮廓图形

（21）继续使用【钢笔工具】 绘制霸龙翅膀轮廓，如图15-112所示。

（22）参照图15-113所示，分别设置图形颜色。

图 15-112　设置颜色

图 15-113　设置颜色

（23）使用相同的方法，使用【钢笔工具】 在视图中为霸龙绘制右臂图形，如图15-114所示

（24）设置图形颜色并取消轮廓线的填充，如图15-115所示。

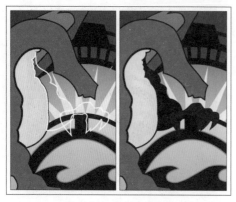

图 15-114　绘制右臂图形

图 15-115　填充颜色

（25）参照图15-116所示，使用【钢笔工具】 在霸龙头部绘制龙角图形。

（26）继续使用【钢笔工具】 在霸龙头部绘制龙角图形并将其编组，效果如图15-117所示。

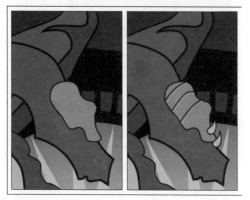

图 15-116　绘制龙角图形

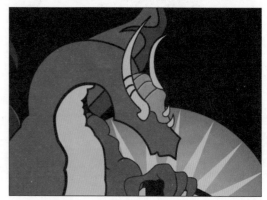

图 15-117　编组图形

（27）使用【钢笔工具】 在视图中绘制图15-118和图15-119所示的眼睛图形，按快捷键Ctrl+G将绘制的眼睛图形编组，以方便接下来的绘制。

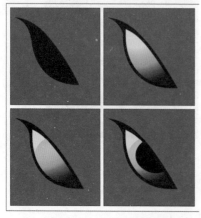

图 15-118　绘制眼睛图形

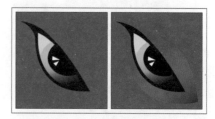

图 15-119　绘制眼睛图形

（28）参照图15-120所示，调整眼睛图形的位置与大小。

（29）参照图15-121所示，使用【钢笔工具】 ✐ 继续在视图中绘制细节图形，使图形更加形象并具有立体感。

图 15-120　调整位置

图 15-121　绘制细节图形

（30）使用工具箱中的【钢笔工具】 ✐ 在视图中绘制图15-122所示的装饰图形，并设置图形的颜色。

（31）继续为装饰图形绘制细节，按快捷键Ctrl+G将装饰图形编组。然后配合快捷键Ctrl+[，调整装饰图形的排列顺序，如图15-123所示。

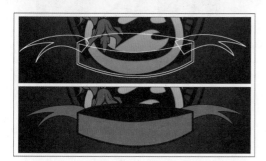

图 15-122　绘制装饰图形

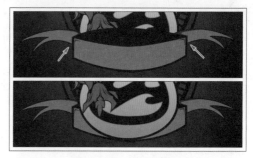

图 15-123　绘制细节图形

（32）使用工具箱中的【文字工具】 T 在视图中输入文本"DINOSAUR"，并为文本设置填色和描边效果，如图15-124所示。

（33）执行【对象】|【封套扭曲】|【用变形建立】命令，打开【变形选项】对话框，参照图15-125所示设置参数，单击【确定】按钮完成设置，对文本添加封套效果。

（34）配合键盘上的Alt键复制文本"DINOSAUR"。执行【对象】|【封套扭曲】|【编辑内容】命令，即可对封套进行编辑，取消文本的描边效果，如图15-126所示。

（35）使用【选择工具】 ▶ 调整文本"DINOSAUR"的位置，得到图15-127所示的效果，至此实例制作完成。

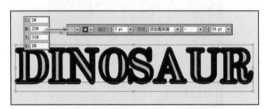

图 15-124　输入文本

图 15-125　创建封套效果

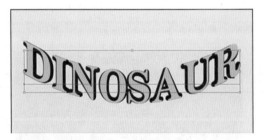

图 15-126　编辑封套

图 15-127　完成效果图